中国电子教育学会高教分会推荐

普通高等教育电子信息类"十三五"课改规划教材

电子测量技术

主 编 王永喜 胡玫

主 审 李贵山

西安电子科技大学出版社

内 容 简 介

本书以测量对象为中心，介绍常用电子测量仪器的工作原理和使用方法，主要内容包括电子测量的基本概念，测量误差分析与处理，主要物理量(电压、频率、时间、相位)、电子元件参数(阻抗、品质因数、损耗因数及晶体管特性等)的基本测量原理、方法以及常规仪器(示波器、信号发生器、电子计数器)的工作原理和操作方法，并对电路的频率特性、数据域测量和虚拟仪器测试技术作了介绍。本书还选择了五个典型实验，进一步说明如何使用电子测量仪器对常见被测对象进行测量。

本书可作为电子信息工程、通信工程、物联网工程、测控技术与仪器等专业的教材，也可作为电类专业工程技术人员的参考书。

图书在版编目(CIP)数据

电子测量技术/王永喜，胡玫主编. —西安：西安电子科技大学出版社，2017.4
普通高等教育电子信息类"十三五"课改规划教材
ISBN 978 - 7 - 5606 - 4461 - 5

Ⅰ. ① 电… Ⅱ. ① 王… ② 胡… Ⅲ. ① 电子测量技术 Ⅳ. ① TM93

中国版本图书馆 CIP 数据核字(2017)第 065682 号

策　　划　刘玉芳
责任编辑　武翠琴
出版发行　西安电子科技大学出版社(西安市太白南路2号)
电　　话　(029)88242885　88201467　　　邮　　编　710071
网　　址　www.xduph.com　　　　　　电子邮箱　xdupfxb001@163.com
经　　销　新华书店
印刷单位　陕西大江印务有限公司
版　　次　2017 年 4 月第 1 版　2017 年 4 月第 1 次印刷
开　　本　787 毫米×1092 毫米　1/16　印张 14.5
字　　数　339 千字
印　　数　1～3000 册
定　　价　28.00 元
ISBN 978 - 7 - 5606 - 4461 - 5/TM

XDUP 4753001 - 1

＊＊＊如有印装问题可调换＊＊＊

前　言

　　国内高校的电类专业纷纷开设了电子测量技术课程，该课程是电类专业的专业基础课程，通常建立在电路分析基础、信号与系统、模拟与数字电路等基础课程内容之上，它是把电子、计算机、通信与控制等电子信息专业的知识综合应用在测量科学技术之中而形成的一门独具特色的课程。由于该课程综合性强、实践性突出，并且涉及现代常用仪器的典型测量技术，因此通过本课程的学习，不仅可使学生获得电子测量技术及仪器方面的基础知识，掌握一门通用技术，而且可以培养学生的综合应用能力与实践能力。

　　本书对测量原理的介绍力求深入浅出，通俗易懂，突出基本概念；对测量方法的介绍侧重归纳比较，突出简明、实用；对测量仪器仪表的介绍侧重讲清工作原理，不过多涉及内部具体的单元电路，突出常规、典型。

　　全书共 10 章，内容包括电子测量的基本概念，测量误差分析与处理，主要物理量（电压、频率、时间、相位）、电子元件参数（阻抗、品质因数、损耗因数及晶体管特性等）的基本测量原理、方法以及常规仪器（示波器、信号发生器、电子计数器）的工作原理和操作方法，并对电路的频率特性、数据域测量和虚拟仪器测试技术作了介绍。本书还选择了五个典型实验，进一步说明如何使用电子测量仪器对常见被测对象进行测量。

　　本书第 1、2、3、4、6、9 章由王永喜编写，第 5、7、8 章由胡玫编写，第 10 章及各章习题由祁鸿芳编写。全书由王永喜统稿、定稿。李贵山教授审阅了全稿，提出了许多宝贵的意见，这里谨致以衷心的感谢！

　　由于编者学识水平有限，书中可能会有一些不足或疏漏，敬请广大读者批评指正。

编　者
2017 年 1 月

目　录

第 1 章　电子测量基础

测量是人类认识、改造世界的重要手段。人类对天体的认识、时间的计量、新元素的发现、山川的丈量等都需要进行各种各样的测量。19 世纪末 20 世纪初无线电电子学的诞生和发展，为经典的测量学提供了崭新的手段，并出现了电子测量这一重要分支。本章主要介绍电子测量的内容、特点和方法以及测量误差的表示和处理方法。

知识要点：

（1）理解电子测量的内容、特点和方法；

（2）了解电子测量仪器的功能、主要技术指标；

（3）掌握测量误差的表示、处理方法和测量结果的数据处理方法。

1.1　电子测量的内容、特点和方法

1.1.1　电子测量的内容

测量是人类对自然界的客观事物取得数值的一种认识过程。在这一过程中，人们借助专门设备，通过实验方法，获得以所采用的测量单位表示的被测量的数值。

认识一个新事物往往从"比较"开始，测量过程亦是如此。例如，用体温计测量人体正常体温，测量结果是 37.0 ℃，其测量的过程就是将人体体温（被测量）与体温计（标准量）进行比较。所以测量的定义为：将被测量与同类标准量进行比较，并确定它们之间数值关系的过程。被测量的量值包括数值（大小及符号）和用于比较的标准量的单位名称，如一个电阻为 100 Ω，一段电路的电压为 8 V 等。

电子测量是测量学的一个重要分支，是测量技术中最先进的技术之一。从广义上讲，以电子技术为手段进行的测量都称为电子测量；从狭义上讲，电子测量是指对各种电参量和电性能的测量，即是本课程研究的范畴。本课程中电子测量包含的主要内容如下：

（1）电能量的测量：包括各种电压、电流、电功率的测量。

（2）电信号特征的测量：包括频率、时间、周期、相位、失真度等参数的测量。

（3）电子元件参数的测量：包括电阻、电感、电容、阻抗、品质因数、晶体管特性等参数的测量。

（4）电子设备的性能测量：包括增益、衰减、灵敏度、频率特性、噪声指数等的测量。

以上各种待测电参数中，对电压、频率、时间、相位、阻抗的测量具有重要意义，因为这些电参数的测量是其他参数测量的基础。例如，由晶体管构成的放大电路的放大倍数的测量实际上是其输入、输出电压的测量；脉冲信号波形参数的测量可归结为电压和时间的测量；许多情况下电流测量是不方便的，就以电压测量代替。由于时间和频率测量具有其他参数测量所不可比拟的精确性，因此将其他参数的测量转换为时间或频率的测量方法越

来越受到关注。

科学研究和生产实践中，常常需要采用电子设备对各种非电量进行测量。利用传感器将非电量变换成电信号，然后再用电子设备进行测量。这种方法方便、快捷、准确，是其他测量方法所不能替代的。随着科学技术的快速发展，电子测量技术被广泛应用于农业、工业、医疗、天文、地质、军事等领域，如核反应堆内的温度测量、电子血压计中的血压测量、心电图机中的心电信号测量、飞船发射过程中的运行参数测量、精确制导导弹对打击目标的定位等。电子测量技术的不断发展，不仅标志着测量技术的进步，而且对整个科学技术的发展和人类社会的进步有积极的推动作用。因此从一定意义上说，电子测量的水平是衡量一个国家科技水平的重要标志之一。

1.1.2　电子测量的特点

与其他测量方法和测量仪器相比，电子测量和电子测量仪器具有以下特点。

1. 频率范围宽

电子测量中的待测参数，其频率覆盖范围极宽，低至 10^{-5} Hz 以下，高至 10^{12} Hz 以上。当被测对象的工作频率范围很宽时，早期的电子测量往往要用几种工作在不同频段的仪器进行衔接。近年来，由于采用一些新技术、新的宽频段元器件、新电路以及新工艺等，电子测量技术正朝着宽频段以至全频段方向发展。

2. 量程宽

量程是测量范围的上限值与下限值之差。由于被测量的数值相差很大，因而电子测量仪器应有足够宽的量程。例如一款中档的国产数字频率计，测频范围为 10 Hz～1000 MHz，量程达 8 个数量级，而用于测量频率的电子计数器的量程可以达到 17 个数量级。

3. 准确度高

电子测量仪器的准确度可以达到相当高的水平。以时间测量为例，由于采用原子频标和原子秒作为基准，测量精度高达 10^{-14}～10^{-13} 数量级。

4. 测量速度快

电子测量是通过电磁波的传播和电子的运动来工作的，加之现代测试系统中高速计算机的应用，使得电子测量在测量速度、结果的传输和处理方面，都以极高的速度进行，这也是电子测量技术广泛应用于现代科技各个领域的重要原因。

5. 易于实现遥测

电子测量的一个突出优点是可以通过各种类型的传感器实现遥测、遥控，对于远距离或人体难以接近的地方的信号测量，具有特殊的意义。这也是电子测量在各门学科得到广泛应用的又一重要原因。

6. 易于实现测量过程的自动化和测量仪器的智能化

大规模集成电路和微型计算机的应用，使电子测量出现了崭新的局面。例如，测量过程中能够实现程控、遥控、自动转换量程、自动调节、自动校准、自动诊断故障和自动恢复，对于测量的结果自动进行记录，自动进行数据运算、分析和处理。

1.1.3 电子测量的方法

为获得测量结果而采用的各种手段和方式称为测量方法。测量方法选择得正确与否，直接关系到测量结果的可信赖程度，也关系到测量工作的经济性和可行性。根据测量中采用的测量方法的不同，电子测量有不同的分类方法，下面介绍几种常见的分类方法。

1. 按测量手段分类

1) 直接测量

用预先按已知标准定度好的测量仪器对某一未知量直接进行测量，从而得出未知量的数值，这种测量方法称为直接测量。例如，用电子电压表测量某放大器输出交流电压为 1.2 V，用磁电式电流表测某晶体管集电极电流为 2.1 mA 等。需要注意的是，直接测量并不意味着就是用直读仪表进行测量。许多比较式仪器，例如电桥、电位差计及外差式频率计等虽然不一定能直接从仪器度盘上获得被测量值，但因参与测量的对象就是被测量本身，故仍属直接测量。

直接测量的优点是测量过程简单迅速，是工程技术中广泛采用的测量方法。

2) 间接测量

利用直接测量的量与被测量之间的函数关系(可以是公式、曲线或表格等)，间接得到被测量的量值，这种测量方法称为间接测量。例如，需要测量电阻 R 上消耗的直流功率 P，可以通过直接测量电压 U 和电流 I，而后根据函数关系 $P = UI$，经过计算，"间接"获得功率 P。

间接测量费时费事，常用在直接测量不方便，或间接测量的结果较直接测量更为准确，或缺少直接测量仪器等场合。

3) 组合测量

在某些测量中，被测量与几个未知量有关，如测量一次无法得出完整的结果，则可以通过改变测量条件测量多次，然后根据被测量与未知量之间的函数关系列出一组方程，通过解这组方程求出各未知量，这种测量方法称为组合测量，例如电阻器电阻温度系数的测量。已知电阻器阻值 R_t 与温度 t 之间满足关系：

$$R_t = R_{20} + \alpha(t - 20) + \beta(t - 20)^2 \tag{1-1}$$

式中：R_{20} 是 20 ℃时的电阻值，一般为已知量；α 和 β 为电阻的温度系数；t 为环境温度。为了获得 α、β 值，可以在两个不同的温度 t_1、t_2(可由温度计直接测量)下测得相应的电阻值 R_{t1}、R_{t2}，代入式(1-1)得到方程组

$$\begin{cases} R_{t1} = R_{20} + \alpha(t_1 - 20) + \beta(t_1 - 20)^2 \\ R_{t2} = R_{20} + \alpha(t_2 - 20) + \beta(t_2 - 20)^2 \end{cases} \tag{1-2}$$

求解方程组(1-2)，就可以得到 α、β 值。

2. 按测量方式分类

1) 偏差式测量法

在测量过程中，用仪器仪表指针的位移(偏差)表示被测量大小的测量方法称为偏差式测量法，例如使用万用表测量电压、电流等。由于这种方法是从仪表刻度上直接读取被测

量，包括大小和单位，因此这种方法也叫直读法。用这种方法测量时，作为计量标准的实物并不装在仪表内直接参与测量，而是事先用标准量具对仪表读数、刻度进行校准，实际测量时根据指针偏转大小确定被测量量值。

2）零位式测量法

零位式测量法又称零示法、平衡式测量法或比较测量法。测量时将被测量与标准量相比较，用指零仪表（零示器）指示被测量与标准量相等（平衡），从而获得被测量。利用惠斯登电桥测量电阻（电容或电感）是这种方法的典型例子，如图 1-1 所示。

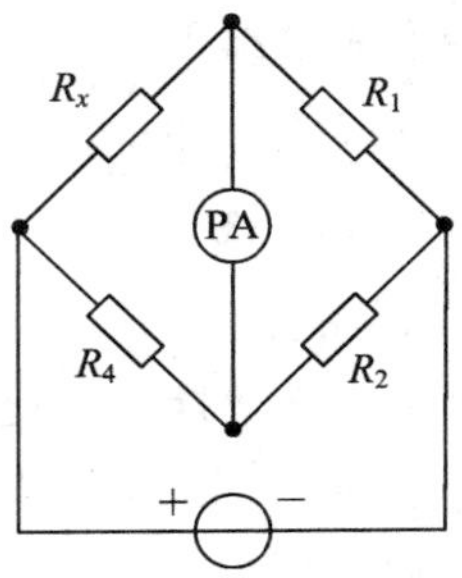

当电桥平衡时，可以得到：

$$R_x = \frac{R_1}{R_2} \cdot R_4 \qquad (1-3)$$

图 1-1 惠斯登电桥测量电阻示意图

通常是先大致调整比率 R_1/R_2，再调整标准电阻 R_4，直至电桥平衡，此时充当零示器的检流计 PA 指示为零，即可根据式（1-3）由比率和 R_4 值得到被测电阻 R_x 值。

只要零示器的灵敏度足够高，零位式测量法的测量准确度几乎等于标准量的准确度，因而该方法的测量准确度很高，是实验室常用的精密测量方法。但为了获得平衡状态，测量过程中需要进行反复调节，因此即使采用一些自动平衡技术，测量速度仍然较慢。

3）微差式测量法

偏差式测量法和零位式测量法相结合，就构成了微差式测量法。该法通过测量待测量与标准量之差（通常该差值很小）得到待测量，如图 1-2 所示。图中，P 为量程不大但灵敏度很高的偏差式仪表，它指示的是待测量 x 与标准量 s 之间的差值：$\delta = x - s$，即 $x = s + \delta$。只要 δ 足够小，这种方法的测量准确度基本上就取决于标准量的准确度。和零位式测量法相比，该法省去了反复调节标准量大小求平衡的过程。

微差式测量法兼有偏差式测量法的测量速度快和零位式测量法的测量准确度高的优点。微差式测量法除在实验室中用作精密测量外，还广泛地应用在生产线控制参数的测量中，如监测连续轧钢机生产线上的钢板厚度等。图 1-3 是用微差法测量直流稳压电源输出电压稳定度的测量原理图。图中，U_o 为直流稳压电源的输出电压，它随着 50 Hz、220 V 市电的波动和负载 R_L 的变化而有微小起伏；V_2 为量程不大但灵敏度很高的电压表；U_B 表示由标准电源 U_s 获得的标准电压；U_δ 是由 V_2 电压表测得的 U_o 与 U_B 的差值，即输出电压 U_o 随着市电波动和负载变化而产生的微小起伏。

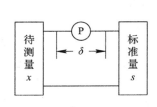

图 1-2 微差式测量法示意图

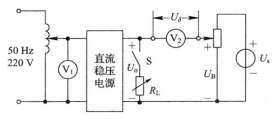

图 1-3 微差法测量直流稳压电源的稳定度

3. 按被测量的性质分类

按照被测量的性质,测量可以作如下分类:

(1)时域测量:是对以时间为函数的量(如随时间变化的电压、电流)的测量。典型的例子如用示波器观察脉冲信号的上升沿、下降沿等脉冲参数以及动态电路的暂态过程等。

(2)频域测量:是对以频率为函数的量(如电路的增益、相位等)的测量。这些测量可通过频率特性和频谱特性等方法进行测量。

(3)数据域测量:是对数字量的测量。数据域测量可以同时观察多条数据通道上的逻辑状态或显示某条数据线上的时序波形,也可以用计算机分析大规模集成电路芯片的逻辑功能,如用逻辑分析仪分析微处理器的地址线和数据线上的信号。

(4)随机域测量:是指对随机信号的测量,如噪声、干扰信号的测量。这是目前较新的测量技术。

1.2　电子测量仪器概述

利用电子技术测量各种电量或非电量的测量仪器称为电子测量仪器。电子测量仪器种类繁多。按测量精度的要求不同,有高精度、普通和简易三种;按显示方式不同,有模拟式和数字式两大类;按用途不同,有专业用仪器和通用仪器两大类。专业用仪器是指各专业中测量特殊参量的仪器,如机械行业用的超声波探伤仪、医疗行业用的心电图仪等;通用仪器则用于测量电路和电子元件及电路调试和维修等方面。本书主要介绍用于电子和通信类的通用仪器。

1.2.1　电子测量仪器的功能

电子测量仪器一般具有物理量的变换、信号的传输和测量结果的显示等三种最基本的功能。

1. 变换功能

各种被测物理量中很大一部分是非电量,例如热工参数中的温度、压力、流量,机械参数中的转速、力、尺寸等。对这些非电量的测量,在工程中通过传感器将其转换为相关的电压、电流等电量,然后再通过对电量的测量,得到被测物理量。

2. 传输功能

在遥测遥控等系统中,现场测量结果经变送器处理后,需经过较长距离的传输才能送到测试终端和控制台。不管采用有线还是无线方式,传输过程中造成的信号失真和外界干扰等问题都会存在。因此,现代测量技术和测量仪器都必须认真对待测量信息的传输问题。

3. 显示功能

测量结果必须以某种方式显示出来才有意义。因此,任何测量仪器都必须具备显示功能。比如模拟式仪表通过指针在仪表度盘上的位置显示测量结果,数字式仪表通过数码管、液晶或阴极射线显示测量结果。除此之外,一些先进的仪器(如智能仪器等)还具有数据记录、处理及自检、自校、报警提示等功能。

1.2.2　电子测量仪器的分类

电子测量仪器的分类方法有很多种，现介绍按其功能所进行的分类。

（1）电平测量仪器。这类仪器包括各种模拟式电压表、毫伏表、数字式电压表等。

（2）电子元件参数测量仪。这类仪器有 Q 表、万能电桥、RLC 测量仪、晶体管特性图示仪、模拟或数字集成电路测试仪等，用于测量电子元件（如电阻器、电容器、电感器和晶体管等）的电参数、显示特性曲线等。

（3）信号发生器。信号发生器作为测试用信号源，能根据需要提供各种频率、各种功率和各种波形的信号。

（4）信号分析仪。这类仪器主要用来观测、分析和记录各种电量的变化，能完成时域、频域和数据域等的分析，如各种示波器、波形分析仪、频谱分析仪和逻辑分析仪等。

（5）时间、频率和相位测量仪器。这类仪器用于测量周期性信号的频率、周期和相位，有各种频率计、相位计及各种时间、频率标准等。

（6）网络参数测量仪器。这类仪器有频率特性测试仪（扫频仪）、阻抗测量仪及网络分析仪，主要用于测量电气网络的频率特性、阻抗特性、噪声特性等。

（7）数据域测试仪器。数据域测试仪器用于分析数字系统中以离散时间或事件为自变量的数据流。它能完成对数字逻辑电路和系统中的实时数据流或事件的显示，并通过各种控制功能实现对数字系统的软、硬件故障分析和诊断，如逻辑分析仪。

（8）电波特性测试仪。这类仪器有测试接收机、场强计、干扰测试仪等，用于测量电波传播、电场强度、干扰强度等。

（9）虚拟仪器。虚拟仪器是通过应用程序将通用计算机和必要的数据采集硬件结合起来，在计算机平台上创建的一类仪器。用户可自行定义其功能、操作面板，实现数据的采集、分析、存储和显示，如虚拟示波器、在计算机显示器上定义的一台时钟等。

1.2.3　电子测量仪器的主要技术指标

从获得的测量结果的角度评价测量仪表的性能，主要包括以下几个方面。

1. 精度

精度是指测量仪器的读数或测量结果与被测量真值相一致的程度。精度高表明误差小；精度低表明误差大。因此，精度不仅用来评价测量仪器的性能，也是评定测量结果最主要、最基本的指标。精度又可用精密度、正确度和准确度三个指标加以表征。

（1）精密度。精密度说明仪表指示值的分散性，表示在同一测量条件下对同一被测量进行多次测量时，得到的测量结果的分散程度。它反映了随机误差的影响。精密度越高，意味着随机误差越小，测量结果的重复性越好。

（2）正确度。正确度说明仪表指示值与真值的接近程度，反映了系统误差的影响。

（3）准确度。准确度是精密度和正确度的综合反映。准确度高说明精密度和正确度都高，也就意味着随机误差和系统误差都小，因而最终测量结果的可信赖度也高。

2. 稳定性

稳定性通常用稳定度和影响量两个参数来表征。

　　稳定度也称为稳定误差，是指在规定的时间区间，其他外界条件恒定不变的情况下，仪表示值变化的大小。造成这种示值变化的原因主要是仪器内部各元器件的特性、参数不稳定和老化等因素。

　　由于电源电压、频率、环境温度、湿度、气压、振动等外界条件变化而造成仪表示值的变化量，称为影响量或影响误差，一般用示值偏差和引起该偏差的影响量一起表示。

3. 分辨力

　　分辨力是指测量仪器能检测出的被测参量最小变化的能力。一般说来，数字式仪器的分辨力是读数装置最后一位的一个数字，模拟式仪器的分辨力是读数装置的最小刻度的一半。显然，仪器的绝对误差不可能小于仪器的分辨力。

4. 有效范围和动态范围

　　测量的有效范围是指仪器在满足误差要求的情况下，所能测量的最大值与最小值之差，习惯上称为仪器的量程。量程的大小是仪器通用性的重要标志。为了覆盖足够宽的量程，通用仪器常需分挡，一般按 $1-2-5$、$1-3-10$ 进位的序列划分挡级。仪器量程的下限不可能小于它的分辨力；同时，仪器的分辨力可能随量程的换挡而变化。

　　动态范围是仪器在不调整量程挡级(包括细调)并满足误差要求的情况下，容许被测物理量的最大相对变化范围。

5. 测试速率

　　测试速率是指单位时间内仪器读取被测量数值的次数。直读式仪器的测试速率高于非直读式仪器，数字式仪器的测试速率远远高于指针式仪器。

6. 可靠性

　　可靠性是指仪器在规定时间内和规定条件下，满足其技术条件、规定性能的能力。可靠性是反映产品是否耐用的一项综合性质量指标。

1.3　测量误差分析

1.3.1　误差

1. 真值 A_0

　　一个物理量在一定条件下所呈现的客观大小或真实数值称作真值。要得到真值，必须利用理想的量具或测量仪器进行无误差的测量。因此物理量的真值实际上是无法测得的。"理想"量具或测量仪器(即测量过程的参考比较标准)只是一个纯物理值。尽管随着科技水平的提高，可供实际使用的测量参考标准可以越来越逼近理想的理论定义值，但是在测量过程中由于各种主观、客观因素的影响，做到无误差的测量是不可能的。

2. 约定真值 A

　　由于真值是无法测得的，因此通常只能将由更高一级的标准仪器仪表所测得的值作为"真值"，故将这个值叫做约定真值。

3. 标称值

测量器具上标出来的数值称为标称值。例如，某电阻标称值为 $1\ \Omega$，标准信号发生器度盘上标称的输出正弦波频率为 $100\ Hz$ 等。由于制造和测量精度不够以及环境等因素的影响，标称值并不一定等于它的真值或实际值。为此，在标出测量器具的标称值时，通常还要标出它的误差范围或准确度等级。

4. 示值 x

由测量器具指示的被测量量值称为测量器具的示值。

5. 测量误差

测量过程中测量仪器仪表的测量值与真值之间的差异，称为测量误差。实际测量中，由于测量器具不准确、测量手段不完善、环境影响、测量操作不熟练及工作疏忽等因素，都会产生误差。误差的存在具有必然性和普遍性，人们只能根据需要和可能，将其限制在一定范围内而不能完全加以消除。

1.3.2　误差的表示方法

误差有多种表示方法，最基本的误差表示方法有绝对误差和相对误差。

1. 绝对误差

被测量值(仪器的示值 x)与其真值 A_0 之差，称为绝对误差，用 Δx 表示，即

$$\Delta x = x - A_0 \tag{1-4}$$

绝对误差 Δx 有大小、量纲和正负。其大小和正负分别表示测量值偏离真值的程度和方向。

由于真值 A_0 一般无法求得，故式(1-4)只有理论上的意义。因此在实际应用中用约定真值 A 来代替真值 A_0，则有

$$\Delta x = x - A \tag{1-5}$$

绝对值与 Δx 相等，但符号相反的值，称为修正值，用 C 表示，即

$$C = A - x \tag{1-6}$$

测量仪器在使用前都要由上一级标准给出受检仪器的修正值，通常以表格、曲线或公式的形式给出。由修正值可以求出实际值，即

$$A = C + x \tag{1-7}$$

例 1-1　某电流表测得的电流示值是 $0.83\ mA$，查得该电流表在 $0.8\ mA$ 及其附近的修正值都是 $-0.02\ mA$，那么被测电流的实际值是多少？

解　　　　　　　$A = C + x = -0.02 + 0.83 = 0.81\ (mA)$

由此可见，利用修正值可以减小误差的影响，使测量值更接近真值。在实际应用中，应定期将仪器仪表送计量部门检定，以便得到正确的修正值。

2. 相对误差

绝对误差虽能表示测量值偏离真值的程度和方向，但不能确切反映其准确程度，故一般采用相对误差。相对误差的形式很多，常用的有下列几种。

1) 实际相对误差

绝对误差 Δx 与被测量真值 A_0 的比值的百分数，称为相对误差，用 γ_0 表示，即

$$\gamma_0 = \frac{\Delta x}{A_0} \times 100\% \tag{1-8}$$

因为真值无法求得，常用约定真值 A 代替 A_0，此时的误差称为实际相对误差，用 γ_A 表示，即

$$\gamma_A = \frac{\Delta x}{A} \times 100\% \tag{1-9}$$

例 1-2　用两只电压表测量两个大小不同的电压，测量值分别为 $U_{1x} = 101$ V，$U_{2x} = 7.5$ V，绝对误差分别为 1 V 和 -0.5 V，求两次测量的相对误差。

解　　$\gamma_{A1} = \dfrac{\Delta x}{A} \times 100\% = \dfrac{\Delta x}{x - \Delta x} \times 100\% = \dfrac{1}{101 - 1} \times 100\% = 1\%$

$$\gamma_{A2} = \frac{\Delta x}{A} \times 100\% = \frac{\Delta x}{x - \Delta x} \times 100\% = \frac{-0.5}{7.5 - (-0.5)} \times 100\% = -6.25\%$$

可见，虽然前者的绝对误差绝对值大于后者，但误差对测量结果的影响，后者却大于前者，因而用相对误差衡量误差对测量结果的影响，比绝对误差更加确切。

2）示值相对误差

在误差较小、要求不太严格的场合，常采用示值 x 代替 A，此时的误差称为示值相对误差，用 γ_x 表示，即

$$\gamma_x = \frac{\Delta x}{x} \times 100\% \tag{1-10}$$

由于示值 x 可直接通过测量仪表的读数获得，所以这是在近似测量和工程测量中使用较多的一种表示方法。如果测量误差不大，可用示值相对误差 γ_x 代替实际误差，但若 γ_x 和 γ_A 相差较大，两者应加以区别。

3）满度相对误差

仪器量程内最大绝对误差 Δx_m 与仪器的满度值 x_m（量程上限值）的比值，称为满度相对误差，即

$$\gamma_m = \frac{\Delta x_m}{x_m} \times 100\% = S\% \tag{1-11}$$

满度相对误差也称作满度误差或引用误差。由式（1-11）可以看出，满度误差实际上给出了仪表各量程内绝对误差的最大值，即

$$\Delta x_m = \gamma_m \cdot x_m = S\% \cdot x_m \tag{1-12}$$

因此测量点的最大相对误差为

$$\gamma_x = \frac{x_m}{x} S\% \tag{1-13}$$

我国电工仪表的准确度等级 S 就是按满度误差 γ_m 分级的，即按 γ_m 大小依次划分成 0.1、0.2、0.5、1.0、1.5、2.5 及 5.0 七级。比如某电压表 $S = 0.5$，即说明其准确度等级为 0.5 级，满度误差不超过 0.5%，即 $|\gamma_m| \leqslant 0.5\%$。

例 1-3　某电压表 $S = 1.5$，试算出它在 $0 \sim 100$ V 量程中的最大绝对误差。

解　　在 $0 \sim 100$ V 量程内上限值 $x_m = 100$ V，由式（1-12）得

$$\Delta x_m = \gamma_m \cdot x_m = \pm 1.5\% \times 100 = \pm 1.5 \text{ (V)}$$

一般来讲，测量仪器在同一量程不同示值处的绝对误差实际上未必处处相等，但对使

用者来讲，在没有修正值可利用的情况下，只能按最坏情况处理，即认为仪器在同一量程各处的绝对误差是一个常数且等于 Δx_m，人们把这种处理称作误差的整量化。

例 1-4 某 1.0 级电流表的满度值 $x_m = 100\ \mu A$，求测量值分别为 $x_1 = 100\ \mu A$，$x_2 = 80\ \mu A$，$x_3 = 20\ \mu A$ 时的绝对误差和示值相对误差。

解 由式（1-12）得绝对误差为

$$\Delta x_m = \gamma_m \cdot x_m = \pm 1.0\% \times 100 = \pm 1\ (\mu A)$$

前已叙述，绝对误差是不随测量值改变的。测得值分别为 $100\ \mu A$、$80\ \mu A$、$20\ \mu A$ 时的示值相对误差各不相同，分别为

$$\gamma_{x_1} = \frac{\Delta x}{x_1} \times 100\% = \frac{\Delta x_m}{x_1} \times 100\% = \frac{\pm 1}{100} \times 100\% = \pm 1\%$$

$$\gamma_{x_2} = \frac{\Delta x}{x_2} \times 100\% = \frac{\Delta x_m}{x_2} \times 100\% = \frac{\pm 1}{80} \times 100\% = \pm 1.25\%$$

$$\gamma_{x_3} = \frac{\Delta x}{x_3} \times 100\% = \frac{\Delta x_m}{x_3} \times 100\% = \frac{\pm 1}{20} \times 100\% = \pm 5\%$$

可见，在同一量程内，测得值越小，示值相对误差越大。由此可见，测量中所用仪表的准确度并不是测量结果的准确度，只有在示值与满度值相同时，二者才相等（不考虑其他因素造成的误差，仅考虑仪器误差），否则，测量值的准确度数值将低于仪表的准确度等级。

例 1-5 要测量 100 ℃的温度，现有 0.5 级、测量范围为 0～300 ℃和 1.0 级、测量范围为 0～100 ℃的两种温度计，试分析它们各自产生的示值误差。

解 用 0.5 级温度计，可能产生的最大绝对误差为

$$\Delta x_{m1} = \gamma_{m1} \cdot x_{m1} = \pm \frac{S_1}{100} \cdot x_{m1} = \pm \frac{0.5}{100} \times 300 = \pm 1.5 (℃)$$

按照误差整量化原则，认为该量程内绝对误差 $\Delta x_1 = \Delta x_{m1} = \pm 1.5℃$，因此示值相对误差为

$$\gamma_{x_1} = \frac{\Delta x_1}{x_1} \times 100\% = \pm \frac{1.5}{100} \times 100\% = \pm 1.5\%$$

同样可算出用 1.0 级温度计可能产生的最大绝对误差和示值相对误差分别为

$$\Delta x_{m2} = \gamma_{m2} \cdot x_{m2} = \pm \frac{S_2}{100} \cdot x_{m2} = \pm \frac{1.0}{100} \times 100 = \pm 1.0 (℃)$$

$$\gamma_{x_2} = \frac{\Delta x_2}{x_2} \times 100\% = \pm \frac{1.0}{100} \times 100\% = \pm 1.0\%$$

可见，用 1.0 级低量程温度计测量所产生的示值相对误差反而小一些，因此选 1.0 级温度计较为合适。

例 1-6 某待测电流约为 100 mA，现有 0.5 级量程为 0～400 mA 和 1.5 级量程为 0～100 mA 的两个电流表，问用哪一个电流表测量较好。

解 根据公式（1-13），用 0.5 级量程为 0～400 mA 的电流表测 100 mA 时，最大相对误差为

$$\gamma_{x_1} = \frac{x_m}{x} S\% = \frac{400}{100} \times (\pm 0.5\%) = \pm 2\%$$

用 1.5 级量程为 0～100 mA 的电流表测量 100 mA 时，最大相对误差为

$$\gamma_{x_2} = \frac{x_{\mathrm{m}}}{x} S\% = \frac{100}{100} \times (\pm 1.5\%) = \pm 1.5\%$$

由此可知，当仪表的准确度确定后，示值越接近满刻度，示值相对误差越小。所以，在选用仪表时，应当根据测量值的大小来选择仪表的量程，尽量使测量的示值在仪表量程的 2/3 以上区域。

4）分贝误差

在电子测量中还常用到分贝误差。分贝误差是用对数表示误差的一种形式，单位为分贝（dB）。分贝误差广泛用于增益（衰减）量的测量中。下面以电压增益测量为例，引出分贝误差的表示形式。

设双口网络（如放大器、衰减器等）输入、输出电压的测量值分别为 U_{i} 和 U_{o}，则电压增益 A_u 的测量值为

$$A_u = \frac{U_{\mathrm{o}}}{U_{\mathrm{i}}} \tag{1-14}$$

用对数表示为

$$G_x = 20 \lg A_u \text{（dB）} \tag{1-15}$$

G_x 称为增益测量值的分贝值。

设 A 为电压增益实际值，其分贝值 $G = 20 \lg A$，由式（1-4）及式（1-15）可得

$$A_u = A + \Delta x = A + \Delta A \tag{1-16}$$

$$G_x = 20 \lg(A + \Delta A) = 20 \lg A \left(1 + \frac{\Delta A}{A}\right)$$

$$= 20 \lg A + 20 \lg \left(1 + \frac{\Delta A}{A}\right)$$

$$= G + 20 \lg \left(1 + \frac{\Delta A}{A}\right) \tag{1-17}$$

由此得到

$$\gamma_{\mathrm{dB}} = G_x - G \text{（dB）} \tag{1-18}$$

$$\gamma_{\mathrm{dB}} = 20 \lg \left(1 + \frac{\Delta A}{A}\right) \text{（dB）} \tag{1-19}$$

显然，式（1-19）中 γ_{dB} 与增益的相对误差有关，可看成相对误差的对数表现形式，称之为分贝误差。若令 $\gamma_A = \frac{\Delta A}{A}$，$\gamma_x = \frac{\Delta A}{A_x}$，并设 $\gamma_A \approx \gamma_x$，则式（1-19）可改写成

$$\gamma_{\mathrm{dB}} = 20 \lg(1 + \gamma_x) \text{（dB）} \tag{1-20}$$

式（1-20）即为分贝误差的一般定义式。

若测量的是功率增益，则因为功率与电压呈平方关系，并考虑对数运算规则，所以这时的分贝误差定义为

$$\gamma_{\mathrm{dB}} = 10 \lg(1 + \gamma_x) \text{（dB）} \tag{1-21}$$

例 1-7　某电压放大器，当输入端电压 $U_{\mathrm{i}} = 1.2$ mV 时，测得输出电压 $U_{\mathrm{o}} = 6000$ mV，设 U_{i} 误差可忽略，U_{o} 的测量误差 $\gamma_2 = \pm 3\%$。求放大器电压放大倍数的绝对误差 ΔA、相对误差 γ_x 及分贝误差 γ_{dB}。

解 电压放大倍数为

$$A_u = \frac{U_o}{U_i} = \frac{6000}{1.2} = 5000（电压增益的测量值）$$

电压分贝增益为

$$G_x = 20\lg A_u = 20\lg 5000 = 74（dB）（电压增益测量值的分贝数）$$

输出电压绝对误差为

$$\Delta U_o = 6000 \times (\pm 3\%) = \pm 180（mV）$$

因忽略 U_i 误差，故电压增益的绝对误差为

$$\Delta A = \frac{\Delta U_o}{U_i} = \frac{\pm 180}{1.2} = \pm 150$$

电压增益的相对误差为

$$\gamma_x = \frac{\Delta A}{A_u} = \frac{\pm 150}{5000} \times 100\% = \pm 3\%$$

电压增益的分贝误差为

$$\gamma_{dB} = 20\lg(1 + \gamma_x) = 20\lg(1 \pm 0.03) = \pm 0.26（dB）$$

实际电压的分贝增益为

$$G = 74 \pm 0.26（dB）$$

1.3.3 误差的来源与分类

1. 误差的来源

所有的测量结果都有误差，为了减小测量误差，提高测量结果的准确度，需要明确测量误差的主要来源，以便估计测量误差并进行相应的处理。造成误差的原因是多方面的，其来源如表 1-1 所示。

表 1-1 误差的主要来源

误差名称	来 源 说 明	实 例
仪器误差	仪器本身及其附件设计、制造和装配等的不完善以及使用过程中元件的老化、机械磨损等引起的测量误差	零点偏移、刻度不准确、仪器内标准量性能不稳
影响误差	测量过程中环境因素与仪表所要求的使用条件不一致所造成的误差	温度、湿度、电源电压、电磁干扰等
方法误差	测量方法不完善、理论不严密、用了近似公式或近似值造成的误差	普通万用表电压挡测高内阻回路的电压、用均值表测量非正弦电压等
人身误差	测量者的分辨能力、固有习惯、视觉疲劳等因素引起的误差	读错刻度、计算错误等
使用误差	在仪器使用的过程中出现的误差	安装、调节和使用不当

2. 误差的分类

虽然误差的来源很多，但根据测量误差的性质，测量误差可分为三大类：系统误差、随机误差和粗大误差。

1）系统误差

系统误差又称为确定性误差，指在确定的测试条件下，多次测量同一个物理量时，测量误差的数值大小和符号保持恒定，或在测量条件改变时，测量误差按一定规律变化的误差。系统误差总是由固定不变的或按确定规律变化的因素造成的。这些因素主要有：测量仪器本身结构和制造上的不完善而存在的误差；未能满足仪器规定的使用条件而存在的误差；测量方法不完善造成的误差；电子元件性能不稳定造成的误差，还有其他因素如零点偏移、刻度不准、转动部分摩擦、忽略电流表的内阻、认为电压表的内阻无穷大等造成的误差。

2）随机误差

随机误差又称为偶然误差，是由于偶然因素引起的一种大小和方向都不确定的误差，例如噪声干扰、空气扰动、电磁场微变、大地微震等引起的误差。由于随机误差的存在，即使在同一条件下多次重复测量同一量，所测得的结果也不相同。一般来说，随机误差比较小，在工程测量中可以忽略。

3）粗大误差

粗大误差又称为疏忽误差，是由于测量人员在测量过程中，操作、读数、记录、计算的错误等引起的误差，如读数错误、记录错误等。粗大误差严重歪曲了测量结果，含有这种误差的实验数据不可靠，应当剔除。

1.3.4　误差的估计与处理

1. 随机误差、系统误差、粗大误差的估计和处理

测量中误差的存在是不可避免的，不同的误差应该采用不同的处理方法。

1）随机误差的估计和处理

随机误差没有确定的规律，但当测量次数足够多时，从统计的观点看，其测量的数据及其随机误差大多呈正态分布。因此采用数理统计的方法来分析随机误差，用有限次测量来估计整体的特征。

（1）有限次测量随机误差的估计。

设进行 n 次测量得到的测量值分别为：x_1，x_2，$\cdots$，x_n。其算术平均值为

$$\bar{x} = \frac{x_1 + x_2 + \cdots + x_n}{n} = \frac{1}{n}\sum_{i=1}^{n} x_i \qquad (1-22)$$

式（1-22）中 $\bar{x}$ 是数学期望无偏估计值，常用作被测量真值 A_0。

任意一次测量值与 $\bar{x}$ 之差称为残差，即 $v_i = x_i - \bar{x}$。在实际测量中常用残差代替绝对误差，由统计规律知，残差的代数和为零。

由贝塞尔公式

$$\hat{s} = \sqrt{\frac{1}{n-1}\sum_{i=1}^{n}(x_i - \bar{x})^2} = \sqrt{\frac{1}{n-1}\sum_{i=1}^{n} v_i^2} \qquad (1-23)$$

可得有限次测量的标准差估计值 $\hat{s}$，通常也称为实验偏差。其值越小，表明测量值越集中，测量精度越高，随机误差越小。

如果在相同的情况下，进行了多组（m 组）的测量，且每组的测量次数（n 次）相同，此

时定义算术平均值的标准差估计值 $\hat{s}_{\bar{x}}$，通常也称为标准偏差，即 $\hat{s}_{\bar{x}} = \hat{s}/\sqrt{n}$。实验偏差和标准偏差统称为标准差。

例 1 - 8 用温度计重复测量某个不变的温度，得到 11 个测量值的序列，单位为 ℃。求测量值的平均值及其标准偏差。

$$528 \quad 531 \quad 529 \quad 527 \quad 531 \quad 533 \quad 529 \quad 530 \quad 532 \quad 530 \quad 531$$

解 a. 平均值：

$$\bar{x} = \frac{1}{n}\sum_{i=1}^{n}x_i = \frac{1}{11}\sum_{i=1}^{n}x_i = 530.1（℃）$$

b. 用公式 $v_i = x_i - \bar{x}$ 计算各测量值的残差。

c. 实验偏差：

$$\hat{s} = \sqrt{\frac{1}{n-1}\sum_{i=1}^{n}v_i^2} = 1.767（℃）$$

d. 标准偏差：

$$\hat{s}_{\bar{x}} = \frac{\hat{s}}{\sqrt{n}} = 0.53（℃）$$

（2）随机误差的处理。

随机误差主要由那些对测量影响较小、又没有规律的多种因素共同造成。通过增加测量次数 n，可以减小随机误差对测量结果的影响。

2）系统误差的估计和处理

（1）系统误差的特征。

① 在同一条件下，多次测量同一量值，误差的绝对值和符号保持不变。若条件变化，误差按一定的规律变化。

② 多次重复测量时，系统误差不具有抵偿性，是固定的或按照一定函数规律变化的。

③ 具有可控性和修正性。

（2）系统误差的判别方法。

① 校准法：用标准仪器来确定恒值系统误差的数值，或依据说明书中的修正值对结果进行修正。

② 残差观察法：把测量的数据及其残差制成表格或绘成曲线，分析测量中残差的大小和变化规律，判断是否有系统误差。

③ 马利科夫判据：用于判断是否有与测量条件成线性关系的累进性系统误差。累进性系统误差是指误差呈线性递增或递减，如由于蓄电池端电压下降引起的电流下降等。判别时首先把这 n 个测量值所对应的残差按先后顺序排列，然后把残差分为前后两个部分求和，再求其差值。即

$$D = \begin{cases} \sum_{i=1}^{\frac{n}{2}}v_i - \sum_{i=\frac{n}{2}+1}^{n}v_i, & n\text{ 为偶数} \\[2ex] \sum_{i=1}^{\frac{n+1}{2}}v_i - \sum_{i=\frac{n+1}{2}}^{n}v_i, & n\text{ 为奇数} \end{cases} \tag{1-24}$$

若 D 接近于零，则表明上述测量不存在线性系统误差；若 D 与 $v_{i\max}$ 相当，则认为存在线性系统误差。

④ 阿卑-赫梅特判据：用于判断是否有周期性系统误差。周期性系统误差是指误差随着测量值或时间的变化按某一周期性函数的规律变化。判别时首先将这 n 个测量值所对应的残差按先后顺序排列，两两相乘，然后求其和的绝对值，再求出标准差的估计值 $\hat{s}$，若下面的判别式成立，则存在周期性系统误差。

$$\left| \sum_{i=1}^{n-1} v_i v_{i+1} \right| > \sqrt{n-1}\,\hat{s}^2 \tag{1-25}$$

（3）减小系统误差的方法。

① 从产生系统误差的根源上采取措施减小系统误差。例如，测量原理、方法尽量做到准确、严格，定期对测量仪器送检，减少环境的影响。

② 用修正法减少系统误差。

③ 采用专门的测量方法，如替代法、交换法、对称测量法、微差法等。

3）粗大误差的估计和处理

（1）粗大误差的判别准则。

粗大误差出现的概率较小，在测量数据中，若 $|v_i| > 3\hat{s}$，则认为测量值 x_i 存在粗大误差，不必改变测量值的顺序，但应在测量值中剔除粗大误差项。这种判别准则称为莱特准则或 $3\hat{s}$ 准则。

（2）粗大误差的防止和消除。

① 要加强测量者的工作责任心。

② 测量者要有严谨的科学态度。

③ 保证测量环境的稳定。

2. 测量误差的合成和分配

前面介绍的都是直接测量误差的计算方法，如频率、电压、电流的测量等。在实际测量中，经常要用到间接测量。例如，先测电阻的 U 和 I，再由 $P=UI$ 计算电阻的功率，其误差与 U 和 I 的测量误差有关；多个电阻串联、并联的等效电阻，其误差与各个电阻的测量误差有关等。由以上的例子可知，间接测量的被测量 y 可看成是由 n 个直接测量的分量 x_1，x_2，…，x_n 按照一定的函数关系构成，即 $y = f(x_1, x_2, \cdots, x_n)$。

当测量误差与 n 项有关时，不论其产生的原因，都称为分项误差。在此主要讨论如何由各分项误差确定总误差，即测量误差的合成，以及在总误差已限定的条件下，如何确定各分项误差的数值，即误差的分配。

1）误差的合成

如果在测量中，各次直接测量的 x_1，x_2，…，x_n 的绝对误差分别为 Δx_1，Δx_2，…，Δx_n，则有

$$y + \Delta y = f(x_1 + \Delta x_1, x_2 + \Delta x_2, \cdots, x_n + \Delta x_n) \tag{1-26}$$

将上式按泰勒级数展开，并忽略其高阶无穷小，得到误差传递公式为

$$\Delta y = \frac{\partial f}{\partial x_1} \Delta x_1 + \frac{\partial f}{\partial x_2} \Delta x_2 + \cdots + \frac{\partial f}{\partial x_n} \Delta x_n = \sum_{i=1}^{n} \frac{\partial f}{\partial x_i} \Delta x_i \tag{1-27}$$

式中，$\dfrac{\partial f}{\partial x_i}$ 是 $y=f(x_1,x_2,\cdots,x_n)$ 关于第 i 个分量的偏导数。

如用相对误差来表示，则有

$$g_y=\frac{\Delta y}{y}=\frac{\partial f}{\partial x_1}\frac{\Delta x_1}{y}+\frac{\partial f}{\partial x_2}\frac{\Delta x_2}{y}+\cdots+\frac{\partial f}{\partial x_n}\frac{\Delta x_n}{y}=\sum_{i=1}^{n}\frac{\partial f}{\partial x_i}\frac{\Delta x_i}{y} \qquad (1-28)$$

或

$$g_y=\frac{\Delta y}{y}=\sum_{i=1}^{n}\frac{\partial \ln f}{\partial x_i}\Delta x_i \qquad (1-29)$$

以上三式称为误差传递公式或误差合成公式，由绝对误差传递公式或相对误差传递公式可计算出总的绝对误差或相对误差。

2）误差的分配

在总误差已限定的条件下，确定各分项误差大小的方案很多，这里介绍常用的按误差相同原则的分配方法。

当总误差中各分项的性质相同、大小接近时，分配给各个环节的误差也相同。假设总的误差为 e_y，各分项的误差为 $e_1,e_2,\cdots,e_n$。此时，设 $e_1=e_2=\cdots=e_n$。

由误差传递公式可得

$$e_i=\frac{e_y}{\displaystyle\sum_{i=1}^{n}\frac{\partial f}{\partial x_i}} \qquad (1-30)$$

1.4 测量结果的数据处理

所谓测量结果的数据处理，就是从测量所得到的原始数据中求出被测量的最佳估计值，并计算其精确程度。必要时还要把测量数据绘制成曲线或归纳成经验公式，以便得出正确结论。

1.4.1 有效数字的处理

1. 有效数字

有效数字是指从左边第一位非零数字算起，直到右边最后一位数字为止的所有数字。例如，某电压值为 0.005 30 V，其中 5、3、0 三个数字是有效数字，左边的三个"0"不是有效数字，而数字"5"后所有的"0"都是有效数字。最末位的"0"是欠准确的估计值，一般规定误差不超过有效数字末位单位数字的一半，表达了一定的测量精度，因而不能多写也不能少写。

此外，对于 1250 kHz，实际上在千位上包含了误差，因此不能写成 1 250 000 Hz 的形式，若要写成幂次方的形式，应写为 1.250×10^6 Hz。

2. 数据的舍入规则

为了减小测量误差的积累，通常采用舍入规则保留有效数字的位数。当只需要 N 位有效数字时，对第 $N+1$ 位及其后面的各位数字就要根据舍入规则进行处理，其舍入规则可以概括为四舍六入五凑偶法则，如图 1-4 所示。

$$
\text{舍入规则}
\begin{cases}
\text{小于 5，则舍} \\
\text{大于 5，则入} \\
\text{等于 5 取偶}
\begin{cases}
\text{5 后有数，则入} \\
\text{5 后无数或为零时}
\begin{cases}
\text{5 前是奇数，舍 5 入 1} \\
\text{5 前是偶数，舍 5 不进}
\end{cases}
\end{cases}
\end{cases}
$$

图 1 - 4　数据舍入规则

例 1 - 9　将下列数字保留 3 位有效数字。

$$45.76 \quad 76.252 \quad 13.149 \quad 28.050 \quad 47.15 \quad 3.995$$

解　　$45.76 \rightarrow 45.8$　　　　$76.252 \rightarrow 76.3$　　　　$13.149 \rightarrow 13.1$

$28.050 \rightarrow 28.0$　　　　$47.15 \rightarrow 47.2$　　　　$3.995 \rightarrow 4.00$

3. 有效数字的运算

有效数字进行加、减运算必须对齐各数字的小数点，按有效位的位数运算的最少者记录结果。在乘、除、开方和对数的运算中，为了提高运算的精确度，一般都要比参与运算的有效位最少者多一位或两位有效数字。

4. 图解分析法

图解分析法最大的优点是形象、直观，由图形可直接看出函数的变化规律，适合于定性的分析，不适合进行数学分析，如根据测量数据画出频率特性曲线、伏安法测电阻等。作图方法是先描点，再连成曲线，尽可能使曲线光滑，曲线两边的点数尽量相等。

1.4.2　等精度测量结果的处理

在多次测量中，如果每次测量都使用相同的方法、相同的仪表，在同样的环境下进行，而且每一次都以同样的细心程度进行工作，则在同一条件下所进行的这一系列重复测量称为等精度测量。

进行等精度测量结果的数据处理的目的是从测量所得数据中求出被测量的最佳值，也就是使随机误差对最终测量结果的影响减到最小。等精度测量结果的处理步骤如下：

（1）将 n 个等精度测量结果按先后顺序列成表格。

（2）求出算术平均值 $\bar{x} = \dfrac{1}{n} \displaystyle\sum_{i=1}^{n} x_i$。

（3）在每个测量值 x_i 旁边列出相应的残差 $v_i = x_i - \bar{x}$，当计算无误时，应当有残差的代数和为零。

（4）计算实验偏差 $\hat{s} = \sqrt{\dfrac{1}{n-1} \displaystyle\sum_{i=1}^{n} (x_i - \bar{x})^2} = \sqrt{\dfrac{1}{n-1} \displaystyle\sum_{i=1}^{n} v_i^2}$。

（5）用莱特准则 $|v_i| > 3\hat{s}$ 判别有无粗大误差。若有粗大误差则应逐一剔除，然后重新计算 $\bar{x}$ 和 $\hat{s}$，再判别有无粗大误差。

（6）判断是否有明显的系统误差。如果有系统误差，应查明其原因，作出修正或消除系统误差后重新进行测量。

（7）计算标准偏差 $\hat{s}_{\bar{x}} = \dfrac{\hat{s}}{\sqrt{n}}$。

（8）写出测量结果的最后表达式 $A_0 = \bar{x} \pm 3\hat{s}_{\bar{x}}$。

习　题　1

1. 真值、约定真值、示值各代表什么意义？什么是测量误差？

2. 简述测量误差的各种表示方法和分类方法。

3. 按功能分，常用的电子测量仪器有哪些？

4. 什么是随机误差？它的特点是什么？

5. 系统误差的特点是什么？用哪些测量方法可以削弱或消除系统误差？

6. 对某信号源的输出频率进行了 12 次等精度测量（单位 kHz），结果为：

| 110.105 | 110.090 | 110.090 | 110.070 | 110.060 | 110.055 |

| 110.050 | 110.040 | 110.030 | 110.035 | 110.030 | 110.020 |

试求出测量结果的完整表达式。

7. 将下列数字保留 3 位有效数字：

12.250　　　76.251　　　43.449　　　　98.05　　　47.15　　　　17.995

第 2 章　信号发生器

信号发生器是电子测量中最基本的测量仪器之一，主要用来提供电参量测量时所需的各种激励信号。本章对信号发生器的分类、原理和使用方法作详细介绍。

知识要点：

（1）理解信号发生器的性能指标，掌握低频和高频信号发生器的工作原理、使用方法；

（2）掌握函数信号发生器的组成和基本使用方法；

（3）理解直接和间接频率合成的方法，重点掌握锁相合成法的原理；

（4）理解脉冲信号发生器的组成原理。

2.1　概　　述

2.1.1　信号发生器的用途

在研制、生产、使用、测试和维修各种电子元器件、整机设备的过程中，都需要由信号发生器产生各种不同频率、不同波形的电压、电流信号并加到被测器件、设备上，然后由其他的测试仪器观测被测者的输出响应，以分析确定它们的性能参数，如图 2 - 1 所示。这种能够提供测试用电信号的装置，统称为信号发生器，简称信号源。信号发生器是最基本、应用最为广泛的电子测量仪器之一。它的用途主要有以下三个方面。

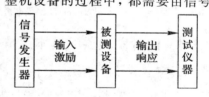

图 2 - 1　信号发生器的功能

（1）激励源。信号发生器产生的信号可以作为某些电子设备的激励信号。

（2）信号仿真。可以利用信号发生器产生与实际环境特性相同的信号，对电子设备进行仿真测试。

（3）校准源。信号发生器产生的一些标准信号，可用于对一般的信号源进行校准或对比。

2.1.2　信号发生器的分类

信号发生器的用途广泛，种类繁多，性能各异，常见的分类方法有以下几种。

1. 按频率范围分类

信号发生器按照输出信号的频率范围划分，如表 2 - 1 所示。

表 2 - 1 中的频段划分并不是绝对的，各类信号发生器的频率范围存在重叠的情况，这与它们不同的应用范围有关。例如，"低频信号发生器"是指 1 Hz～1 MHz 频段，输出波形以正弦波为主，兼有方波及其他波形的信号发生器。

表 2 - 1　各种信号发生器的频率范围

名　称	频率范围	应用领域
超低频信号发生器	30 kHz 以下	电声学、声呐
低频信号发生器	30 kHz～300 kHz	电报通信
视频信号发生器	300 kHz～6 MHz	无线电广播
高频信号发生器	6 MHz～30 MHz	广播、电视
甚高频信号发生器	30 MHz～300 MHz	电视、调频广播、导航
超高频信号发生器	300 MHz～3000 MHz	雷达、导航、气象

2. 按输出波形分类

按照输出信号的波形特性划分，信号发生器可分为正弦信号发生器和非正弦信号发生器。非正弦信号发生器又包括脉冲信号发生器、函数信号发生器、扫频信号发生器、数字序列信号发生器、图形信号发生器、噪声信号发生器等。

3. 按信号发生器的性能分类

按照信号发生器的性能指标划分，可将信号发生器分为一般信号发生器和标准信号发生器。前者指对其输出信号的频率、幅度的准确度和稳定度以及波形失真等要求不高的信号发生器；后者指输出信号的频率、幅度、调制系数等在一定范围内连续可调，并且读数准确、稳定、屏蔽良好的中、高档信号发生器。

2.1.3　信号发生器的基本组成

不同类型的信号发生器其组成有所不同，但是其基本结构类似，主要由振荡器、变换器、输出级、调制器、电源和指示器组成，如图 2 - 2 所示。

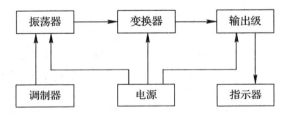

图 2 - 2　信号发生器的基本组成

振荡器是信号发生器的核心，由它产生不同频率、不同波形的信号。信号源的一些重要工作特性，如工作频率、频率稳定度等基本上由振荡器决定。

变换器主要对振荡器信号进行放大、整形和调制。一般情况下，振荡器输出的信号比较微弱，需经变换器加以放大和整形。对高频信号发生器而言，变换器还具有对正弦信号进行调制的作用。

输出级的基本作用是调节输出信号的电平和变换输出阻抗，以提高信号发生器的带负载能力。输出电路一般由衰减器、跟随器及匹配变压器等组成。

电源为信号源的各部分提供所需的直流电压。通常是将 50 Hz 交流市电变压、整流、滤波及稳压后，供给仪器使用。

指示器用来监视输出信号，可以是电子电压表、功率计、频率计和调制度测试仪等。通常情况下指示器接于衰减器之前，并且由于指示仪表本身准确度不高，其示值仅供参考。

2.1.4　信号发生器的性能指标

由于信号发生器作为测量系统的激励源，因此被测器件、设备各项性能参数的测量质量，将直接依赖于信号发生器的性能。通常用频率特性、输出特性和调制特性来评价信号发生器的性能。

1. 频率特性

信号发生器的频率特性包括频率范围、频率准确度和频率稳定度。

1）频率范围

频率范围是指信号发生器所产生的信号频率范围，该范围内既可连续又可由若干频段或一系列离散频率覆盖，在此范围内应满足全部误差要求。例如，XFE - 6 型高频信号发生器，其频率范围为 4～300 MHz，分为 8 个连续可调波段。

2）频率准确度

频率准确度是指信号频率的实际值 f_x 与其标称值 f_0 的相对偏差，其表达式为

$$\alpha = \frac{f_x - f_0}{f_0} = \frac{\Delta f}{f_0} \tag{2-1}$$

频率准确度实际上表示了输出信号频率的误差。一般用刻度盘读数的信号发生器，其频率准确度在 $\pm(1\% \sim 10\%)$ 之间，而一些采用频率合成技术带有数字显示的信号发生器，机内采用高稳定度的石英晶振，其输出频率的准确度可高达 $10^{-9} \sim 10^{-8}$。

3）频率稳定度

频率稳定度指标与频率准确度相关。频率稳定度是指其他外界条件恒定不变的情况下，在规定的时间内，信号发生器输出频率相对于预调值变化的大小。按照国家标准，频率稳定度又分为频率短期稳定度和频率长期稳定度。频率短期稳定度定义为信号发生器经过规定的预热时间后，信号频率在任意的 15 min 内所发生的最大变化，表达式为

$$\delta = \frac{f_{max} - f_{min}}{f_0} \times 100\% \tag{2-2}$$

式中，f_{max}、f_{min} 分别为任意 15 min 内信号频率的最大值和最小值。

频率长期稳定度定义为信号发生器经过规定的预热时间后，信号频率在任意 3 h 内所发生的最大变化。通常通用信号发生器的频率稳定度为 $10^{-4} \sim 10^{-2}$，用于精密测量的高精度高稳定度信号发生器的频率稳定度应高于 $10^{-7} \sim 10^{-6}$，而且要求频率稳定度一般应比频率准确度高 1～2 个数量级。

2. 输出特性

1）输出形式

信号发生器的输出形式有平衡输出和不平衡输出两种形式。

2）输出阻抗

输出阻抗的高低随信号发生器的类型而异。低频信号发生器的电压输出端阻抗一般有 600 Ω（或 1 kΩ），功率输出端一般安装有匹配变换器，所以有 50 Ω、150 Ω、600 Ω、5 kΩ 等几种不同的输出阻抗。而高频信号发生器一般只有 50 Ω（或 75 Ω）不平衡输出，在使用高频信号发生器时，应注意输出阻抗与负载相匹配。

3）电平特性

电平特性包括输出电平及其平坦度。输出电平是指输出信号幅度的有效范围，也就是信号发生器的最大和最小输出电平的可调范围，通常采用有效值来度量。

输出电平平坦度是在有效的频率范围内，输出电平随频率变化的程度。现代的信号发生器一般都使用自动电平控制电路，可使其电平平坦度保持在 ±1 dB 以内。

4）非线性失真系数（失真度）

正弦信号发生器的输出在理想情况下应为单一频率的正弦波，但由于信号发生器内部的放大单元、器件的非线性，会使输出信号产生非线性失真，除了所需要的正弦波频率外，还有其他谐波分量。通常用信号频谱纯度说明输出信号波形所接近正弦波的程度，并用非线性失真系数 γ 表示，表达式为

$$\gamma = \frac{\sqrt{U_2^2 + U_3^2 + \cdots + U_n^2}}{U_1} \times 100\% \qquad (2-3)$$

式中，$U_n(n=1, 2, \cdots, n)$ 为输出信号基波和各次谐波的有效值。

一般低频信号发生器的失真度为 0.1%～1%，高档正弦信号发生器的失真度可低于 0.005%。通常只用非线性失真度来评价低频信号发生器，而用频谱纯度来评价高频信号发生器。

3. 调制特性

对高频信号发生器来说，一般都能输出调幅波和调频波，有的还带有调相和脉冲调制等功能。当调制信号由信号发生器内部产生时，称为内调制；当调制信号由外部电路或低频信号发生器提供时，称为外调制。高频信号发生器的调制特性包括调制方式、调制频率、调制系数及调制线性等，如 QF1481 型合成信号发生器同时具有调幅、调频、调相和脉冲调制特性。

2.2 低频信号发生器

低频信号发生器是信号发生器大家族中一个非常重要的组成部分，在模拟电子线路与系统的设计、测试和维修中应用广泛，例如收音机、电视机、有线广播和音响设备中的音频放大器。

低频信号发生器的输出频率范围通常为 20 Hz～20 kHz，所以又称为音频信号发生器。由于电路测试的需要，其频率向下向上分别延伸至超低频和高频段。现代低频信号发生器的输出频率范围已经延伸到 1 Hz～1 MHz 频段，输出波形以正弦波为主，或可产生方波和其他波形。

2.2.1　低频信号发生器

1. 低频信号发生器的组成

低频信号发生器包括振荡器、电压放大器、输出衰减器、功率放大器、阻抗变换器、稳压电源和指示电压表等，如图 2 - 3 所示。

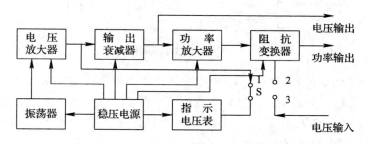

图 2 - 3　低频信号发生器的组成框图

1）振荡器

振荡器是低频信号发生器的核心部分，可产生频率可调的正弦信号。振荡器通常使用 RC 振荡器或差频振荡器，而应用最多的是 RC 文氏桥振荡器。

（1）RC 文氏桥振荡器。

RC 文氏桥式振荡器是典型的 RC 正弦振荡器，如图 2 - 4 所示，图中虚线框分别代表反馈网络和放大电路。当 RC 串并联网络的谐振频率 $f_0 = \dfrac{1}{2\pi RC}$（$R_1 = R_2 = R$，$C_1 = C_2 = C$）时，反馈系数 $F = 1/3$，输入和输出信号之间的相位差为零。此时只要放大电路的放大倍数 $A_u = 1 + \dfrac{R_t}{R_1} = 3$，且它的输入和输出信号之间的相位差

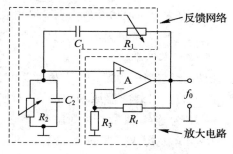

图 2 - 4　RC 文氏桥振荡器

也为零，就满足了振荡电路起振的幅度条件 $|A_u F| \geqslant 1$ 和相位条件 $\varphi_A + \varphi_F = \pm 2n\pi$，即可起振，产生频率为 f_0 的正弦信号。

图 2 - 4 中负温度系数热敏电阻 R_t 和电阻 R_1 构成了电压负反馈电路。当振荡器起振时，由于流过 R_t 的电流小，因此 R_t 的温度低而阻值大，负反馈小，放大电路实际总增益较大，振荡器易于起振；随着输出信号幅度的增加，流过 R_t 的电流逐渐增大，导致其温度升高，阻值减小，负反馈增大，电路增益降低，输出电压减小，最终达到稳定输出信号振幅的目的。

（2）差频式振荡器。

RC 文氏桥振荡器每个波段的频率覆盖系数比较小，其最高频率与最低频率之比一般仅为 10。因此，要覆盖 1 Hz～1 MHz 的频率范围，至少需要五个波段。为了在不分波段的情况下得到很宽的频率覆盖范围，可以采用差频式低频振荡器。差频式低频振荡器主要

包括固定频率振荡器、可变频率振荡器、混频器、低通滤波器、低通放大器和输出衰减电路等，如图 2-5 所示。

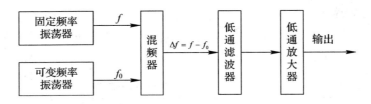

图 2-5　差频式振荡器组成框图

设固定频率振荡器的输出频率为 f，可变频率振荡器的输出频率为 f_0，二者进入混频器后发生混频，混频器中输出的信号频率 $\Delta f = f - f_0$。差频信号经过低通滤波器滤波后输出一个低频信号。当 f_0 从 f_{max} 变化到 f_{min} 时，Δf 也将随之改变，从 $f - f_{max}$ 变化到 $f - f_{min}$，达到调整输出信号频率的目的。

差频式振荡器的主要缺点是电路较复杂，频率准确度、稳定度差，波形失真大；优点是在整个频段内频率可连续调节而不用更换波段。

2）电压放大器

电压放大器实现输出一定电压幅度的要求。电压放大器的作用是对振荡器产生的微弱信号进行放大，并把功率放大器、输出衰减器以及负载和振荡器隔离起来，防止对振荡信号的频率产生影响，所以又把电压放大器称为缓冲放大器。

3）输出衰减器

输出衰减器用于改变信号发生器的输出电压或功率，由连续调节器和步进调节器组成。常用的输出衰减器原理如图 2-6 所示。图中电位器 R 为连续调节器（电压幅度细调），电阻 $R_1 \sim R_8$ 与开关构成了步进衰减器，开关就是步进调节器（电压幅度粗调）。调节 R 或变换开关的挡位，均可使衰减器输出不同的电压幅度。步进衰减器一般以分贝（dB）值即 $20 \lg(U_o/U_i)$ 来标注刻度。

例如，XD2 型低频信号发生器中的步进衰减器，其衰减共分 9 级，每级衰减 10 dB，共 90 dB。一般要求衰减器的负载阻抗很大，这样可使负载变化时对衰减系数的影响较小，从而保证衰减器的精度。衰减器每级的衰减量根据输入电压、输出电压的比值取对数求出。现以波段开关置于第二挡为例，根据下式计算出衰减量为

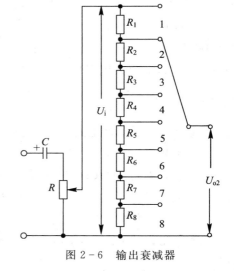

图 2-6　输出衰减器

$$\frac{U_{o2}}{U_i} = \frac{R_2 + R_3 + R_4 + R_5 + R_6 + R_7 + R_8}{R_1 + R_2 + R_3 + R_4 + R_5 + R_6 + R_7 + R_8} \tag{2-4}$$

根据 XD2 型低频信号发生器衰减器的参数，计算得 $\dfrac{U_{o2}}{U_i} = 0.316$（假设衰减器中的电阻

阻值相等），两边取对数后有 $20\lg\dfrac{U_{o2}}{U_i}=-10$ dB。同理，第三挡为 $\dfrac{U_{o3}}{U_i}=0.1$，两边取对数

为 $20\lg\dfrac{U_{o3}}{U_i}=-20$ dB。以此类推，波段开关每增加一挡，就增加 10 dB 的衰减量。

4）输出级

输出级包括功率放大器、阻抗变换器和指示电压表。功率放大器对衰减器输出的电压信号进行功率放大，使信号发生器能达到额定的功率输出。信号经过阻抗变换器可以得到失真较小的波形，并且能实现与不同的输出负载相匹配，以便达到最大功率输出。阻抗变换器只在信号发生器进行功率输出时使用，进行电压输出时只需要衰减器。指示电压表用于监测信号发生器的输出电压或对外来的输入电压进行测量。

2. 低频信号发生器的主要性能指标

（1）频率范围：一般为 1 Hz～20 kHz（现代仪器已延伸到 1 MHz），且可均匀连续可调。

（2）频率准确度：±（1～3）%。

（3）频率稳定度：一般为（0.1～0.4）%/h。

（4）输出电压：0～10 V 连续可调。

（5）输出功率：0.5～5 W 连续可调。

（6）非线性失真范围：（0.1～1）%。

（7）输出阻抗：有 50 Ω、75 Ω、150 Ω、600 Ω、5 kΩ 等。

（8）输出形式：有平衡输出和不平衡输出。

3. XD－22A 型低频信号发生器的使用

低频信号发生器的型号很多，但操作方法基本类似。XD－22A 型低频信号发生器是一种多功能、宽频带的通用测量仪器，除可产生正弦波信号外，还能产生脉冲信号和逻辑信号，并采用 3 位数码显示频率。XD－22A 型低频信号发生器的面板如图 2－7 所示。

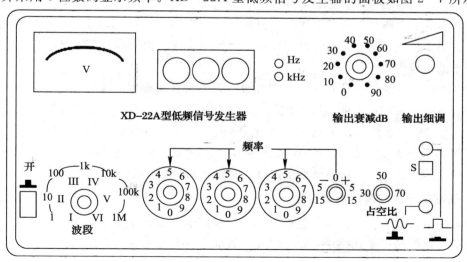

图 2－7 XD－22A 型低频信号发生器面板

1）技术指标

（1）频率范围为 1 Hz～1 MHz，分为六个波段，分别是：

Ⅰ波段：1～10 Hz；

Ⅱ波段：10～100 Hz；

Ⅲ波段：100 Hz～1kHz；

Ⅳ波段：1～10 kHz；

Ⅴ波段：10～100 kHz；

Ⅵ波段：100 kHz～1 MHz。

（2）频率误差：Ⅰ～Ⅴ波段，小于±1.5％输出频率；Ⅵ波段，小于±2％输出频率。

（3）正弦波信号：幅度大于 6 V；频率响应小于±1 dB，这说明信号频率在 1 Hz～1 MHz范围内变化时，信号发生器对不同频率的信号增益的偏差要小于 1 dB；电压表误差小于±5％满刻度值；输出阻抗为（600±10）Ω。

（4）脉冲信号（10～200 kHz）：幅度 $U_{p-p}＝0～10$ V 连续可调；上升、下降时间小于0.3 μs；上冲、下冲时间小于7％；占空比可调。

（5）逻辑信号：波形为方波（正极性）；幅度的高电平为（4.5±0.5）V，低电平小于0.3 V。

2）使用步骤

XD－22A 型低频信号发生器的使用方法较为简单，具体步骤如下：

（1）熟悉面板。仪器的面板结构通常按功能区分，一般包括波形选择开关、输出频率调节（包括波段、粗调、微调）、幅度调节旋钮（包括粗调、细调）、阻抗变换开关、指示电压表及量程选择、输出接线柱等。注意，输出波形由转换开关 S 控制，按下为脉冲波，弹起为正弦波。

（2）准备工作。先将幅度调节旋钮调至最小位置（逆时针旋到底），开机预热 5 min，待仪器工作稳定后方可投入使用。

（3）输出频率调节。由波段选择旋钮和三个频率调节旋钮配合使用，进行调节；数码显示器上显示读数，三个数码管对应显示三个频率旋钮的调节值；Hz、kHz 指示灯指示所显示频率的单位。

（4）输出电压的调节和测读。由输出细调旋钮和衰减旋钮配合使用，进行调节；面板左上方的表头将显示出电压读数。使用衰减器时，应当注意到指示电压表的示值是未经过衰减器的电压，故实际输出电压的大小为：示值÷电压衰减倍数。例如，信号发生器的指示电压表示值为 20 V，衰减 60 dB，那么输出电压为 0.02 V（20 V÷$10^{60/20}$＝0.02 V）。需注意，按照分贝的定义式计算输出电压值时，衰减分贝值要写成负值。

4. 低频信号发生器的典型应用

放大倍数是放大器的重要性能指标之一，包括电压放大倍数、电流放大倍数、功率放大倍数等。在低频电子线路中，放大倍数的测量实质上是对电压和电流的测量，测量电路如图 2-8 所示。

低频信号发生器输出中频段的某一频率（如音频放大器可选 1 kHz），加到被测电路的输入端。输入幅度由毫伏表显示，不能过大，否则输出信号会出现失真。输出端同时连接毫伏表和示波器，使输出信号在不失真、无振荡和无严重干扰的情况下进行定量测试。电压放大倍数 $A_u = U_o/U_i$，式中 U_o 为被测放大器输出电压有效值，U_i 为被测放大器输入电压有效值。

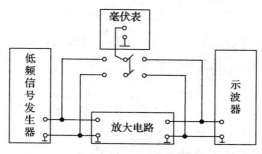

图 2-8 放大电路的放大倍数测量原理图

2.2.2 超低频信号发生器

超低频信号发生器实际上仍属于低频信号发生器，只是输出信号频率低端较一般低频信号发生器更低一些，通常将能产生 1 Hz 以下频率的信号源称为超低频信号发生器。目前超低频信号发生器的频率低端已可低于 10^{-8} Hz。这类信号发生器主要用于自动控制系统的测试。在电子测量仪器的门类划分中，并不把超低频信号发生器单列为一类，这里仅从产生低频振荡的方法不同考虑，将其单独列出加以介绍，其实这些产生低频振荡的方法有时也用在一般低频信号发生器中。除了输出信号频率范围往低端延伸外，超低频信号发生器和一般低频信号发生器的技术指标基本相同。

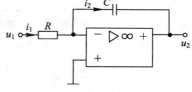

下面主要介绍用积分器构成的超低频信号发生器。

1. 积分器电路分析

图 2-9 积分器电路

如图 2-9 所示，由电阻、电容和运算放大器构成积分器。考虑运算放大器虚短 $u_i \approx 0$、虚断 $i \approx 0$ 的理想条件，可以得到

$$\begin{cases} i_1 = i_2 \\ u_1 = Ri_1 \\ u_2 = -\dfrac{1}{C}\displaystyle\int i_2(t)\,\mathrm{d}t = -\dfrac{1}{C}\displaystyle\int i_1(t)\,\mathrm{d}t = -\dfrac{1}{RC}\displaystyle\int u_1(t)\,\mathrm{d}t \end{cases} \qquad (2-5)$$

由式 (2-5) 可看到，图 2-9 的积分电路的积分时间常数由 RC 决定，如果在积分区间内 $u_1(t)$ 为常数 U，则输出电压 u_2 为

$$u_2 = -\frac{t}{RC} \cdot U \qquad (2-6)$$

2. 用运放构成的超低频信号发生器

仍考虑图 2-9 所示的积分电路和式 (2-5)，当输入 $u_1(t)$ 为角频率为 ω 的正弦函数时，$u_2(t)$ 也为同频率正弦函数，用相量表示为

$$\dot{U}_2 = -\frac{1}{jRC\omega}\dot{U}_1 \tag{2-7}$$

或者

$$\dot{K} = \frac{\dot{U}_2}{\dot{U}_1} = -j\frac{1}{\omega RC} \tag{2-8}$$

即积分器产生 $\pi/2$ 相移，增益为 $1/(\omega RC)$。如果用两级积分器级联并在反馈环路中接一个反相器，如图 2-10(a)所示，则闭环增益为

$$\dot{K} = \frac{1}{\omega^2 R_1 R_2 C_1 C_2} \tag{2-9}$$

或者当

$$\omega = \omega_0 = \frac{1}{\sqrt{R_1 R_2 C_1 C_2}}, \quad f = f_0 = \frac{1}{2\pi\sqrt{R_1 R_2 C_1 C_2}} \tag{2-10}$$

时，闭环增益 $\dot{K}=1$，这正好是维持振荡的相位和振幅条件。也就是说，图 2-10(a)所示的电路可产生频率为式(2-10)表示的正弦振荡。在实际振荡器中，为了调节方便，结构简单，一般取 $R_1=R_2=R$，$C_1=C_2=C$，并在两级积分器前各加一个由同轴电位器构成的分压电路，分压比均为 α，如图 2-10(b)所示，不难得出其振荡频率为

$$\omega_0 = \frac{\alpha}{RC}, \quad f_0 = \frac{\alpha}{2\pi RC} \tag{2-11}$$

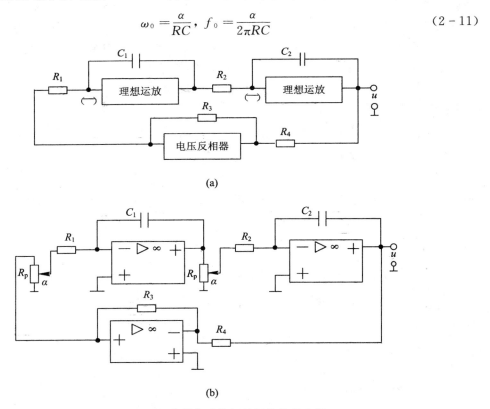

图 2-10　用积分器构成的超低频信号发生器

实际振荡器中，用改变 R 或 C 的办法改变频段，改变 α 进行频率细调。

2.3　高频信号发生器

高频信号发生器也称为射频信号发生器，通常可产生 200 kHz～30 MHz 的正弦波或调幅波信号，在高频电子线路工作特性（如各类高频接收机的灵敏度、选择性等）测试中应用较广。目前，高频信号发生器的频率已延伸到 30～300 MHz 的甚高频信号范围，且通常具有一种或一种以上调制或组合调制功能，包括正弦调幅、正弦调频及脉冲调制，特别是具有 μV 级的小信号输出，以满足接收机测试的需要，这类信号发生器通常也称为标准信号发生器。高频信号发生器按调制类型分为调幅和调频两种。

2.3.1　高频信号发生器的组成

高频信号发生器组成的基本框图如图 2－11 所示，主要包括可变电抗器、主振器、缓冲级、调制级、输出级、内调制振荡器、监视器和电源等部分。

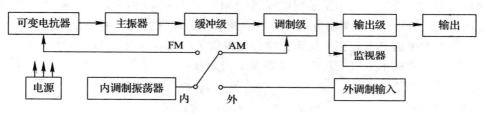

图 2－11　高频信号发生器组成框图

1. 主振器

主振器就是载波发生器，也叫高频振荡器，其作用是产生高频等幅信号。振荡电路通常采用 LC 振荡器。根据反馈方式的不同，可以分为变压器反馈式、电感反馈式（又称为电感三点式）及电容反馈式（又称为电容三点式）等三种振荡器形式。而高频信号发生器的主振器一般采用变压器反馈式振荡电路或电感反馈式振荡电路，分别如图 2－12 和图 2－13 所示。通常通过切换振荡电路中不同的电感 L 来改变频段，通过改变振荡回路中的电容 C 来改变振荡频率。

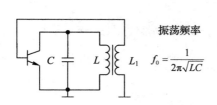

图 2－12　变压器反馈式振荡器

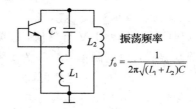

图 2－13　电感反馈式振荡器

频率的稳定度是高频信号发生器的主要指标，必须采取措施来提高。主振频率的不稳定原因一般有两方面：一是外界条件（如温度、电源电压、负载、湿度等）的变化，直接影响 LC 振荡回路参数的变化；二是电路和元件内部的噪声、衰减等产生的寄生相移，引起间接的频率变化。

2. 可变电抗器

可变电抗器与主振器的谐振回路耦合，在调制信号作用下，通过控制谐振回路电抗的变化来实现调频功能。为了使高频信号发生器有较宽的工作频率范围，主振器须工作在较窄的频率范围，以提高输出频率的稳定度和准确度，必要时可在主振器之后加入倍频器、分频器和混频器等。

3. 内调制振荡器

内调制振荡器用于为调制级提供频率为 400 Hz 或 1 kHz 的内调制正弦信号，该方式称为内调制。当调制信号由外部电路提供时，称为外调制。

4. 调制级

尽管正弦信号是最基本的测试信号，但有些参量用单纯的正弦信号是不能测试的，如各种接收机的灵敏度、失真度和选择性等，所以必须采用与之相应的、已调制的正弦信号作为测试信号。

高频信号发生器主要采用正弦幅度调制（AM）、正弦频率调制（FM）、脉冲调制（PM）、视频幅度调制（VM）等几种调制方式。其中内调制振荡器供给调制级调幅时所需的音频正弦信号。调频技术因具有较强的抗干扰能力而得到了广泛的应用，但调频后信号占据的频带较宽，故此调频技术主要应用在甚高频以上的频段（一般频率在 30 MHz 以上的信号发生器才具有调频功能）。

5. 输出级

输出级包括功率放大、输出衰减和阻抗匹配等几部分电路。高频信号发生器的功率放大、输出衰减电路与低频信号发生器这两部分电路的功能和作用相同。高频信号源必须工作在阻抗匹配的条件下（其输出阻抗一般为 50 Ω 或 75 Ω），否则将影响衰减系数和前一级电路的正常工作，降低输出功率或在输出电缆中出现驻波等。

2.3.2　YB1051 型高频信号发生器的使用

1. 主要技术指标

（1）频率范围：0.1 Hz～40 MHz，数字显示，误差为 0.1%。

（2）输出阻抗：50 Ω。

（3）输出幅度：最大 1 V 有效值，稳幅，数字显示，连续可调。

（4）调制方式：内调制信号频率为 1 kHz。

调幅：深度为 0～50%，连续可调。

调频：频偏为 100 kHz，连续可调。

（5）低频输出：1 kHz。

失真度：小于 1%。

输出幅度：最大 2.5 V 有效值，连续可调。

衰减：10～40 dB。

2. 面板说明

YB1051 型高频信号发生器的面板如图 2－14 所示。

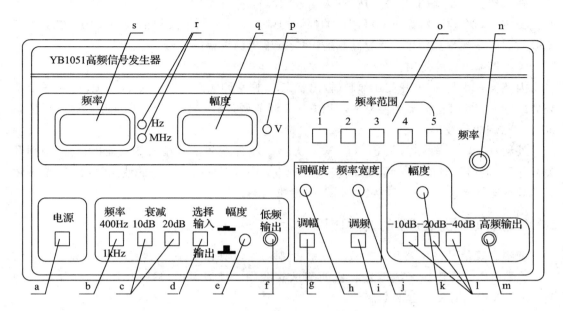

a—电源开关；b—音频频率开关（按下为 400 Hz，弹起为 1 kHz）；c—音频输出衰减（按下为衰减）；
d—音频输入/输出选择（按下为输入，弹起为输出）；e—音频输出幅度细调；f—低频输出口；
g—调幅选择（按下有效）；h—幅度调节旋钮；i—调频选择（按下有效）；j—频率调节旋钮；k—幅度细调；
l—载波输出幅度衰减（按下有效）；m—高频输出口；n—频率调节旋钮；o—频率范围选择；
p—输出幅度单位指示灯；q—输出幅度值显示栏；r—输出频率单位指示；s—输出频率值显示栏

图 2 - 14　YB1051 型高频信号发生器的面板

3. 使用方法

（1）开启电源，对仪器进行预热（5～10 min）。

（2）音频信号的使用。

将音频输入/输出开关 d 弹起，根据需要来设置音频频率和幅度。通过选择开关 b 选择需要的频率；通过开关 c 进行衰减调节，可进行叠加（同时按下为衰减 30 dB）；通过细调旋钮 e 进行幅度调节；从低频输出口 f 将信号输出。

（3）高频信号的使用。

调幅按钮 g 和调频按钮 i 弹起；通过按钮 o 选择合适的挡位，并调节频率旋钮 n 得到需要的频率，其输出频率值将在频率显示栏 s 中显示出来；调节幅度旋钮 k 进行幅度调节，同时幅度值将在幅度显示栏 q 中显示出来；衰减开关 l 可对输出幅度进行衰减，可进行叠加（三个同时按下则衰减 70 dB）；通过高频信号输出口 m 将信号输出，其有效值为幅度显示栏中的显示值乘以衰减。

（4）调幅信号的使用。

内调幅：输入/输出开关 d 弹起（为输出状态），按下调幅按钮 g，通过调幅旋钮 h 进行调幅波幅度调节，根据高频信号的使用方法，调节调幅波载波的频率和幅度（旋转旋钮 n、k），输出口 m 输出已调信号。

外调幅：输入/输出开关 d 按下（为输入状态），将外调幅信号输入低频输出口 f，调幅开关 g 按下，旋转调幅旋钮 h 可调节调幅波的幅度，并可根据高频信号的使用方法，调节调幅波的载波频率和幅度，通过高频输出口 m 输出已调幅的信号。

（5）调频信号的使用。

内调频：输入/输出开关 d 弹起（输出状态），按下调频开关 i，旋转调频旋钮 j 可调节调频波的频偏，并可根据高频信号的使用方法，调节调频波的载波频率和幅度，通过输出口 m 输出已调频的波形。

外调频：输入/输出开关 d 按下（输入状态），将外调频信号输入低频输出口 f，调频开关 i 按下，旋转调频旋钮 j 可调节调频波的频率，并可根据高频信号的使用方法，调节调频波的载波频率和幅度，通过高频输出口 m 输出已调频的信号。

2.3.3 高频信号发生器的典型应用

调幅高频信号发生器是一种载波频率、调幅度范围（0～100％）连续可调的标准高频信号发生器，广泛应用在无线电接收机的测试实践中。现以调幅广播收音机的性能调试为例，介绍高频信号发生器的应用。

1. 接线方法

（1）被测接收机（收音机）置于仪器输出插孔的一侧，两者距离应使输出电缆可以达到。

（2）仪器的机壳与接收机壳用不长于 30 cm 的导线连接并接地。

（3）用带有分压器的输出电缆，从 0～0.1 V 插孔输出（在测试接收机自动音量控制时，用一根没有分压器的电缆，从 0～1 V 插孔输出）。为了避免误接高电位，可以在电缆输出端串接一个 0.01～0.1 μF 的电容器。0～1 V 插孔应用金属插孔盖盖住。

（4）为了使接收机符合实际工作情况，必须在接收机与仪器间接一个等效天线。等效天线连接在本仪器的带有分压器的输出电缆的分压接线柱（有电位的一端）与接收机的天线接线柱之间，如图 2-15 所示。每种接收机的等效天线由它的技术条件规定，一般可采用如图 2-16 所示的典型等效天线电路，它适合于 540 kHz 到几十兆赫兹的接收机。

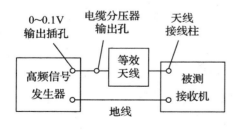

图 2-15　等效天线接法

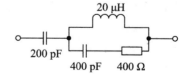

图 2-16　典型等效天线电路

2. 接收机中频的校准

超外差式收音机中频变压器的调整又称为校中周，即调整中周磁心或磁帽使中频选频回路的谐振频率为 465 kHz，从而保证中频信号得到充分放大（这里的 465 kHz 实质上为高频信号范畴，但对收音机习惯上称之为中频信号）。中频调整得好坏对收音机的灵敏度等指标有决定性的影响。调试电路如图 2-17 所示。

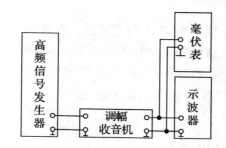

图 2-17　高频信号发生器调试收音机中周

调整的步骤如下：

（1）将高频信号发生器按要求调在载频为 465 kHz、调幅度为 30％的调幅信号上，然后把该信号引入收音机的天线调谐回路中，再将示波器、电子电压表接入前置低放级的输出端。使本振电路停振（本振回路的可变电容动片、定片短路），调双联电容使收音机位于中波段的低端，音量电位器开关打到最大。

（2）由小到大调高频信号发生器的输出信号，直到能听到扬声器发出调制音频信号的声音。

（3）用无感（不锈钢、铝片、胶木等）旋具由末级逐级向前反复调整，调各级中周的磁心，直到扬声器的声音最响或毫伏表的指示值最大，同时示波器显示的波形不失真为止。此时表明收音机的中频调整完好。

3. 灵敏度的测试

（1）调整仪器输出信号的载波频率到需要的数值（一般用 600 kHz、1000 kHz、1400 kHz 三点测定广播段），这时输出信号仍为 30％调幅度的 400 Hz 调幅波。

（2）调节仪器的输出电压，使接收机达到标准的输出功率值（按各种接收机的技术条件定）。

（3）依次测试各频率（仍维持标准输出功率值），将各个频率时仪器的输出电压作为纵坐标，频率作为横坐标，绘成曲线，就得到接收机的灵敏度曲线。

4. 选择性的测试

（1）调整仪器输出信号的载波频率到需要的数值，输出信号仍为 30％调幅度的 400 Hz 调幅波。

（2）调整接收机，使输出最大。再调节输出微调旋钮，使接收机输出维持标准输出的功率值。

（3）改变仪器输出频率（每 5 kHz 变一次），这时维持接收机不动，再调节输出微调旋钮，使接收机输出仍为标准输出功率值，记下仪器的输出电压值。

（4）依次用同样的方法测试各频率，将各个频率时的电压值与第一次的电压值的比值作为纵坐标，频率作为横坐标，绘成曲线，就得到接收机的选择性曲线。

2.4 函数信号发生器

函数信号发生器实际上是一种能产生正弦波、方波、三角波等多种波形的信号源（频率范围约几赫兹至几十兆赫兹），由于其输出波形均为数学函数，故称为函数信号发生器。现代函数信号发生器一般具有调频、调幅等调制功能和压控频率（VCF）特性，被广泛应用于生产测试、仪器维修和实验室的工作中，是一种不可缺少的通用信号发生器。

2.4.1 函数信号发生器的组成

函数信号发生器的构成方式有多种，现介绍脉冲式和正弦式两种。

1. 脉冲式函数信号发生器（方波-三角波-正弦波方式）

1）脉冲式函数信号发生器的组成和原理

脉冲式函数信号发生器由双稳态触发器、电压比较器和积分器构成方波及三角波振荡电路，然后由正弦波形成电路（二极管整形网络）将三角波整形成正弦波，其组成如图 2-18所示。

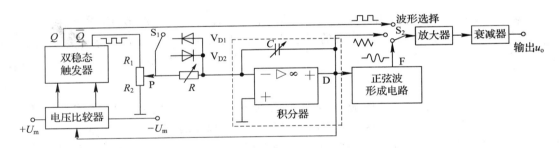

图 2-18 脉冲式函数信号发生器的组成框图

脉冲式函数信号发生器的工作过程为：设开始工作时双稳态触发器的其中一个输出端 $\bar{Q}$ 端的电压为 $-E$，经过电位器 P 分压，设分压系数 $\alpha = \dfrac{R_2}{R_1 + R_2}$，积分器输出端 D 点电位随时间 t 正比例上升，即 $u_D = \dfrac{\alpha \cdot E}{RC} \cdot t$，当经过时间 T_1，u_D 上升到 $+U_m$ 时，比较器输出脉冲使双稳态触发器状态翻转，$\bar{Q}$ 端输出电压为 E 并输入给积分器，则积分器输出端 D 点电位为 $u_D = -\dfrac{\alpha \cdot E}{RC} \cdot t$，再经过 T_2，u_D 下降到 $-U_m$ 时，比较器输出脉冲使双稳态触发器状态再次翻转，$\bar{Q}$ 端重新输出 $-E$，如此循环，在 $Q(\bar{Q})$ 端产生周期性方波，在积分器输出端产生三角波，如图 2-19(a)所示。如果比较器改变积分器正反向积分的时间常数，比如用二极管代替电阻 R，通过以上的推导可以看出 u_D 达到 $+U_m$ 和 $-U_m$ 各自所需的时间 T_1 将不等于 T_2，从而可以产生锯齿波和不对称方波，如图 2-19(b)所示。

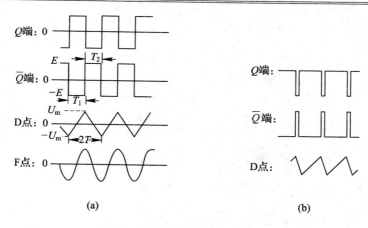

图 2-19　函数发生器波形图

2）正弦波形成电路

正弦波可看成是由许多斜率不同的直线段组成的，只要直线段足够多，由折线构成的波形就可以相当好地近似正弦波形。斜率不同的直线段可由三角波经电阻分压得到（各段相应的分压系数不同）。因此，只要将三角波 u_i 通过一个分压网络，根据 u_i 的大小改变分压网络的分压系数，便可以得到近似的正弦波输出。二极管整形网络可实现这种功能，如图 2-20 所示。

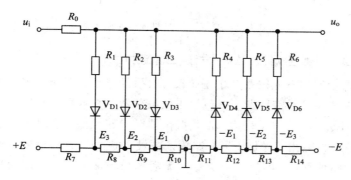

图 2-20　二极管整形网络

图 2-20 中的 E_1、E_2、E_3 及 $-E_1$、$-E_2$、$-E_3$ 为由正、负电源 $+E$ 和 $-E$ 通过分压电阻 R_7、R_8、$\cdots$、R_{14} 分压得到的不同电位，与各二极管串联的电阻 R_1、R_2、$\cdots$、R_6 及 R_0 都比 R_7、R_8、$\cdots$、R_{14} 大得多，因而它们的接入不会影响 E_1、E_2、E_3、$-E_1$、$-E_2$、$-E_3$ 等值。开始阶段（$t<t_1$），$u_i<E_1$，二极管 $V_{D1}\sim V_{D6}$ 全部截止，输出电压 u_o 等于输入电压 u_i；$t_1<t<t_2$ 阶段，$E_1<u_i<E_2$，二极管 V_{D3} 导通，此阶段 u_o 等于 u_i 经 R_0 和 R_3 分压输出，u_o 上升斜率减小；在 $t_2<t<t_3$ 阶段，$E_2<u_i<E_3$，此时 V_{D3}、V_{D2} 都导通，u_o 等于 u_i 经 R_0 和（$R_2 /\!/ R_3$）分压输出，上升斜率进一步减小；在 $u_i>E_3$ 即 $t>t_3$ 后，V_{D3}、V_{D2}、V_{D1} 全部导通，u_o 等于 u_i 经 R_0 和（$R_3 /\!/ R_2 /\!/ R_1$）分压输出，上升斜率最小；当 $t=t_3'$ 后，u_i 逐渐减小，二极管 V_{D1}、V_{D2}、V_{D3} 依次截止，u_o 下降斜率又逐步增大，完成正弦波的正半周近似。负半周情况类似，不再赘述。通常将正弦波一个周期分成 22 段或 26 段，用 10 个或 12 个二极管组成整形网络，只要电路参数选择得合理、对称，就可以得到非线性失真小于 0.5% 的波

形良好的正弦波,如图 2 - 21 所示。

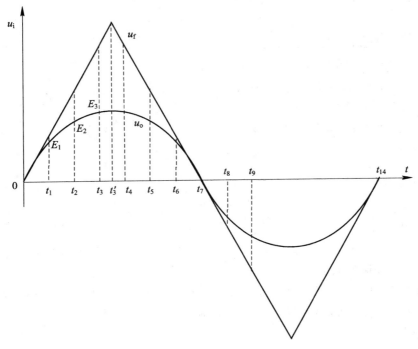

图 2 - 21 正弦波的折线近似

2. 正弦式函数信号发生器(正弦波-方波-三角波方式)

正弦式函数信号发生器先振荡产生正弦波,然后经变换得到方波和三角波,其组成如图 2 - 22 所示。正弦式函数信号发生器包括正弦振荡器、缓冲器、方波形成器、放大器、积分器和输出级等部分。其工作过程为:正弦振荡器输出正弦波,经过缓冲隔离后分为两路信号,一路进入放大器输出正弦波,另一路输入方波形成器。方波形成器通常是施密特触发器,它也输出两路信号,一路经过放大器放大后输出方波;另一路作为积分器的输入信号,信号整形为三角波经放大后输出。积分器通常是密勒积分器。三种波形的输出选择由开关进行控制。

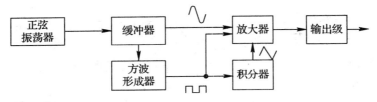

图 2 - 22 正弦式函数信号发生器组成框图

2.4.2 AS101D 型函数信号发生器的使用

AS101D 型函数信号发生器是一种集成度较高的通用函数信号发生器。它能产生 0.2 Hz ~ 2 MHz 的正弦波、方波、三角波、锯齿波和脉冲信号,并且有压控振荡器输出,

TTL、COMS 逻辑电平输出和 ±10 V 直流偏压输出,占空比可调。

1. 主要性能指标

(1) 频率范围:0.2 Hz ～ 2 MHz,分七个挡级。

(2) 输出电平:在 0.2 Hz ～ 2 MHz 范围内大于 $20V_{p-p}$(负载开路)。

(3) 电压波形:正弦波、方波、三角波、锯齿波和脉冲信号。

(4) 输出波形直流偏压调节范围:-10 ～ $+10$ V(负载开路)。

(5) 压控振荡:外加直流电平在 0～10 V 变化时小于 100∶1。

(6) 占空比:大于 10%～90%,且连续可调。

(7) 逻辑电平输出:CMOS 电平,5～14 V 连续可调;TTL 电平,大于 3 V(负载开路),上升沿时间小于 25 ns。

2. 使用方法

(1) 接通电源,开机预热 15 分钟后开始使用。

(2) 输出波形与频率选择。通过波形选择键和"频率倍乘"开关来选择适当的波形和频率,以满足实际测量需要。

(3) 占空比与逻辑电平的调节。脉冲的占空比、三角波(锯齿波)的上升沿(或下降沿)时间可连续调节。"占空比"调节旋钮置于校准位置时,输出波形占空比为 1∶1;逻辑电平按钮按下时为 TTL 电平输出,弹起时为 CMOS 电平输出,且可调。

(4) 可由外部输入直流电压控制输出频率。当控制信号变化时,输出信号的频率也会随之变化,输入直流电压越低,输出信号频率越高。

2.5 频率合成信号发生器

为了产生单一的正弦振荡频率,RC、LC 振荡器必须具有选频特性,即通过改变电感、电容或电阻进行频段、频率的调节。通常将这种由调谐振荡器构成的信号发生器称为调谐信号发生器。

以 RC 或 LC 为主振器的调谐信号发生器,其频率准确度约为 10^{-2},稳定度为 10^{-3} ～ 10^{-4},远不能满足现代电子测量和无线通信的要求。以石英晶体构成的信号发生器,其频率稳定度好,能优于 10^{-8}/日,但是它只能产生少数特定频率,仍不能满足产生很多个系列性精确频率的要求。因此需要一种频率合成信号发生器,可从少数高精度频率得出很多个系列性同等精度的频率,以满足现代电子测量和通信系统的要求。

频率合成信号发生器是利用电子技术,将一个(或几个)基准频率综合产生出一系列频率的信号发生器。其中基准频率一般由石英晶体振荡器产生,其精度很高。合成的系列频率的精度与基准频率的精度完全相同。所以它是一种多频率的校正信号源,也广泛应用于各种专用设备系统中,例如在通信系统中产生一系列的载波和本振。

实现频率合成的方法可分为直接合成法和间接合成法两种。直接合成法又可分成模拟直接合成法和数字直接合成法。间接合成法则通过锁相技术进行频率的运算合成,最后得到所需的频率。

2.5.1 直接合成法

利用分频、倍频和混频及滤波技术，对一个或几个基准频率进行算术运算从而产生所需频率的方法，称为直接频率合成法。

1. 模拟直接合成法

模拟直接合成法可分为固定频率合成法和可变频率合成法。

1）固定频率合成法

固定频率合成法的原理如图 2-23 所示。采用石英晶体振荡器提供基准频率 f_r，经分频、倍频后输出的频率为

$$f_o = \frac{N}{D} f_r \tag{2-12}$$

其中，D 为分频器的分频系数，N 为倍频器的倍频系数，f_o 为输出频率，f_r 为基准频率。

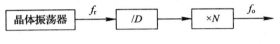

图 2-23 固定频率合成法原理

2）可变频率合成法

可变频率合成法可以根据需要选择各种输出频率。这种方法将基准振荡器（晶振）产生的标准频率信号，利用倍频器、分频器、混频器和滤波器等进行一系列运算后获得所需的频率输出。例如采用图 2-24 所示的方法，可得到 4.628 MHz 高稳定度的频率信号。

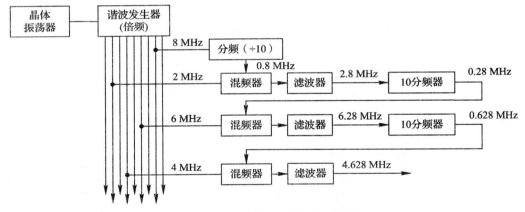

图 2-24 可变频率合成器的原理框图

可变频率合成法中，由于基准频率转换为输出频率所需的时间主要由混频器、滤波器、倍频器、分频器等电路的稳定、传输时间决定，这些时间一般小于 μs 级，因此这种方法的频率转换速度较快，但是需要大量的混频器、滤波器，从而产生体积大、价格高、集成度低等问题，一般只适用于实验室、固定通信以及要求转换时间较小的场合。

2. 数字直接合成法

数字直接合成法通过对基准频率进行人工算术运算得到所需的频率。自 20 世纪 70 年代以来，由于大规模集成电路及计算机技术的发展，数字直接合成法（Direct Digital

Frequency Synthests，DDS)应运而生。这种方法不仅可以产生不同频率的正弦波，而且还可以产生不同初相位的正弦波，甚至可以产生各种任意波形。

数字直接合成法由顺序地址发生器、ROM 存储器、锁存器和 DAC 等电路构成，如图 2-25 所示，所有单元电路均在标准时钟控制下协调工作。

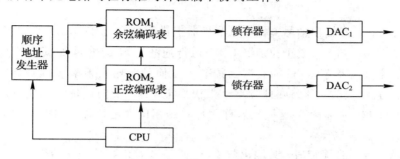

图 2-25　DDS 原理

CPU 先将余弦编码表和正弦编码表分别送给 ROM_1 和 ROM_2，然后在标准时钟的作用下，顺序地址发生器产生连续变化的地址。ROM_1 和 ROM_2 的内容与此地址一一对应，按顺序被读出，经过锁存器和 DAC 后输出正弦及余弦波形中的一个电压点。当顺序地址发生器从"0"开始计数到满度值再回到全"0"时，表示一个完整的周期波形已经输出，如此循环重复，便可得到连续的波形信号。由于两个输出波形保持严格的正交同步，频率可由软件来控制，因此，这种软件控制的数字直接合成法得到了广泛的应用。

2.5.2　间接合成法

间接合成法也称为锁相合成法，是利用锁相环(Phase Locked Loop，PLL)的频率合成方法，即对频率的加、减、乘、除运算通过锁相环间接完成。锁相信号发生器在高性能的调谐信号发生器中进一步增加了频率计数器，并将信号发生器的振荡频率用锁相原理锁定在频率计数器的时基上，而频率计数器又是以高稳定度的石英晶体振荡器为基准频率的，因此可使锁相信号发生器输出频率的稳定度和准确度大大提高，能达到与基准频率相同的水平。

由于锁相环具有滤波作用，其通带可以做得很窄，并且中心频率可调，而且可以自动跟踪输入频率，因此可以省去直接合成法中使用的大量滤波器，有利于简化结构、降低成本，也便于集成，在频率合成技术中获得了广泛的应用。但间接合成法受锁相环锁定过程的限制，转换速度较慢，转换时间一般为毫秒(ms)级。

1. 基本锁相环

锁相环是间接合成法的基本电路，它是完成两个电信号相位同步的自动控制系统。主要由基准频率源、鉴相器 PD(其输出端直流电压随其两个输入信号的相位差 $\Delta\varphi$ 改变)、低通滤波器 LPF(滤除高频成分，留下随相位差变化的直流电压)和压控振荡器 VCO(其振荡频率可由偏置电压改变，例如改变变容二极管两端的直流电压，就可改变其等效电容，从而改变由它构成的振荡器的频率)构成，如图 2-26 所示。由于锁相环是一个闭环负反馈系统，因此又称为锁相环路。

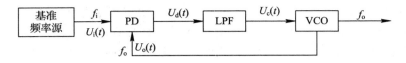

图 2-26 基本锁相环电路框图

输入信号 $U_i(t)$ 和输出信号 $U_o(t)$ 在鉴相器上进行相位比较，两者的相位差为 $\Delta\varphi$，其输出端的电压 $U_d(t)$ 与 $\Delta\varphi$ 成正比。$U_d(t)$ 经过低通滤波器 LPF 滤除其中的高频分量和噪声后，改变压控振荡器 VCO 的固有振荡频率 f_o，使其向输入频率 f_i 靠拢，这个过程称为频率牵引。当 $f_o = f_i$ 时，环路在此频率上很快稳定下来，此时两信号的相位差保持某一恒定值，即 $\Delta\varphi = C$（C 为常量），这种状态称为环路的相位锁定状态。因而鉴相器的输出电压自然也成为一个直流电压。

由此可见，当环路锁定时，其输出频率 f_o 具有与 f_i 相同的频率特性，即锁相环能够使 VCO 输出频率的指标与基准频率的指标相同。

2. 锁相环的几种形式

1）倍频锁相环

倍频锁相环可对输入信号频率进行乘法运算，有两种基本形式，如图 2-27 所示。

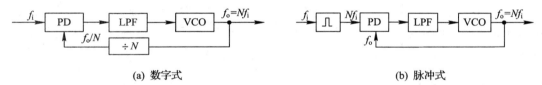

(a) 数字式   (b) 脉冲式

图 2-27 倍频锁相环

图 2-27(a)所示是数字式倍频环。首先将 f_o 进行 N 分频，然后在鉴相器 PD 中与输入频率 f_i 比较，当环路锁定时，PD 两输入信号的频率相等，即 $f_o/N = f_i$。因此倍频环的输出频率 $f_o = Nf_i$。

图 2-27(b)所示是脉冲式倍频环。首先将基准频率为 f_i 的信号形成含有丰富谐波分量的窄脉冲，然后让其中的第 N 次谐波与 f_o 信号在鉴相器 PD 中进行比较。当环路锁定时 $f_o = Nf_i$，达到了倍频的目的。脉冲式倍频环可获得高达上千次的倍频。

倍频环的作用是实现宽频范围内的点频覆盖，扩展合成器的高端频率，特别适用于制作频率间隙较大的高频及其甚高频合成器。

2）分频锁相环

分频锁相环可对输入信号频率进行除法运算，可用于向低端扩展合成器的频率范围。与倍频环类似，分频环也有两种形式，如图 2-28 所示。当环路锁定时，输出频率为 $f_o = f_i/N$。

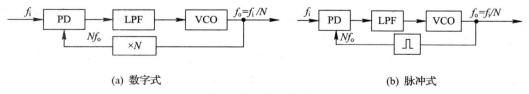

(a) 数字式   (b) 脉冲式

图 2-28 分频锁相环

3) 混频锁相环

混频锁相环由混频器 M、带通滤波器 BPF 和基本锁相环组成，可以实现频率的加、减运算，如图 2-29 所示。

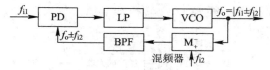

图 2-29　混频锁相环

当混频器为差频（一）时，$f_{i1} = f_{o} - f_{i2}$，则 $f_{o} = f_{i1} + f_{i2}$；当混频器为差频（＋）时，$f_{i1} = f_{o} + f_{i2}$，则 $f_{o} = f_{i1} - f_{i2}$。

例如，设晶振频率 $f_{i1} = 10\ 000\ \text{kHz}$，频率稳定度为 1×10^{-6}/日，f_{i2} 为内插振荡器的输出频率，$f_{i2} = 100 \sim 110\ \text{kHz}$，且连续可调，频率稳定度为 1×10^{-4}/日。按差频式混频器合成有 $f_{o} = f_{i1} + f_{i2}$，则 $f_{o} = 10\ 100 \sim 10\ 110\ \text{kHz}$，且 $\Delta f_{o} = \Delta f_{i1} + \Delta f_{i2} = 10 + (10 \sim 11) = 20 \sim 21\ \text{Hz}$，当 Δf_{o} 取最大值时，$\Delta f_{o}/f_{o} \approx 2.1 \times 10^{-6}$/日。可见，利用混频器锁相环，不仅实现了 10 kHz 范围内的频率连续调节，而且使 f_{o} 的频率稳定度达到晶体振荡器频率稳定度的数量级。

3. 频率合成单元

由于单个锁相环很难实现较宽的频率覆盖和较小的频段调节等，若将上述几种锁相环组合在一起（组合环），就可以解决这些问题。

1) 组合环

一个典型的组合环及其输出频率如图 2-30 所示。因为 $f_{i}/N_1 = f_{o}/N_2$，所以 $f_{o} = N_2 f_{i}/N_1$。

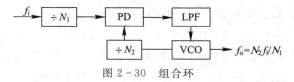

图 2-30　组合环

2) 多环合成单元

多环合成单元有多种形式，如图 2-31 所示是由一个倍频环与混频环组成的双环合成单元。由上面的倍频环、混频环可得 $f_{o1} = N f_{i1}$，$f_{o2} - f_{o1} = f_{i2}$，因此 $f_{o2} = N f_{i1} + f_{i2}$。

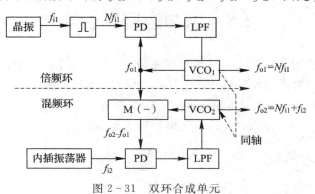

图 2-31　双环合成单元

3）可程控合成单元

图 2-32 所示为一个可程控合成单元，由鉴相器 PD、低通滤波器 LPF、加法放大器、压控振荡器 VCO、D/A 转换器及可程控分频器组成。首先采用频率预调技术来预置 VCO 的频率，预调由频率控制数码，再经 D/A 转换器与加法放大器放大后送 VCO 实现，但准确的频率是由锁相环得到的。

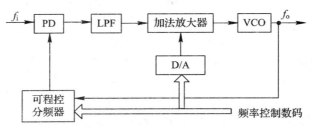

图 2-32　可程控合成单元

锁相技术除应用于测试技术外，还广泛应用于电视、通信、自动控制等工程技术领域。小数分频技术是一种在锁相环基础上为提高频率分辨率而发展起来的实用技术，是用分频系数 N 具有小数部分的倍频环来实现的。小数分频技术的最大特点是在不降低基准频率的基础上可提高频率的分辨率，从而解决了转换速率和频率分辨率之间的矛盾。这种技术已广泛应用到通信和控制等领域。

2.5.3　频率合成信号发生器的性能指标

频率合成信号发生器的性能指标主要有以下几个方面：频率特性、频谱纯度、输出特性、调制特性以及一般特性。其中对频率特性和频谱纯度要求最高。

（1）频率的准确度和长期稳定度：一般要分别达到 10^{-8}/日和 10^{-8}/日或更高。

（2）频率分辨力（即任意两频率间的最小间隔）：一般在 $0.1\sim10$ Hz 的范围内。

（3）相位噪声：一般要低于 -60 dB。相位不规则的变化产生相位噪声，而相位变化又必然引起频率的变化，因此，可以用相位噪声来表征短期频率稳定度。

（4）频率的转换速率：对于直接合成信号发生器，一般约为 20 μs/次；对于锁相合成信号发生器，约为 20 ms/次。

2.6　脉冲信号发生器

脉冲信号发生器通常是指矩形窄脉冲发生器，它广泛用于测试和校准脉冲设备和宽带设备。例如，视频放大器以及其他宽带电路的振幅特性、过渡特性的测试，逻辑元件开关速度的测试，集成电路、计算机电路的研究，以及对电子示波器的检定等都需要脉冲信号发生器提供测试信号。脉冲信号发生器是时域测量的重要仪器。

2.6.1　矩形脉冲的参数

实际的矩形脉冲如图 2-33 所示，其主要参数如下：

（1）重复频率 f：每秒时间内脉冲出现的个数。

（2）脉冲幅度 U_m：从零上升到 $100\%U_m$ 所对应的电压值。

（3）脉冲宽度（脉宽）τ：电压上升到 $50\%U_m$ 至下降到 $50\%U_m$ 所对应的时间间隔。

（4）上升时间 t_r：电压从 $10\%U_m$ 上升到 $90\%U_m$ 的时间。

（5）下降时间 t_d：电压从 $90\%U_m$ 下降到 $10\%U_m$ 的时间。

（6）占空系数 τ/T：脉冲宽度 τ 与脉冲周期 T 的比值称为占空系数或占空比。

（7）上冲量 δ：上升超过 100% 部分的幅度。

（8）反冲量 Δ：下降到零以下部分的幅度。

（9）平顶落差 ΔU：脉冲顶部不能保持平坦而降落的幅度。

（10）偏移 E：矩形脉冲通常以水平轴为基准，有些脉冲发生器输出脉冲可在零轴上下平移，其平移的幅度称为偏移。

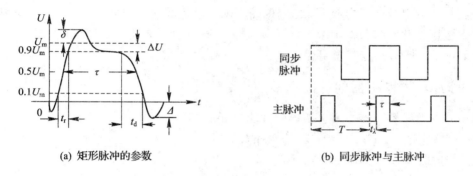

(a) 矩形脉冲的参数   (b) 同步脉冲与主脉冲

图 2-33 矩形脉冲

2.6.2 脉冲信号发生器的原理

脉冲信号发生器主要包括主振级、延迟级、形成级、整形级与输出级等，如图 2-34 所示。

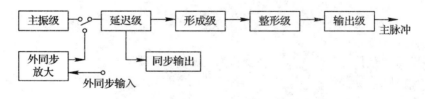

图 2-34 脉冲信号发生器的组成

1. 主振级

主振级可采用自激多谐振荡器、晶体振荡器或锁相振荡器产生矩形波，也可将正弦振荡信号放大、限幅后输出，作为下级的触发信号。因此，希望它具有较好的调节性能和稳定的频率，对主振级输出波形的前、后沿等参量要求不很高，但要求波形的一致性要好，并具有足够的幅度。也可以不使用仪器内的主振级，而直接由外部信号经同步放大后作为延迟级的触发信号。同步放大电路将各种不同波形、幅度、极性的外同步信号转换成能触发延迟级正常工作的触发信号。

2. 延迟级

延迟级电路通常由单稳态电路和微分电路组成。在很多场合下要求脉冲信号发生器能输出同步脉冲，并使同步脉冲导前于主脉冲一段时间，这个任务就由延迟级完成。主振级输出的未经延迟的脉冲称为同步脉冲，如图 2-33(b)所示。对延迟级的要求是在全波段内获得一定的延迟量以满足触发下一级电路所需的输出幅度。

3. 形成级

形成级通常由单稳态触发器等脉冲电路组成。它是脉冲信号发生器的中心环节，产生宽度准确、波形良好的矩形脉冲，而且要求脉冲的宽度可独立调节，并具有较高的稳定性。

4. 整形级与输出级

整形级与输出级一般由放大、限幅电路组成。整形级具有电流放大作用，输出级具有功率放大作用。整形级与输出级还具有保证仪器输出的主脉冲的幅度可调、极性可切换，以及良好的前、后沿性能等作用。

2.6.3 脉冲信号发生器的性能指标

通用脉冲信号发生器主要包括以下性能指标：

(1) 频率范围：1 Hz～1 MHz，分六个频段。

(2) 延迟时间：15 ns～300 μs。

(3) 脉冲宽度：15 ns～3000 μs。

(4) 前后沿时间：4 ns～1000 μs。

(5) 输出波形：正负脉冲及其倒置脉冲。

(6) 输出幅度：200 mV～5 V。

(7) 外触发。

习 题 2

1. 根据不同的划分形式，信号发生器可分为几大类？

2. 简述信号发生器的组成。

3. 信号发生器的性能指标有哪些？

4. 低频信号发生器使用时应注意哪些问题？它主要用于测试什么产品？

5. 高、低频正弦信号发生器的输出阻抗一般为多少？使用时，若阻抗不匹配会产生什么影响？怎样避免产生不良影响？

6. 高频信号发生器的主振器有什么特点？为什么高频信号发生器的输出与负载之间需采用阻抗匹配器？

7. 基本锁相环由哪几部分构成？其基本工作原理是什么？

8. 函数信号发生器的主要构成方式有哪些？简述正弦波形成电路的工作过程。

9. 计算如图 2-35 所示的锁相环输出频率的表达式。

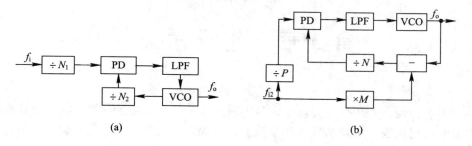

(a)　　　　　　　　　　　　　(b)

图 2-35　锁相环

第 3 章 电子示波器

电子示波器是一种用荧光屏显示电量随时间变化的电子测量仪器，可以将其看成是具有图形显示的电压表。本章主要讲述示波器的分类、组成及技术指标，通用示波器、双踪和双线示波器的工作原理、使用方法等内容。

知识要点：

（1）了解示波器的分类和应用、理解电子示波管的结构和波形显示原理；

（2）掌握通用示波器的基本组成和工作原理；

（3）理解双踪和双线示波器的工作原理；

（4）学会用示波器进行电压、时间、频率和相位等电参数的测量；

（5）理解高速、取样和数字存储示波器的组成和原理。

3.1 概　　述

电子示波器简称示波器，利用该仪器能把人的肉眼无法直接观察的电信号，转换成人眼能够看到的波形，具体显示在示波屏幕上，以便对电信号进行定性和定量观测。因此示波器在国防、医学、生物科学、地质、海洋科学、力学、地震科学等多个学科中得到了广泛的应用。

示波器可以测量电参量，例如电压、电流、功率、频率、周期、相位、脉冲宽度、脉冲上升和下降时间等。配合相应的传感器，示波器还可以测量温度、压力、振动、密度、声、光、热、磁效应等非电量。

3.1.1 示波器的特点

示波器对电信号的分析是按时域进行的，研究信号的瞬时幅度与时间的函数关系，因此有捕获、显示及分析时域波形的功能。作为实验室常用的电子测量仪器，它具有以下特点：

（1）能显示波形，能测信号瞬时值，具有良好的直观性。

（2）显示速度快，工作频带宽，可方便观察高速变化的波形细节。

（3）输入阻抗高（MΩ级），对被测电路影响小。测量灵敏度高，并有较强的过载能力。

（4）可显示、分析任意两个量之间的函数关系，故可作为比较信号用的高速 $X - Y$ 记录仪。

3.1.2 示波器的分类

根据示波器对信号的处理方式不同，可以将示波器分为模拟示波器和数字示波器两大类。

示波器测量时间信号，其屏幕上显示的波形是 Y 轴方向的被测信号与 X 轴方向锯齿波扫描电压共同作用的结果。Y 轴方向的信号反映被测信号的幅值，X 轴方向的锯齿波扫描电压代表时间 t。模拟示波器对时间信号的处理均由模拟电路完成，整个信号的处理采用模拟方式进行，即 X 通道提供连续的锯齿波电压，Y 通道提供连续的被测信号，而示波器屏幕上显示的波形也是光点连续运动的结果，即显示方式是模拟的。数字示波器对 X 轴和 Y 轴方向的信号进行数字化处理，即把 X 轴方向的时间离散化，Y 轴方向的幅值量化，从而获得被测信号波形上的一个个离散点的数据。

1. 模拟示波器

模拟示波器按性能和结构可分为：

（1）通用示波器。采用单束示波管作为显示器，能定性、定量地观察信号。根据其在荧光屏上显示出的信号的数目，又可以分为单踪、双踪、多踪示波器。

（2）多束示波器。采用多束示波管作为显示器，荧光屏上显示的每个波形都由单独的电子束扫描产生，能实时观测、比较两个或两个以上的波形。

（3）取样示波器。根据取样原理，对高频周期信号取样变换成低频离散时间信号，然后用普通示波器显示波形。由于信号的幅度未量化，这类示波器仍属模拟示波器。

（4）记忆示波器。记忆示波器采用记忆示波管，它能在不同地点观测信号，能观察单次瞬变过程、非周期现象、低频和慢速信号。随着数字存储示波器的发展，记忆示波器将逐渐消失。

（5）特种示波器。能满足特殊用途或具有特殊装置的专用示波器。例如，用于监视、调试电视系统的电视示波器，用于观察矢量幅值及相位的矢量示波器，用于观察数字系统逻辑状态的逻辑示波器等。

2. 数字示波器

数字示波器采用的是数字电路，输入信号经过转换器将模拟信号转换为数字信号，并存入存储器中；需要读数时，再通过 D/A 转换器将数字信息转换成模拟波形显示在示波管的屏幕上。同记忆示波器一样，通过它能观察单次瞬变过程、非周期现象、低频和慢速信号，并且能在不同地点观测信号。由于其具有存储信号的功能，又称为数字存储示波器。根据取样方式的不同，数字示波器又可分为实时取样示波器、随机取样示波器和顺序取样示波器三大类。

3.2 示 波 管

3.2.1 示波管的组成

示波器的核心部件是示波管，它在很大程度上决定了整机的性能。示波管是一种被密封在玻璃壳内的大型真空电子器件，也称为阴极射线管。模拟电视机的彩色显像管和早期计算机的显示器都是在电子示波管的基础上发展起来的，它们的组成结构与原理基本相同。

示波管由电子枪、偏转系统和荧光屏三部分组成，如图 3-1 所示。其用途是将电信号转变成光信号并在荧光屏上显示。电子枪的作用是发射电子并形成很细的高速电子束；偏转系统由 X 方向和 Y 方向两对偏转板组成，它的作用是决定电子束的偏转；荧光屏的作用则是显示偏转电信号的波形。

1. 电子枪

电子枪由灯丝(h)、阴极(K)、栅极(G_1)、前加速级(G_2)、第一阳极(A_1)和第二阳极(A_2)组成，如图 3-1 所示。

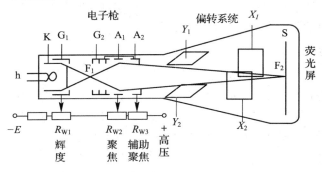

图 3-1 示波管及电子束控制电路

灯丝 h 用于对阴极 K 加热，加热后的阴极发射电子。栅极 G_1 电位比阴极 K 低，对电子形成排斥力，使电子朝轴向运动，形成交叉点 F_1，并且只有初速较高的电子能够穿过栅极奔向荧光屏，初速较低的电子则返回阴极，被阴极吸收。如果栅极 G_1 电位足够低，就可使发射出的电子全部返回阴极，因此调节栅极 G_1 的电位可控制射向荧光屏的电子流密度，从而改变荧光屏亮点的辉度。辉度调节旋钮控制电位器 R_{W1} 进行分压的调节，即调节栅极 G_1 的电位。控制辉度的另一种方法是外加电信号控制栅极、阴极间电压，使亮点辉度随电信号强弱而变化，这种工作方式称为"辉度调制"。这个外加电信号的控制形成了除 X 方向和 Y 方向之外的三维图形显示，称为 Z 轴控制。

G_2、A_1、A_2 构成一个对电子束的控制系统。这三个极板上都加有较高的正电位，并且 G_2 与 A_2 相连。穿过栅极交叉点 F_1 的电子束，由于电子间的相互排斥作用又散开。进入 G_2、A_1、A_2 构成的静电场后，一方面受到阳极正电压的作用加速向荧光屏运动，另一方面由于 A_1 与 G_2、A_1 与 A_2 形成的电子透镜的作用向轴线聚拢，形成很细的电子束。如果电压调节得适当，电子束恰好聚焦在荧光屏 S 的中心点 F_2 处。R_{W2} 和 R_{W3} 分别是"聚焦"和"辅助聚焦"旋钮所对应的电位器，调节这两个旋钮使得电子束具有较细的截面，射到荧光屏上，以便在荧光屏上显示出清晰的聚焦好的波形曲线。

2. 偏转系统

从阴极发射的电子，可在荧光屏中心产生一个静止光点。若在电子束到达荧光屏前受到磁场或电场的作用，就会使电子束偏离中心轴线，产生位移。前者称为磁偏转，在显像管中采用；而示波管用的基本上是后一种，称为静电偏转。在示波管中采用平行板偏转系统，如图 3-2 所示。

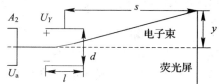

图 3-2 平行板偏转系统工作原理

示波管的偏转系统，包括垂直偏转板 Y_1、Y_2 和水平偏转板 X_1、X_2。在这两对偏转板上分别加电压信号，形成互相垂直的电场，电子束受到垂直偏转和水平偏转的共同作用,根据运动的合成法则,确定光点在荧光屏上的位置。如果在两对偏转板上各加一直流电压,光点会停留在荧光屏上的某一位置。如果都加交流电压,光点会随交流电压的控制,做上下左右运动。

以 Y 轴偏转为例,在偏转电压 U_Y 的作用下,光点在 Y 方向的偏转,如图 3-2 所示。其偏转规律为:

$$y = \frac{sl}{2dU_a} U_Y = H_Y U_Y \tag{3-1}$$

式中,y 为偏转距离;s 为偏转板中心到荧光屏中心的距离,y 与 s 成正比;l 为偏转板的长度,y 与 l 成正比;d 为偏转板 Y_1、Y_2 之间的距离,y 与 d 成反比;U_a 为第二阳极的电压;H_Y 为示波管的偏转因数,$H_Y = sl/(2dU_a)$。

式(3-1)表明:在示波管的结构及第二阳极电压一定时,光点在荧光屏上的偏转距离与加在偏转板上的电压成正比。X 偏转板也有相同的偏转规律。式(3-1)是示波测量的理论基础。

H_Y 的倒数 $D_Y = 1/H_Y$,称为示波管的偏转灵敏度,它指光点在荧光屏上移动 1 cm 或 1 div(格)所需的电压。用 V/cm 或 V/div 来表示。偏转灵敏度是示波管的重要参数,它的值越小,示波管越灵敏,观察微弱信号的能力就越强。

由于 Y 偏转板靠近电子枪,X 偏转板靠近荧光屏,故 Y 偏转板的偏转灵敏度比 X 偏转板的灵敏度高,便于观测微弱信号。普通示波管 Y 偏转因数为 40~10 V/cm,X 偏转因数为 60~20 V/cm。要使示波器满偏转,大约需要几十至几百伏的偏转电压。

3. 荧光屏

在荧光屏的玻壳内侧涂上荧光粉,就形成了荧光屏,它不是导电体。当电子束轰击荧光粉时,激发产生荧光形成亮点。不同成分的荧光粉,发光的颜色不尽相同,一般示波器选用人眼最为敏感的黄绿色。荧光粉从电子激发停止时的瞬间亮度下降到该亮度的 10% 所经过的时间成为余辉时间。荧光粉的成分不同,余辉时间也不同,为适应不同需要,将余辉时间分为长余辉(100 ms~1 s)、中余辉(1 ms~100 ms)和短余辉(10 ps~10 ms)等不同规格。普通示波器需采用中余辉示波管,而慢扫描示波器则采用长余辉示波管。

3.2.2　波形显示原理

1. 示波器显示原理

电子束通过独立的垂直(或水平)偏转板后,在荧光屏上垂直(或水平)偏转板的距离正比于加在垂直(或水平)偏转上的电压,这是示波器可以用来观测被测信号波形的基础。

(1) 当 X、Y 偏转板上不加任何电压信号时,电子束不受到电场力的作用,则亮点处于荧光屏的中心位置。

(2) 当只有 Y 偏转板上加一个随时间作周期变化的被测电压时,电子束沿垂直方向运动,则其轨迹为一条垂线,如图 3-3(a)所示。若只在 X 偏转板上加一个周期性电压,则电子束运动轨迹为一条水平线,如图 3-3(b)所示。

(3) 当 X、Y 偏转板都加同一信号时,电子束同时受到两对偏转板的电场力的作用而向合成方向运动,则其亮点是一条斜线,如图 3-3(c)所示。

（4）若在 Y 偏转板加被测信号电压 u_y 的同时，在 X 偏转板上加一个随时间线性变化的锯齿波电压 u_x，则在 u_y、u_x 的共同作用下，荧光屏上显示出真实的被测信号波形，如图 3-3（d）所示。

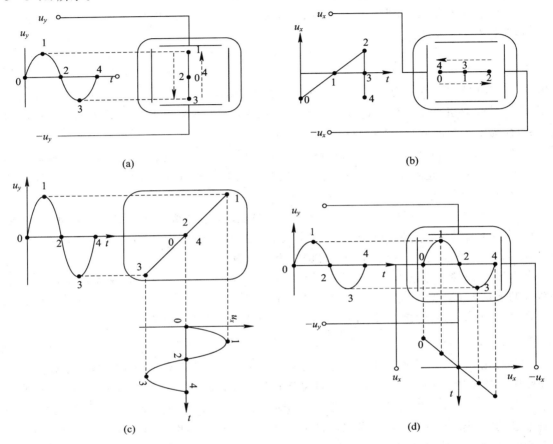

图 3-3　波形显示原理

2. 扫描

由于锯齿波电压随时间线性变化，即沿水平方向的偏转距离与时间成正比，也就是使光点在水平方向做匀速运动，水平 X 轴即成为时间轴，将 u_y 产生的竖直亮线按时间展开，这个展开过程叫做"扫描"。由锯齿波单独重复作用在荧光屏上显示一条水平的扫描线称为"时间基线"，锯齿波电压也称为扫描电压。

由于扫描电压为线性变化的锯齿波，当扫描电压达到最大值时，亮点即达到最大偏转，然后从该点返回到起点。亮点由左边起始点到达最右端的过程称为"扫描正程"，通常要使显示信号曲线清晰明亮则要增辉；而迅速返回扫描起始点的过程称为"扫描回程"或"扫描逆程"。理想锯齿波的回程时间是零。为了使显示波形清晰，需将回程形成的光迹通过消隐电路隐去。

3. 同步

若被测信号电压的周期为 T_y，而锯齿波扫描电压的周期 T_x 正好等于 T_y，则在其作用下轨迹正好是一条与被测信号相同的曲线。

若 $T_x = 2T_y$，则在荧光屏上显示两个周期的被测信号。由于波形重复出现，而且每次扫描起始点相同，因而可观察到两个周期的稳定的图形，如图 3-4 所示，这称之为同步。

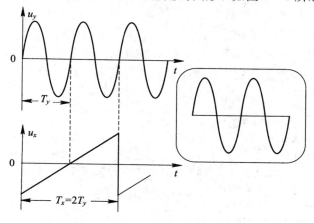

图 3-4　同步波形

如果 $T_x \neq 2T_y$，则从图 3-5 可以看出，每次扫描起始点不同，则所显示的波形将要向左或右移动。

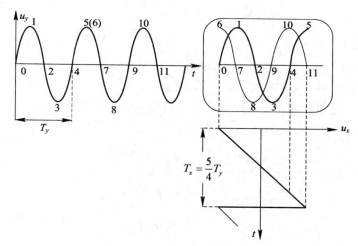

图 3-5　不同步波形

3.3　通用示波器

3.3.1　通用示波器的组成

虽然示波器种类繁多，但一般示波器都包括如图 3-6 所示的几个基本组成部分。

（1）垂直系统（Y 轴系统，Y 通道）：由衰减器、放大器和延迟线组成。其作用是放大被测信号电压，使之达到适当的幅度，以驱动示波管的电子束作垂直偏转。

（2）水平系统（X 轴系统，X 通道）：由同步触发电路、扫描发生器及 X 放大器组成。其作用是产生锯齿波电压并放大，以驱动示波管的电子束进行水平扫描；同步触发电路保证荧光屏上显示的波形稳定。

（3）主机系统：主要包括示波管、消隐增辉电路（又称 Z 轴系统）、电源和校准信号发生器。消隐增辉电路的作用是在扫描正程时加亮光迹，而在扫描回程时使光迹消隐。电源是示波器工作时的能源，它将交流市电变换成各种高、低电压电源，以满足示波管及各组成部分的工作需要。校准信号发生器则提供幅度、频率都很准确的方波信号，用来校准示波器的有关性能指标。

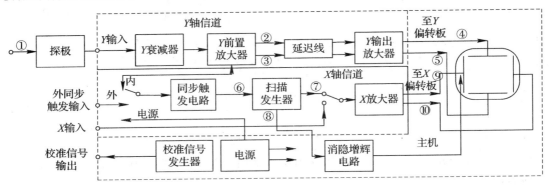

图 3-6　通用示波器的组成

1. 垂直系统

示波器的主要任务是不失真地显示被测信号，由于示波器的偏转板只能接收一定幅度的信号，而且示波管的灵敏度很低，因而采用垂直通道可放大被测的很小的微伏信号或衰减很高的大信号，还加有倒相及延时功能。垂直系统是信号的主要通道，它对示波器的测量质量起决定作用。通用示波器垂直系统的组成如图 3-7 所示。

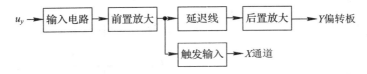

图 3-7　Y 通道基本组成

1）输入电路

Y 通道输入电路的基本作用是引入被测信号，为前置放大器提供良好的工作条件，并在输入信号和后置放大器之间起阻抗变换、电压变换作用。输入电路必须具有适当的输入阻抗，较高的灵敏度，大的过载能力，适当的耦合方式，还要尽可能地靠近被测信号源。它一般采用平衡对称输出，可以为宽带放大、抑制零漂提供差动信号。输入电路如图 3-8 所示。

图 3-8　输入电路框图

（1）输入衰减器。

输入衰减器的作用是在测量幅度较大的信号时，用来衰减输入信号，以保证显示在荧光屏上的信号不致因过大而失真。它常由具有频率补偿的 RC 电路组成，如图 3-9 所示。

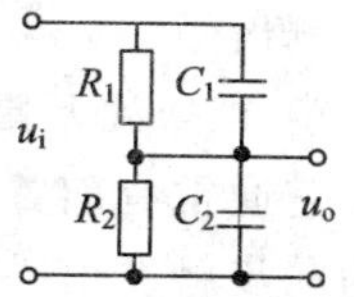

设 $Z_1 = R_1 /\!/ \dfrac{1}{j\omega C_1} = \dfrac{R_1}{1 + j\omega C_1}$，$Z_2 = R_2 /\!/ \dfrac{1}{j\omega C_2} = \dfrac{R_2}{1 + j\omega C_2}$，若满

足 $R_1 C_1 = R_2 C_2$，则满足衰减比为 $\dfrac{u_o}{u_i} = \dfrac{Z_2}{Z_1 + Z_2} = \dfrac{R_2}{R_1 + R_2}$，可见衰减比与被测信号无关，

这种状态称为最佳补偿。在最佳补偿情况下，信号为线性传递，波形无失真。

图 3-9　输入衰减器

示波器的衰减器实际上由一系列 RC 分压器组成，改变分压比即可改变示波器的偏转灵敏度，它即为示波器面板上的偏转因数粗调开关，单位记为 V/cm 或 V/div。

（2）阻抗变换-倒相电路。

为了观察低频信号，现代示波器的下限频率都扩展到直流。为了克服直流放大器的零点漂移，放大器采用差动放大电路，因而要求 Y 通道输入电路具有变单端为平衡传输的功能，此功能由倒相电路完成。

（3）探头。

探头的作用是便于直接探测被测信号，提高示波器的输入阻抗，减少波形失真及展宽示波器的使用频带等，有的还具有 10 倍的衰减比。探头常通过 1 m 长的专用电缆与机体相连。

探头分为有源和无源两种。无源探头由 RC 组成，在测量前要通过测试标准方波及调节可变电容来达到最佳补偿，如图 3-10 所示。有源探头中装有场效应管、晶体管或二者都有，构成源（射）随器，因而其输入阻抗高，输出阻抗小，高频特性好，适合于测量小信号或高频、快脉冲信号。

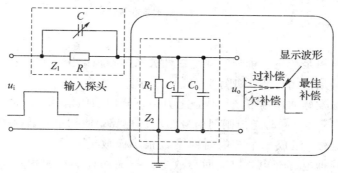

图 3-10　探头内部等效电路

2）延迟线

由于采用内同步扫描时，扫描电路需要 Y 通道被测信号且要有一定的电平才能触发启动扫描，考虑到被测信号上升到一定的电平和接受触发信号到开始扫描都会有一段延迟时间，这样会造成扫描起始时间滞后于被测信号的起始时间，使荧光屏显示信号不完整，因而需通过 60～200 ns 的延迟线来保证被测信号的完整。

示波器对延迟时间的准确性没有严格要求，只要延迟时间稳定，没有产生图像在水平方向的漂移或晃动即可，并且延迟线要有足够的带宽和良好的频率特性，以便不失真地传送被测信号。

3）Y 轴放大器

它通常有前置放大器和后置放大器两部分。前置放大器的输出一方面引至触发电路，作为同步触发信号；另一方面经过延迟线引至后置输出放大器加到 Y 偏转板，使表征被测信号的电子束得到足够的偏转。

2. 水平系统

水平系统的主要任务是产生一个加到 X 偏转板的随时间呈线性变化的扫描电压，使电子束沿水平方向随时间线性偏移，形成时间基线；能选择适当的同步或触发信号而产生稳定的扫描电压，以确保显示波形的稳定。

为了完成上述功能，通用示波器的 X 通道至少包括如图 3-11 所示的同步触发电路、扫描电路和 X 放大器。

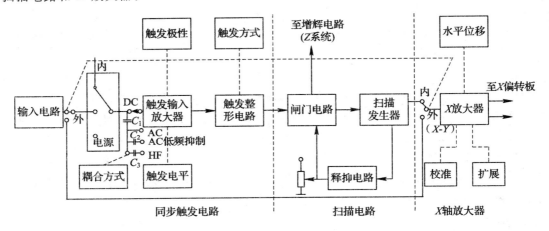

图 3-11　水平系统框图

1）扫描电路

扫描电路的作用是产生一个与时间呈线性关系的扫描电压。它包括闸门电路、扫描发生器和释抑电路构成的闭合环，如图 3-11 中所示。

闸门电路在触发脉冲作用下产生快速上升或下降的闸门信号，并立即启动扫描发生器工作，产生锯齿波电压，同时送出闸门信号给增辉电路，使扫描正程加亮。释抑电路主要利用 RC 充放电电路，组成一个充电时间常数很小而放电时间常数很大的不对称工作电路。在扫描正程释抑电容充电，扫描回程放电。扫描回程的过程中释抑电路闭锁闸门电路，使之不受触发脉冲的作用。只有在释抑状态结束后，闸门才有重新被触发的可能，这就保证了扫描电路的稳定。

（1）闸门电路。

扫描闸门电路的作用是将触发电路产生的尖脉冲信号转换成矩形脉冲，用它作为扫描发生器的开关，控制锯齿波的起点和终点，一般多采用射极耦合双稳态触发器，即施密特触发器，如图 3-12 所示。

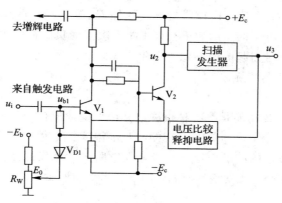

图 3-12　闸门电路

当触发扫描电路没有产生脉冲信号时，三极管 V_1 的基极电位 u_{b1} 等于电位器 R_W 调节所取的预置电压 $-E_0$。因此，V_1 截止、V_2 导通，V_2 的输出为低电平 u_2。当有触发信号 u_i 输入时，若使 u_{b1} 电位高于施密特触发器上限电压 E_1 时，触发器翻转，V_1 导通、V_2 截止，u_2 为高电平，扫描发生器工作，产生线性下降信号 u_3。此时因 V_1 导通，u_{b1} 随着射极电位降低至 E_3，则 V_{D1} 截止后将 R_W 电路隔离。当触发信号消失后，u_2 仍为高电平，直至释抑电路产生一个负信号至 V_1 的基极，使 u_{b1} 下降至触发器下限电平 E_2 时，电路再次翻转，u_2 为低电平。

（2）扫描发生器。

扫描发生器的任务是产生线性度和稳定度好的锯齿波电压。采用密勒积分器将阶跃输入电压转换为线性锯齿电压。如图 3-13 所示，当开关 S 打开时，输入为阶跃信号正电压 E_c，输出 u_o 线性下降，产生负向锯齿波；当开关 S 闭合时，电容 C 迅速放电，输出恢复初始状态。当 E_c 为负值时，则 u_o 为正向锯齿波。

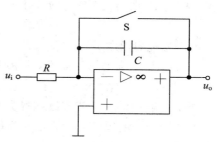

图 3-13　密勒积分器

（3）释抑电路。

释抑电路的作用是保证每次扫描都在同样的初始电平上开始，以获得稳定的图像。当第一个触发脉冲到来时，闸门电路翻转使扫描发生器开始扫描，释抑电路就"抑制"触发脉冲继续触发，直至一次扫描过程结束，扫描电压回到起始电平；此时，释抑电路才"释放"触发脉冲，使之再次触发扫描发生器。

释抑电路原理图如图 3-14 所示。扫描正程开始时，触发负脉冲使时基电路翻转，扫描电压 U_B 下降；当 $U_B = E_R$（预定幅度）时，电压比较器工作，U_C 增大且释抑电容 C_H 放电；C_H 的充电电压

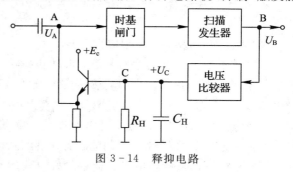

图 3-14　释抑电路

经射极输出器加至 A，当输入电压 U_A 上升至上触发电平时，时基电路翻转，回到原始状

态。此时，回扫开始，U_B 下降，比较器截止，C_H 经 R_H 放电，U_A 逐渐下降；只有 C_H 放电完毕，时基电路输入端的电平回至起始电平，才能再次接受负脉冲的触发。为了避免触发脉冲幅度较大，结束回扫时引起图像不稳的现象发生，常采用适当调节起始电平的方法，即示波器面板上的"电平"调节旋钮。

2）同步触发电路

同步触发电路的主要功能是将各种被测取样信号变换成扫描发生器的时基电路所需的触发脉冲，而且要求此触发脉冲具有一定的幅度、宽度、陡度和极性，与被测信号又有严格的同步关系，以使显示的波形稳定。同步触发电路包括触发源选择、触发信号耦合方式选择、触发信号放大电路、触发整形电路，如图 3-11 中所示。

（1）触发源。

触发信号有三种来源：

① 内触发。信号来自于示波器内的 Y 通道触发放大器，它位于延迟线前。当需要利用被测信号触发扫描发生器时，采用这种方式。

② 外触发。用外接信号触发扫描，该信号由触发"输入"端接入。当被测信号不适于作触发信号或为了比较两个信号的时间关系时，可用外触发。例如，观测微分电路输出的尖峰脉冲时，可以用产生此脉冲的矩形波电压进行触发，更便于使波形稳定。

③ 电源触发。来自于 50 Hz 交流电源（经变压器）产生的触发脉冲，用于观察与交流电源频率有关系的信号。例如，整流滤波的纹波电压等波形，在判断电源干扰时也可以使用。

（2）触发耦合方式。

为了适合不同的信号频率，示波器设有四种触发耦合方式，可用开关进行选择。

① "DC"直流耦合。用于接入直流或缓慢变化的信号，或者频率较低并且有直流成分的信号，一般用外触发或连续扫描方式。

② "AC"交流耦合。触发信号经电容 C_1 接入，用于观察由低频到较高频率的信号，用内触发或外触发均可。

③ "AC 低频抑制"。触发信号经电容 C_1 和 C_2 接入，电容量较小，阻抗较大，用于抑制 2 kHz 以下的低频成分。例如，观测有低频干扰（50 Hz 噪声）的信号时，用这种耦合方式较合适，可以避免波形晃动。

④ "HF"高频耦合。触发信号经电容 C_1 和 C_3 接入，电容量较小，用于观测大于 5 MHz 的信号。

（3）触发方式及触发整形电路。

示波器的触发方式通常有常态、自动和高频三种方式，这三种方式控制触发整形电路产生不同形式的扫描触发信号，然后由该触发信号去触发扫描发生器，形成不同形式的扫描电压。

① 常态触发方式。该方式是将触发信号经过整形电路后，输出触发扫描电压电路的触发脉冲。它的触发极性是可调的，上升沿触发即为正极性触发，下降沿触发即为负极性触发，另外还可调节触发电平。此种触发方式的缺点是当没有输入信号或触发电平不适当时，就没有触发脉冲输出，因而也无扫描基线。

② 自动触发方式。该方式下整形电路为一射极定时的自激多谐振荡器，振荡器的固

有频率由电路时间参数决定。该自激多谐振荡器的输出经变换后驱动扫描发生器，所以在无被测信号输入时仍有扫描，一旦有触发信号且其频率高于自激频率时，则自激多谐振荡器由触发信号同步而形成触发扫描，一般测量时均使用自动触发方式。

③ 高频触发方式。该方式原理同自动触发方式，不同点是射极定时电容变小，自激振荡频率较高，当用高频触发信号去与它同步时，同步分频比不需太高。高频触发方式常用于观测高频信号。

3）X 轴放大器

X 轴放大器的基本作用是放大扫描电压，使电子束能在水平方向得到满偏转。此外这部分还应有 X 轴信号的"内""外"选择以及位移旋钮。当 X 轴信号为内部扫描电压时，荧光屏上显示时间函数，称为"$Y\text{-}T$"工作方式；当 X 轴信号为外输入信号时，荧光屏上显示 $X\text{-}Y$ 图形，称为"$X\text{-}Y$"工作方式。X 轴放大器同样采用宽带多级直接耦合放大器。

3. 校准信号发生器

校准信号发生器是示波器内设的标准，用来校准或检验示波器 X 轴和 Y 轴标尺的刻度，一般 Y 轴的校正单位为电压，X 轴的校正单位为时间。当示波器 X 轴、Y 轴标尺经校正后，就可根据该标尺方便地测量未知电压、脉冲宽度、信号周期等参数。一般示波器设有两个校正器，分别用于调整幅度和扫描时间。

1）幅度校正器

幅度校正器产生幅度稳定不变并经过校正的电压（一般为方波），用于校正 Y 通道灵敏度。设校正器的输出电压幅度为 $U_{校}$，把它加到 Y 输入端，荧光屏上显示电压波形的高度为 $H_{校}$，则示波器偏转灵敏度为

$$S = \frac{H_{校}}{U_{校}} \ (\text{cm/V})$$

或偏转因数为

$$d = \frac{1}{S} = \frac{U_{校}}{H_{校}} \ (\text{V/cm})$$

此时可调节 Y 轴的灵敏度旋钮，使 d 为整数。一般校准信号为 1 V，灵敏度开关置于"1"挡上，波形显示为 1 cm。当被测信号为 5 cm 时，可计算出被测信号幅度为

$$U_y = H_y \times d = 5 \times 1 = 5 \ (\text{V})$$

校正器用以检验标度是否准确，每次实验前检验过后就不必每次测量都作校正。

当用探头输入进行测量时，因探头衰减了 10 倍，故示波器偏转因数应当是开关位置指示读数的 10 倍，测量电压的计算也应乘以 10 倍。

2）扫描时间校正器

扫描时间校正器产生的信号用于校正 X 轴时间标度，或用来检验扫描因数是否正确。该信号由示波器内设的晶体振荡器或稳定度较高的 LC 振荡器提供，并产生频率 f 固定而稳定度高的正弦波（例如 20 MHz）。在检验示波器扫描因数时，把晶体振荡器或 LC 振荡器的输出接到 Y 输入端，在荧光屏上便显示出它的波形。当调节扫描时间开关，使显示波形的一个周期正好占据标尺上 1 cm（或 1 格）时，扫描因数便等于 $1/f (\text{s/cm})$。一般水平标尺全长为 10 cm，为减小读数误差，应调到标尺的满度范围内正好显示 10 个周期。例如，校准正弦波的 $f = 20$ MHz，按上述方法校正后扫描因数为 50 ns/cm，因而扫描开关的位

置应指示 50 ns/cm，如果准确，则可以进行下一步测量，否则就要打开示波器重新调整。

注意，进行上述两种校正时，需将 Y 轴幅度校正的 V/div 的微调旋钮旋到校准位置，将 X 轴时间校正的 t/div 的微调旋钮亦旋到校准位置。

3.3.2　示波器的技术指标

示波器的主要技术性能指标有几十项，其中主要有以下几项。

1. 垂直系统的带宽和上升时间

当有一个幅度恒定而频率由低到高变化的信号输入垂直系统时，示波器屏幕上显示的图像幅度下降到相对于基准频率(常为 1 kHz)图像幅度的 3 dB 时，信号的上下限频率之间的频率范围称为垂直系统的带宽 f_β。当输入一个理想的阶跃信号时，屏幕上显示的图形从稳态的 10% 上升到 90% 时所经历的时间称为上升时间 t_r，它的大小很大程度上决定了示波器可以观测周期性连续信号的最高频率和脉冲的最小宽度。

2. 灵敏度和偏转因数

在单位输入信号电压的作用下，光点在屏幕上位移的距离称为偏转灵敏度，单位为 cm/V 或 div/V，它的倒数称为偏转因数，单位为 V/cm、V/div、mV/div。偏转因数常按 1、2、5 进制步进调节，并且每挡有"增益微调"进行连续调节，误差一般在 2%～10% 范围内。

3. 扫描速度、时基因数、扫描时间和扫描频率

为了观测不同频率的信号，必须采用不同速度的扫描，光点水平扫描速度的高低常用扫描速度、时基因数、扫描时间和扫描频率来表征。

扫描速度是光点的水平位移的速度，其单位为 cm/s、div/s，扫描速度的倒数是时基因数，单位为 s/cm、s/div、ms/div。示波器常用时基因数来标度，它也按 1、2、5 步进调节，并且每挡也可连续调节。

4. 输入阻抗

输入阻抗等效为输入电阻和输入电容的并联。由于希望测试仪器在测量电路上对原电路影响要小，通常示波器和被测电路是并联观测，因而要求其输入电阻高，而被测信号多为高频信号，则要求输入电容小。示波器一般输入电阻为 1 MΩ，输入电容小于 22～50 pF。通常高频电路多为低阻抗，故在高频示波器中另设有低频阻抗 50 Ω。

5. 扫描方式

扫描是为了获得线性时间基线。在一般示波器中，为了连续信号与脉冲信号的显示，只采用单扫描方式。单扫描方式又分为连续扫描与触发扫描两类。由于示波器功能的扩展，又有多种形式的双时基扫描，即在一台示波器中具有两套扫描系统。

1) 连续扫描

该方式的扫描电压是周期性的锯齿波电压。在扫描电压的作用下，示波管光点将在屏幕上作连续重复周期的扫描，若没有 Y 通道的信号电压，则屏幕上只显示出一条时间基线。在时域测量中，在 Y 通道加入周期变化的信号电压，即可显示信号波形。连续扫描最主要的问题是如何保证在屏幕上显示出稳定的信号波形。为了得到稳定的波形显示，必须使扫描锯齿波电压周期 T 与被测信号周期 T_y 保持整数倍的关系，即 $T=nT_y$。

2）触发扫描

被测波形与扫描电压的同步问题在观测脉冲波形时尤为突出。图 3-15 是连续扫描与触发扫描观测脉冲波形的比较。其中，图（a）是被测脉冲波形，可看到脉冲的持续时间与重复周期比（t_0/T_y）很小，t_0 为被测脉冲底宽。图（b）、（c）是用连续扫描方式显示被测脉冲波形，扫描周期分别为 $T=T_y$ 和 $T=t_0$。从图（b）上很难看清波形的细节，特别是脉冲波的上升沿。如果增加扫描频率（如图（c）所示的波形），则虽可以观察被测脉冲的细节，但光点在水平方向多次扫描中只有一次扫描出脉冲波形，因此显示的脉冲波形本身很黯淡，而时基线却很亮，这不仅观察困难，而且同步也较难。图（d）所示是触发扫描的情形，扫描发生器平时处于等待工作状态，只有送入触发脉冲时才产生一次扫描电压，在屏幕上扫出一个展宽的脉冲波形，而不显示出时间基线。

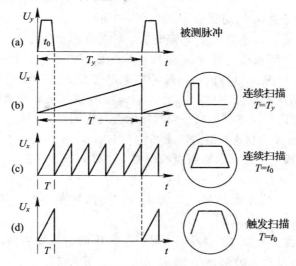

图 3-15　脉冲信号的连续扫描与触发扫描显示

3.4　双踪和双线示波器

双踪和双线示波器都可在一个示波管荧光屏上同时显示出两个信号的波形，通常用来比较被测系统的输出和输入信号，研究波形变换器的各级信号，观察脉冲电路各点波形、信号通过网络时的波形畸变、相移等。

3.4.1　双踪示波器

双踪示波器也称为双迹示波器，它的垂直偏转通道由 A 和 B 两个通道组成，如图 3-16所示，两个通道的输出信号在电子开关的控制下，交替通过主通道，加于示波管的同一对垂直偏转板。A、B 两个通道是相同的，包括衰减器、射极跟随器、前置放大器及平衡倒相器。平衡倒相器的作用是把输入信号转换为对称的波形输出。与单踪示波器不同的是前置放大器中设有移位控制，可分别控制两个显示图形的上下位置。电子开关由触发电路控制的一对放大器（或射极跟随器）构成，触发电路的两个稳定状态分别控制两个放大器，把通道 A 或通道 B 接于主通道。主通道由中间放大器、延迟线、末级放大器组成，它对两个通道是公用的。

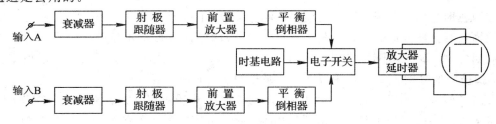

图 3-16　双踪示波器垂直偏转通道

由面板开关控制的电子开关，可使双踪示波器工作于五种不同的状态："A"、"B"、交替、断续、"A+B"。

（1）"A"：电子开关将 A 通道接于 Y 偏转板，形成 A 通道独立工作的状态。

（2）"B"：电子开关将 B 通道接于 Y 偏转板，形成 B 通道独立工作的状态。

（3）交替：将 A、B 两通道信号轮流加于 Y 偏转板，荧光屏上显示两个通道的信号波形。具体实现时，是以时基发生器的回扫脉冲控制电子开关的触发电路，每次扫描后，改变所接通道，使得每两次扫描分别显示一次 A 通道波形和一次 B 通道波形。

（4）断续：当输入信号频率较低时，交替显示会发生明显的闪烁。采用断续工作方式，使电子开关工作于自激振荡状态，振荡频率高达 500 kHz～1 MHz，自动地轮流将 A、B 两通道信号加于 Y 偏转板上，显示图形由点线组成，这样每扫描一次，就可完成两个通道波形的显示。

（5）"A+B"：A、B 两通道信号代数相加后，接到 Y 偏转板，显示两信号叠加后的波形。

双踪示波器的时基与一般示波器相同，可以是简单的时基发生器，也可以采用有延迟扫描的双扫描时基，时基可以分别由 A 通道触发、B 通道触发。

3.4.2　双线示波器

双线示波器采用双线示波管构成。双线示波管在一个玻璃壳内装有两个完全独立的电子枪和偏转系统，每个电子枪发出的电子束经加速聚焦后，通过本身的偏转系统射于荧光屏上，相当于把两个示波管封装在一个玻璃壳内共用一个荧光屏，因而可同时观察两个相互独立的信号波形。双线示波器内有两个相互无关的 Y 通道 A 和 B，每个通道的组成与通用示波器相同，如图 3-17 所示。多数双线示波器的两组 X 偏转系统共用一个时基发生器以观察两个"同步"的信号。如果上述每个通道都改用电子开关控制的两通道，则仪器成为等效的四踪示波器。

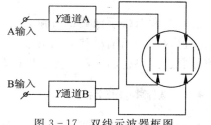

图 3-17　双线示波器框图

双踪和双线示波器各有优缺点。双踪示波器比通用示波器增加的部件不多，可以达到较高指标，价格只增加 15%，现在生产的示波器几乎都具有双踪功能；它的缺点是工作于交替方式时，需两次扫描才能显示两个波形，因而无法观察两个快速的单次信号或短时间的非周期信号。双线示波器两个通道是完全独立的，可以弥补上述不足，并且两个偏转系统可以用不同的时基发生器，使仪器更为灵活多用。但由于示波管性能的限制，双线示波器的技术指标较低。

3.4.3　CA8020 型双踪示波器的使用

1. CA8020 型双踪示波器面板介绍

CA8020 型双踪示波器是比较常见的便携式双通道示波器。其垂直系统具有 $0\sim20\ MHz$ 的频带宽度和 $5\ mV/div\sim5\ V/div$ 的偏转灵敏度，配以 $10:1$ 探极，灵敏度可达 $5\ V/div$。该仪器在全频带范围内可获得稳定触发，触发方式设有常态、自动、TV 和峰值自动，尤其峰值自动给使用带来了极大的方便。水平系统具有 $0.2\ \mu s/div\sim0.5\ s/div$ 的扫描速度，并设有扩展×10，可将最快扫描速度提高到 $20\ ns/div$。CA8020 的面板如图 3 - 18 所示。

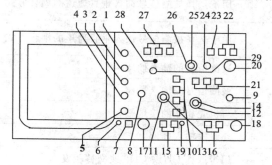

图 3 - 18　CA8020 型双踪示波器面板

示波器的面板控件功能如表 3 - 1 所示。

表 3 - 1　CA8020 型双踪示波器面板控件功能

序号	控件名称	功　能
1	亮度	调节光迹的亮度
2	辅助聚焦	与聚焦配合，调节光迹的清晰度
3	聚焦	调节光迹的清晰度
4	迹线旋转	调节光迹与水平刻度线平行
5	校正信号	提供幅度为 0.5 V，频率为 1 kHz 的方波信号，用于校正 10∶1 探极的补偿电容器和检测示波器垂直与水平的偏转因数
6	电源指示	电源接通时，灯亮
7	电源开关	电源接通或关闭
8	CH1 移位 PULL CH1 - X CH2 - Y	调节通道 1 光迹在屏幕上的垂直位置，用作 X - Y 显示
9	CH2 移位 PULL INVERT	调节通道 2 光迹在屏幕上的垂直位置，在 ADD 方式时使 CH1＋CH2 或 CH1－CH2

序号	控件名称	功　　能
10	垂直方式	CH1 或 CH2：通道 1 或通道 2 单独显示 ALT：两个通道交替显示 CHOP：两个通道断续显示，用于扫描速度较慢时的双踪显示 ADD：用于两个通道的代数和或代数差
11	垂直衰减器	调节垂直偏转灵敏度
12	垂直衰减器	调节垂直偏转灵敏度
13	微调	用于连续调节垂直偏转灵敏度，顺时针旋足为校正位置
14	微调	用于连续调节垂直偏转灵敏度，顺时针旋足为校正位置
15	耦合方式 （AC - DC - GND）	用于选择被测信号馈入垂直通道的耦合方式
16	耦合方式 （AC - DC - GND）	用于选择被测信号馈入垂直通道的耦合方式
17	CH1 OR X	被测信号的输入插座
18	CH2 OR Y	被测信号的输入插座
19	接地（GND）	与机壳相连的接地端
20	外触发输入	外触发输入插座
21	内触发源	用于选择 CH1、CH2 或交替触发
22	触发源选择	用于选择触发源为 INT（内）、EXT（外）或 LINE（电源）
23	触发极性	用于选择信号的上升沿或下降沿触发扫描
24	触发电平	用于调节被测信号在某一电平触发扫描
25	微调	用于连续调节扫描速度，顺时针旋足为校正位置
26	扫描速度	用于调节扫描速度
27	触发方式	常态（NORM）：无信号时，屏幕上无显示；有信号时，与电平控制配合显示稳定波形 自动（AUTO）：无信号时，屏幕上显示光迹；有信号时，与电平控制配合显示稳定波形 电视场（TV）：用于显示电视场信号 峰值自动（P - P AUTO）：无信号时，屏幕上显示光迹；有信号时，无须调节电平即能获得稳定波形显示
28	触发指示	在触发扫描时，指示灯亮
29	水平移位 PULL×10	调节迹线在屏幕上的水平位置，拉出时扫描速度被扩展 10 倍

2. 示波器的使用

1）垂直系统的操作

（1）垂直方式的选择。

当只需观察一路信号时，将"垂直方式"开关置"CH1"或"CH2"，此时被选中的通道有效，被测信号可从通道端口输入。当需要同时观察两路信号时，将"垂直方式"开关置"交替"，该方式使两个通道的信号被交替显示，交替显示的频率受扫描周期控制。当扫描速度低于一定频率时，交替方式显示会出现闪烁，此时应将开关置于"断续"位置。当需要观察两路信号的代数和时，将"垂直方式"开关置于"代数和"位置，在选择这种方式时，两个通道的衰减设置必须一致，CH2 移位处于常态时为 CH1＋CH2，CH2 移位拉出时为 CH1－CH2。

（2）输入耦合方式的选择。

① 直流(DC)耦合：适用于观察包含直流成分的被测信号，如信号的逻辑电平和静态信号的直流电平。当被测信号的频率很低时，必须采用这种方式。

② 交流(AC)耦合：信号中的直流分量被隔断，用于观察信号的交流分量，如观察较高直流电平上的小信号。

③ 接地(GND)：通道输入端接地(输入信号断开)，用于确定输入为零时光迹所处的位置。

（3）灵敏度的选择。

按被测信号幅值的大小选择合适挡级。"灵敏度选择"开关外旋钮为粗调，中心旋钮为细调(微调)，微调旋钮按顺时针方向旋至校正位置时，可根据粗调旋钮的示值(V/div)和波形在垂直轴方向上的格数读出被测信号幅度。

2）触发源的选择

（1）内触发(INT)：将 Y 前置放大器输出(延迟线前的被测信号)作为触发信号，适用于观测被测信号。

（2）外触发(EXT)：用外接的、与被测信号有严格同步关系的信号作为触发源，用于比较两个信号的同步关系。

（3）电源触发(LINE)：用 50 Hz 的工频正弦信号作为触发源，适用于观测与 50 Hz 交流有同步关系的信号。

3）水平系统的操作

（1）扫描速度的选择。

按被测信号频率高低选择合适挡级，"扫描速度"开关外旋钮为粗调，中心旋钮为细调(微调)，微调旋钮按顺时针方向旋至校正位置时，可根据粗调旋钮的示值(t/div)和波形在水平轴方向上的格数读出被测信号的时间参数。当需要观察波形某一个细节时，可进行水平扩展×10，此时原波形在水平轴方向上被扩展 10 倍。

（2）触发方式的选择。

① 常态(NORM)触发方式：指有触发信号并产生了有效的触发脉冲时，荧光屏上才有扫描线。

② 自动(AUTO)触发方式：有连续扫描锯齿波电压输出，荧光屏上总能显示扫描线。

③ 电视(TV)触发方式：是在原有放大、整形电路基础上插入电视同步分离电路实现的，以便对电视信号(如行、场同步信号)进行监测与电视设备维修。

（3）"极性"和"电平"的选择。

触发极性和触发电平决定触发脉冲产生的时刻，并决定被显示信号的起始点。触发极性是指触发点位于触发源信号的上升沿还是下降沿；触发电平是指触发脉冲到来时所对应的触发放大器输出电压的瞬时值，如图 3-19 所示。

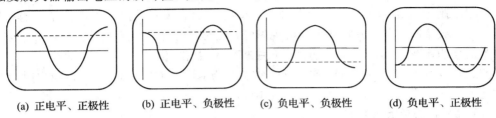

(a) 正电平、正极性　　(b) 正电平、负极性　　(c) 负电平、负极性　　(d) 负电平、正极性

图 3-19　触发方式和触发极性

3. 示波器的应用

在开机以前，首先将水平及垂直位置调整旋钮置于中心位置，触发源选择置于内部位置即 INT，触发电平置于自动位置；将示波器的电源开关 POWER 置于 ON 位置，电源接通，指示灯点亮；调整辉度旋钮，示波器的显示器上就会出现一条横向亮线，再通过调整聚焦旋钮使图像清晰。若横向时基线倾斜，则通过迹线旋转来调整水平扫描线，使之平行于刻度线。如果显示的扫描线不在示波器中央，可微调水平或垂直位置旋钮。

为了得到较高的测量精度，测量前还应预先将探头接至示波器的校准信号，即将探头接到 CAL 端，此时示波管上会出现 1 kHz、0.5 V_{P-P} 的方波脉冲信号，若方波波形的形状不好，可以用无感起子微调示波器探头上的微调电容，直到显示的波形良好。

1) 直流电压的测量

(1) 测量原理。

利用被测电压在屏幕上呈现的直线偏离时间基线（零电平线）的高度与被测电压的大小成正比的关系进行测量。

$$U_{DC} = h \times D_y \times k \tag{3-2}$$

式中，U_{DC} 为被测直流电压值；h 为被测直流信号线的电压偏离零电平线的高度；D_y 为示波器的垂直灵敏度；k 为探头衰减系数。

(2) 测量方法。

将示波器的垂直偏转灵敏度微调旋钮置于校准位置（CAL），将待测信号送至示波器的垂直输入端，确定零电平线，将示波器的输入耦合开关拨向"DC"挡，确定直流电压的极性，读出被测直流电压偏离零电平线的距离 h，计算被测直流电压值。

例 3-1　示波器测直流电压及垂直灵敏度开关示意图如图 3-20 所示，$h=4$ cm，$k=10:1$，求被测直流电压值。

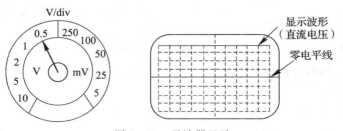

图 3-20　示波器显示

解　$$U_{DC} = h \times D_y \times k = 4 \times 0.5 \times 10 = 20 \text{ (V)}$$

2）交流电压的测量

（1）测量原理。

交流电压的测量原理如下式所示：

$$U_{P-P} = h \times D_y \times k \tag{3-3}$$

式中，U_{P-P} 为被测交流电压值（峰-峰值）；h 为被测交流电压波峰和波谷的高度或任意两点间的高度；D_y 为示波器的垂直灵敏度；k 为探头衰减系数。

（2）测量方法。

垂直偏转灵敏度微调旋钮置于校准位置，接入待测信号，输入耦合开关置于"AC"，调节扫描速度使波形稳定显示，调节垂直灵敏度开关，读出被测交流电压波峰和波谷的高度，计算被测交流电压的峰-峰值。

例 3-2　示波器测正弦电压及垂直灵敏度开关示意图如图 3-21 所示，$h = 8 \text{ cm}$，$k = 1 : 1$，求被测正弦信号的峰-峰值和有效值。

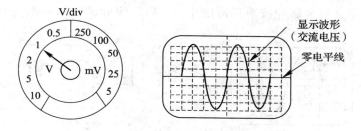

图 3-21　示波器显示

解　正弦信号的峰-峰值为

$$U_{P-P} = h \times D_y \times k = 8 \times 1 \times 1 = 8 \text{(V)}$$

正弦信号的有效值为

$$U = \frac{U_P}{\sqrt{2}} = \frac{U_{P-P}}{2\sqrt{2}} = \frac{8}{2\sqrt{2}} = 2.3 \text{(V)}$$

3）周期的测量

（1）测量原理。

周期的测量原理如下式所示：

$$T = \frac{x D_x}{k_x} \tag{3-4}$$

式中，x 为被测交流信号的一个周期在荧光屏水平方向所占的距离；D_x 为示波器的扫描速度；k_x 为 X 轴扩展倍率。

（2）测量方法。

将示波器的扫描速度微调旋钮置于"校准"位置，待测信号送至示波器的垂直输入端，将示波器的输入耦合开关置于"AC"位置，调节扫描速度开关，记录值，读出被测交流信号的一个周期在荧光屏水平方向所占的距离 x，计算被测交流信号的周期。

例 3-3　荧光屏上的波形如图 3-22 所示，信号一周期为 7 cm，扫描速度开关置于"10 ms/cm"位置，扫描扩展置于"拉出×10"位置，求被测信号的周期。

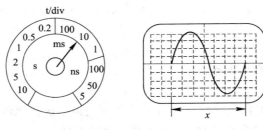

图 3-22　示波器显示

解

$$T=\frac{xD_x}{k_x}=\frac{7\times10}{10}=7(\text{ms})$$

4）时间间隔的测量

测量同一信号中任意两点 A 与 B 的时间间隔的测量方法如图 3-23 所示。A 与 B 的时间间隔 $T_{A-B}=x_{A-B}\cdot D_x$，其中 x_{A-B} 为 A 与 B 的时间间隔在荧光屏水平方向所占的距离，D_x 为示波器的扫描速度。

若 A、B 两点分别为脉冲波前后沿的中点，则所测的时间间隔即为脉冲宽度，如图 3-24 所示。

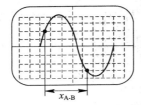

图 3-23　时间间隔的测量

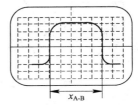

图 3-24　脉冲宽度的测量

5）相位差的测量

相位差的测量主要是测量各种四端网络（如 RC 网络、LC 网络、放大器、滤波器等）和各种器件的输入、输出信号间相位差及频率的关系等。测量相位差最简便的方法是利用双踪示波器同时显示两个要比较相位的波形，如图 3-25 所示。按刻度线测量两个波形之间的距离，并将测得的距离换算成相位差。若被测两同频正弦波的一个周期间隔长度为 x_T，两波形的时间间隔为 Δx，则两信号的相位差为

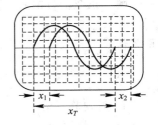

图 3-25　相位差的测量

$$\theta=\frac{360°}{x_T}\times\Delta x \tag{3-5}$$

3.5　高速和取样示波器

随着计算机、通信、电子等事业的发展，要求示波器有更宽的频率响应，而一般的示波器在观察 ns、ps 级脉冲波形时，会引入很大的畸变，甚至会显示出面目全非的波形。因此对高频信号的显示必须另辟蹊径，采用性能更好的高速示波器和取样示波器。一般频宽为 100MHz 以上的示波器称为高速示波器，主要用于国防、科研等领域。

3.5.1 高速示波器

高速示波器要显示 ns、ps 级的脉冲或微波信号，它不同于普通示波器的关键是示波管、Y 轴放大器和时基电路。

1. 示波管

高速示波管采用专用示波管。高速示波管的偏转系统接线要短（从旁管引出），偏转板间距离 d 要大，以使分布电容小，加速电压要高，以减小电子渡越时间，因而偏转灵敏度将很低。为了保证示波器的灵敏度，要求 Y 轴放大器必须有更大的放大倍数，这无疑增加了 Y 轴放大器实现上的困难。因此，在要求更高速度时，采用行波示波管。

2. Y 轴放大器

Y 轴放大器是宽带示波器，目前集成电路放大器带宽可达 1000 MHz 以上。

3. 时基电路

高速示波器的时基电路扫描期间的扫描速度很高，因而扫描电容充放电电流很大。例如，扫描因数为 1 ns/cm 时，回扫速度可达 $du/dt = 5 \times 10^{10}$ V/s，电容为 40 pF 时，由于 $i = C \times du/dt$，流过开关的电流达 2 A，这对充放电开关提出了较苛刻的要求。其次，由于高速示波管的偏转灵敏度很低，常常要求形成几百伏的扫描电压。另外，回扫时间应很短，因为它限制被测脉冲的最高重复频率。上述要求都必须有较大功率电路才能满足要求。

3.5.2 取样示波器

通用示波器由于受到本身垂直放大器频带和扫描速度等方面的影响，对于 100 MHz 以上的信号，一般是不能观测的。为了观测 100 MHz 以上的信号，通常是通过取样技术，将高频信号变换成低频信号，再应用通用示波器的测量原理进行观测和显示，这样就成了取样示波器。

1. 工作原理

取样装置加上普通示波器就构成了取样示波器，取样的实质是频率变换技术，基本的取样方式有实时取样和非实时取样两种。测量高频或超高频信号一般采用非实时取样技术。

1）实时取样和非实时取样

对于一个时间连续的输入信号的取样过程如图 3-26 所示。取样脉冲是否取样由电子开关决定。$u_i(t)$ 为输入信号，当取样脉冲到来后，电子开关闭合，取得输入信号的一个样点值，取样脉冲过去后，电子开关断开，完成一次取样过程。如果取样脉冲宽度 τ 足够窄，则取得的样品信号点的幅值即是该时刻输入信号的瞬时值，取样脉冲的周期 T 越短，单位时间内取得

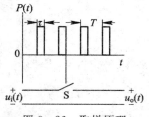

图 3-26 取样原理

的样点数就越多，当取得的样点数足够多时，样品信号的包络就是输入信号的波形。

如果输入信号的周期为 T'，取样脉冲的周期 $T < T'$，并且其取样持续的时间等于输

入信号的一个周期或输入信号实际所经历的时间，则这种取样方式为实时取样。可见，实时取样的取样脉冲信号的频率要高于输入信号的频率，故实时取样常用于非周期信号或单次过程的观测。

如果取样点不是取自于输入信号的一个周期，而是来自若干个周期，这种取样方式称为非实时取样或跨周期取样，如图 3-27 所示。

若输入信号 $u_i(t)$ 的周期为 T'，取样脉冲的周期为 T，二者存在如下关系：

$$T = mT' + \Delta t, \quad m = 1, 2, 3, \cdots \tag{3-6}$$

图 3-27 中 $m=1$，其工作过程为：在 t_1 时刻，进行第一次采样，对应波形上的点 1；经过 $T+\Delta t$ 后，到 t_2 时刻，进行第二次采样，取样点为波形上的点 2，可见取样脉冲相对于输入波形上再取一个样点，这样可得到样品信号 $u_s(t)$，如图 3-27(c)所示。信号 $u_s(t)$ 的波形能重现 $u_i(t)$ 的波形，信号 $u_s(t)$ 经过延长电路展开后可得阶梯波 $u_y(t)$，当 $m>1$ 时，即可将高频信号变换成低频信号，送至示波器进行显示。

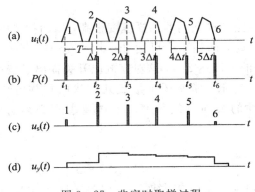

图 3-27　非实时取样过程

2）取样示波器的波形合成

如图 3-28 所示，取样示波器两对偏转板上均加有阶梯波，经过展宽、放大后的阶梯波 $u_y(t)$ 加到 Y 偏转板上，每取样一次阶梯上升一级，每一级持续时间为 $mT'+\Delta t$ 的阶梯扫描信号 $u_x(t)$ 加至 X 偏转板上，荧光屏上得到许多单个的亮点，每个亮点的幅度反映出样品信号 $u_s(t)$ 的幅值，进而构成了被测信号 $u_i(t)$ 的波形。

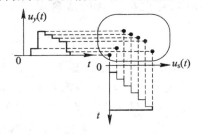

图 3-28　显示过程

2. 取样示波器的组成

取样示波器主要由主机、X 通道、Y 通道三部分组成，主机部分同通用示波器，如图 3-29 所示。

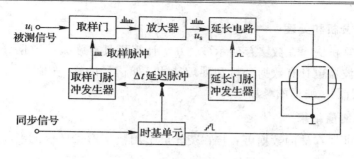

图 3-29　取样示波器框图

Y 通道由取样电路、放大器和延长电路组成，在取样脉冲的作用下，把高频或超高频信号变成低频信号。取样电路由取样门和取样门脉冲发生器组成，取样门在取样脉冲到来时进行取样，延长电路将每个样品信号幅度记录下来并展宽，延长电路的输出接到通用示波器的 Y 通道偏转板上。

X 通道的作用是产生时基信号，同时产生 Δt 延迟脉冲并送至 Y 通道，控制取样门脉冲发生器和延长门脉冲发生器。可以利用同步分频方法改变 m 的大小来扩展测频上限。

3.6　数字存储示波器

数字存储示波器是将它捕捉到的波形通过 A/D 转换为数字量，然后存入数字存储器中。当需要读出时，可将存入的数字化波形经过 D/A 转换为模拟量，在荧光屏上显示出来。数字存储示波器一般采用大规模集成电路和微处理器相结合，在微处理器的统一控制下进行工作，具有自动化程度高、功能强等特点。

3.6.1　数字存储示波器的特点

1. 可长期存储波形

数字存储示波器工作过程中，把需要保存的波形存储在随机存储器 RAM 中，在备用电源的作用下，可长期保存所需的信号。

2. 可进行负延时触发

普通模拟示波器只能观察触发后的信号，对于数字存储示波器，其触发点可选择波形的任何点，即具有负延时功能。利用负延时触发功能可观察到触发点以前的信号，这对观察非周期信号和变化缓慢的信号极为有利。

3. 具有多种显示方式

数字存储示波器的显示方式较为灵活，具有基本显示、抹迹显示、卷动显示、放大显示以及 X-Y 显示等多种方式，适合不同情况下波形观察的需要。

4. 便于观察单次过程和突发事件

若触发源和取样速度设置恰当，就能在事件发生时将其采集并存储，并能长期保存和多次显示。取样存储和读出显示的速度可在很大的范围内调节，可对瞬变信号、突发事件进行捕捉和显示。

5. 便于数据分析和处理

由于微型计算机嵌入在数字存储示波器中,计算机具有强大的数据分析和处理能力,所以数字存储示波器也具有数据分析和处理能力,如信号的峰-峰值、有效值和平均值的换算、时间间隔计算、波形的叠加运算等。

6. 显示数据测量结果

数字存储示波器存储的数据可直接在荧光屏上用数字形式显示出来,读数直观,测量准确度高。

7. 具有多种输出方式

数字存储示波器存储的数据在微机的控制下,能以各种方式输出,例如,可在屏幕上以数字形式显示,用 GPIB 总线接口或其他总线接口输出等。

8. 便于进行功能扩展

数字存储示波器与其他智能化仪器一样,可在不改动或少量改动仪表硬件的情况下,通过改变软件的方式来扩展仪器功能。

3.6.2 数字存储示波器的工作原理

数字存储示波器首先将被测的模拟信号经过 A/D 转换后,得到数字信号,存储于随机存储器 RAM 中。显示时,再将数字信号读出,经 D/A 转换恢复为模拟信号,加在普通示波器的 Y 偏转板上。此时,X 偏转板上不再加入锯齿波电压信号,而是与取样示波器类似,加入由数码经过 D/A 产生的阶梯波。数字存储示波器的基本组成如图 3-30 所示。

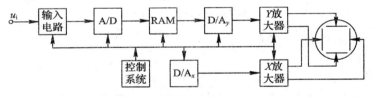

图 3-30　数字存储示波器的基本组成

1. A/D 与 D/A 转换器

在数据的采集过程中,经历了三个阶段:取样、量化和编码。这个过程是由 A/D 转换器来完成的,因此 A/D 转换器是数字存储示波器中的重要器件。它决定了示波器的存储器带宽和分辨率等指标。

D/A 转换器用来产生阶梯波,其准确度和建立时间非常关键,准确度不高会影响扫描线性,建立时间过长则会影响波形的质量。

2. 存储器

存储器是示波器中存储数字信号的重要器件,其容量应足够大,读取速度应足够快。

3. 控制系统

控制系统包括时基控制电路、存储控制电路和功能控制电路。数字存储示波器在控制系统的作用下完成各种测量任务,微处理器是控制系统的核心,对较复杂的系统可采用多处理器进行控制。

3.6.3　数字存储示波器的显示方式

数字示波器的显示方式较为灵活，有基本显示、抹迹显示、卷动显示、放大显示和 $X-Y$ 显示等，分别适合不同情况下波形的观测和显示。

1. 基本显示方式

存储器中的数据按地址的先后顺序读出，经过 D/A 转换后还原成模拟信号，该模拟量送至示波器的 Y 偏转板上；与此同时，将地址按顺序送入 D/A 转换器，得到阶梯波，然后送到示波器的 X 偏转板上，作为 X 轴扫描信号，即可将存储的波形在荧光屏上显示出来。

该显示方式的 X、Y 轴数据的传送，都通过 CPU 的控制，因此，数据传送的速度在一定程度上受到限制。

2. 抹迹显示方式

该显示方式是指在 CRT 屏幕上从左到右更新数据。配合读、写和扫描计数器，当某存储单元有新的数据写入时，马上读出并显示出来，屏幕上看到的波形曲线自左向右刷新变化。

3. 卷动显示方式

卷动显示方式与数据的存储和读出方式有关。该方式的特点是：新数据出现在 CRT 屏幕的右边，并且从右向左连续推出显示出来。

4. 放大显示方式

该显示方式适合于观测信号波形的细节，它是利用延迟扫描方法实现的。此时，荧光屏一分为二：上半部分显示原波形，下半部分显示放大了的部分，其放大位置可用光标控制，放大比例也可调节。

5. 显示技术的改进

数字存储示波器在进行数据显示时，由于取样点的数量不能无限增加，要正确显示波形的前提是要有足够的点来重新构成信号波形。一般要求每个信号显示 20～25 个点，较少的采样点会造成视觉误差。采用数据点插入技术可以解决这一问题。

数据点插入技术是使用插入器将一些数据补充给仪器，插在所有相邻的采样点之间，有线性插入和曲线插入两种方式。线性插入法是将一些点插入到采样点之间，如果有足够的插入点，这一方法令人满意。曲线插入法是以曲线形式将点插入到采样点之间，该方法可用较少的点构成较好的圆滑曲线，但是，这与仪器的带宽有关系。

3.6.4　数字存储示波器的技术指标

1. 取样速率

取样速率是指单位时间内获取的被测信号的样点数。目前，限制最高取样速率的主要是 A/D 的转换速度。因此，取样速率通常是指对被测信号进行取样和 A/D 转换的最高频率，一般用最高频率或一次取样和 A/D 转换的最短时间来表示。

2. 测量分辨率

测量分辨率一般用 A/D 转换器或 D/A 转换器的二进制位数来表示，如果转换器位数越多，则分辨率越高，测量误差和波形失真越小。

3. 存储带宽

存储带宽是指以存储方式工作时所具有的频带宽度。根据采样定理，存储带宽上限值应低于最高取样频率的二分之一，存储带宽反映了示波器捕捉信号的能力。

4. 断电存储时间

断电存储时间是指参考波形存储器断电后所能保存波形的最长时间。

5. 存储容量

存储容量指存储器能够存储数据量的多少，在此处是指示波器获取波形的取样点数目的多少。通常用存储器容量的字节数表示。

6. 测量准确度

该指标是指数字存储示波器在进行波形测量时，测量结果数字示值的最大误差，包括水平通道准确度和垂直通道准确度。

7. 测量计算功能

该功能说明数字存储示波器具有各种测量计算功能。如波形电压、频率、时间等参数的测量和计算。

8. 触发延迟范围

触发延迟范围表示信号触发点与时间参考点之间相对位置的变化范围，分为正延迟和负延迟，通常用格数或字节数表示。

9. 读/写速度

读/写速度是指从存储器读出数据和向存储器写入数据的速度，通常用读或写一个字节所用的时间来表示，该指标可进行选择。

10. 输出信号

输出信号表明数字存储示波器输出信号的种类和特性，包括输出信号种类、输出信号电平和通信接口标准等。

习 题 3

1. 说明电子枪的结构由几部分组成，各部分的主要用途是什么？

2. 如果要达到稳定显示重复波形的目的，扫描锯齿波与被测信号间应具有怎样的关系？

3. 电子示波器由哪几部分组成？各部分的作用是什么？

4. 示波器的主要技术指标有哪些？各表示何种意义？

5. 与示波器 A 配套使用的阻容式无源探头，是否可与另一台示波器 B 配套使用？为什么？

6. 示波器的延迟线的作用是什么？

7. 双踪示波器和双线示波器的区别是什么？

8. 数字存储示波器是怎样工作的？

9. 示波器的测量如图 3-31 所示，请计算测量信号的周期和频率分别是多少？

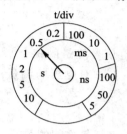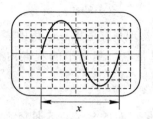

图 3-31　通用示波器的测量

第 4 章　电压测量

　　电压是一个基本物理量，是集总电路中表征电信号能量的三个基本参数（电压、电流、功率）之一，电压测量是电子测量中的基本内容。本章对电压的测量原理、方法与仪器作具体的介绍和分析。

　　知识要点：

　　(1) 了解电压测量仪器的分类，掌握交流电压表征量之间的关系；

　　(2) 了解模拟式、数字式电压表的分类、技术指标，掌握它们的组成和使用方法；

　　(3) 掌握数字多用表的原理、组成及使用方法。

4.1　概　　述

　　电压测量是电子测量的一个重要内容，也是最直接、最普遍的测量。电子电路中，电路的工作状态如谐振、平衡、截止、饱和以及工作点的动态范围，通常都以电压形式表现出来。电子设备的控制信号、反馈信号及其他信息，主要表现为电压量。在非电量的测量中，也多利用各类传感器件，将非电量参数转换成电压参数。电路中其他电参数，包括电流和功率，以及信号的调幅度、波形的非线性失真系数、元件的 Q 值、网络的频率特性和通频带、设备的灵敏度等，都可视作电压的派生量，通过电压测量获得其量值。最后也是最重要的，电压测量直接、方便，将电压表并接在被测电路上，只要电压表的输入阻抗足够大，就可以在几乎不对原电路工作状态有所影响的前提下获得较满意的测量结果。作为比较，电流测量就不具备这些优点，首先须把电流表串接在被测支路中，很不方便，其次电流表的接入改变了原来电路的工作状态，测得值不能真实地反映出原有情况。因此电压测量是电子测量的基础，在电子电路和设备的测量调试中，电压测量是不可缺少的基本测量。

4.1.1　电压测量的基本要求

　　电子电路中的电压具有频率范围宽、幅度差别大、波形多样化等特点，所以对测量电压所采用的测量仪表也提出了相应的要求，主要包括以下几项。

1. 频率范围宽

　　被测信号的频率可以从 0 到几千赫兹范围内变化，这就要求测量仪表的频带要覆盖较宽的频率范围。

2. 测量范围广

　　通常被测信号电压小到微伏级，大到千伏级以上，这就要求测量仪表的量程相当宽。

3. 电压表输入阻抗高

进行电压测量时，测量仪器的输入阻抗相当于被测电路的外加负载，因此为了尽量减小仪器输入阻抗对被测电路的影响，要求测量仪器具有高的输入阻抗。数字式直流电压表的输入阻抗一般可达到 1000 GΩ；数字式交流电压表的输入阻抗一般为 1 MΩ 电阻与 15 pF电容的并联。

4. 测量精度高

测量仪表在对电压进行测量时，应保证其引起的测量不确定度较小。由于电压测量的基准是直流标准电池，而且在直流测量中，各种分布性参量对测量的影响较小，因此和交流电压测量相比，直流电压的测量可获得更高的精度。

5. 抗干扰能力强

电压测量易受到外界干扰的影响，特别是当电压信号较小时，干扰往往成为影响测量精度的主要因素。因此要求高灵敏度电压表必须具有较强的抗干扰能力，测量时也要注意采取相应的措施(如接地、屏蔽等)来减少干扰的影响。

6. 准确测量各种信号波形

实际工作中的电压信号通常具有各种不同的波形，除正弦波外，还包括大量非正弦波，如方波、锯齿波等。测量时，应考虑采用适当的仪器及测量方法来确保对不同的信号波形进行准确测量。

4.1.2　电压测量仪器的分类

电压测量仪器主要指各类电压表。在一般工频(50 Hz)和要求不高的低频(低于几十kHz)测量时，可使用一般多用表电压挡，其他情况大都使用电子电压表。按显示方式不同，电子电压表可分为模拟式电压表和数字式电压表。前者以模拟式电表显示测量结果，后者用数字显示器显示测量结果。模拟式电压表准确度和分辨力不及数字式电压表，但由于结构相对简单，价格较为便宜，频率范围宽，因此在某些不需要准确测量电压的真实大小，只需要知道电压大小的范围或变化趋势的场合，例如谐振电路调谐时峰值、谷值的观测，此时用模拟式电压表反而更为直观。数字式电压表测量准确度高，测量速度快，输入阻抗大，过载能力强，抗干扰能力和分辨率优于模拟式电压表。

1. 模拟式电压表的分类

1) 按测量功能分类

按测量功能分类，模拟式电压表可分为直流电压表、交流电压表和脉冲电压表。其中脉冲电压表主要用于测量脉冲间隔很长(占空比系数很小)的脉冲信号和单脉冲信号，一般情况下脉冲电压的测量已逐渐被示波器所取代。

2) 按工作频段分类

按工作频段分类，模拟式电压表可分为超低频电压表(低于 10 Hz)、低频电压表(低于 1 MHz)、视频电压表(低于 30 MHz)、高频或射频电压表(低于 300 MHz)和超高频电压表(高于 300 MHz)。

3）按测量电压量级分类

按测量电压量级分类，模拟式电压表可分为电压表和毫伏表。电压表的主量程为 V（伏）量级，毫伏表的主量程为 mV（毫伏）量级。主量程是指不加分压器或外加前置放大器时电压表的量程。

4）按电压测量准确度等级分类

按电压测量准确度等级分类，模拟式电压表可分为 0.05、0.1、0.2、0.5、1.0、1.5、2.5、5.0 和 10.0 等级。

5）按刻度特性分类

按刻度特性分类，模拟式电压表可分为线性刻度、对数刻度、指数刻度和其他非线性刻度。

6）按电路组成形式分类

按电路组成形式分类，模拟式电压表可分为检波-放大式电压表、放大-检波式电压表、外差式电压表三类。

按现行国家标准，模拟电压表的主要技术指标有固有误差、电压范围、频率范围、频率特性误差等共 19 项。

2. 数字式电压表的分类

数字式电压表目前尚无统一的分类标准。一般按测量功能分为直流数字电压表和交流数字电压表。交流数字电压表按其 AC/DC 变换原理分为峰值交流数字电压表、平均值交流数字电压表和有效值交流数字电压表。

数字式电压表的技术指标较多，包括准确度、基本误差、工作误差、分辨力等 30 项指标。

4.1.3 交流电压的表征

交流电压除用具体的函数关系表示其大小随时间变化的规律外，通常还可以用平均值、有效值、峰值等参数来表征。

1. 平均值 $\bar{U}$

平均值是指周期信号的直流分量，所以纯交流电压的平均值为零。为了进一步表示交流电压的大小，交流电压的平均值特指交流电压经过均值检波后波形的平均值，它分为半波平均值 $\bar{U}_{1/2}$ 和全波平均值 $\bar{U}$。

$$
\begin{cases}
\bar{U}_{+1/2} = \dfrac{1}{T}\displaystyle\int_0^{\frac{T}{2}} u(t)\,\mathrm{d}t, & u(t) \geqslant 0,\ 0 \leqslant t < T \\[2mm]
\bar{U}_{-1/2} = \dfrac{1}{T}\displaystyle\int_0^{\frac{T}{2}} u(t)\,\mathrm{d}t, & u(t) \leqslant 0,\ 0 \leqslant t < T \\[2mm]
\bar{U} = \dfrac{1}{T}\displaystyle\int_0^{T} |u(t)|\,\mathrm{d}t, & 0 \leqslant t < T
\end{cases}
\tag{4-1}
$$

式中，$\bar{U}_{+1/2}$、$\bar{U}_{-1/2}$ 分别为正、负半波平均值，$\bar{U}$ 为全波平均值，T 为被测电压的周期。

通常，在无特别注明时，纯交流电压的平均值一般指全波平均值 $\bar{U}$。对于纯交流（正负

半周对称)电压,存在如下关系:

$$\bar{U} = 2\bar{U}_{+\frac{1}{2}} = 2\bar{U}_{-\frac{1}{2}}$$

2. 有效值 U

有效值又称为均方根值。在一个周期内,若交流电压通过某纯电阻负载产生的热量等于一个直流电压在同一个负载上产生的热量时,则该直流电压的数值就是交流电压的有效值,其数学表达式定义为

$$U = \sqrt{\frac{1}{T}\int_0^T u^2(t)\,\mathrm{d}t} \qquad (4-2)$$

有效值能直接反映交流信号能量的大小。若无特别说明,交流电压值均指有效值。

3. 峰值 U_P

交流电压的峰值是指交流电压在一个周期内(或一段时间内)以零电平为参考基准的最大瞬时值,记为 U_P,分为正峰值 U_{P+} 和负峰值 U_{P-}。经常用到的交流电压表征量还有峰-峰值 U_{P-P}。

一般情况下,正峰值 U_{P+} 和负峰值 U_{P-} 并不相等,峰值与振幅值 U_m 也不相等,这是因为振幅值是以电压波形的直流成分为参考基准的最大瞬时值,如图 4-1 所示。

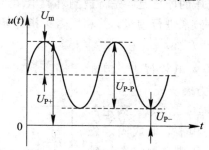

图 4-1 交流电压的峰值及振幅值

4.1.4 交流电压各表征量之间的关系

交流电压的量值可用平均值、峰值和有效值等多种形式来表示。采用的表示形式不同,其数值也不相同。但是平均值、峰值和有效值所反映的是同一个被测量,这些数值之间可以相互转换。

1. 波形因数 K_F

交流电压的有效值 U 与平均值 $\bar{U}$ 之比称为波形因数 K_F,即 $K_F = \dfrac{U}{\bar{U}}$。

2. 波峰因数 K_P

交流电压的峰值 U_P 与有效值 U 之比称为波峰因数 K_P,即 $K_P = \dfrac{U_P}{U}$。

信号的波形不同,相应的波形因数 K_F、波峰因数 K_P 也不同,几种常见的交流电压波形的波形因数、波峰因数列于表 4-1 中。

表 4 - 1　几种典型的交流电压波形的参数

序号	波形	峰值	平均值	有效值	波形因数	波峰因数
1	正弦波	U_P	$\dfrac{2}{\pi}U_P$	$\dfrac{U_P}{\sqrt{2}}$	1.11	$\sqrt{2}\approx1.414$
2	半波整流	U_P	$\dfrac{1}{\pi}U_P$	$\dfrac{U_P}{\sqrt{2}}$	1.57	2
3	全波整流	U_P	$\dfrac{2}{\pi}U_P$	$\dfrac{U_P}{\sqrt{2}}$	1.11	$\sqrt{2}\approx1.414$
4	三角波	U_P	$\dfrac{U_P}{2}$	$\dfrac{U_P}{\sqrt{2}}$	1.15	$\sqrt{3}\approx1.732$
5	方波	U_P	U_P	U_P	1	1

4.2　模拟式电压表

4.2.1　动圈式电压表

模拟直流电压表测量电压的原理是：先将被测直流电压变换成直流电流，再利用测量机构(通常是模拟直流电流表)来进行测量，并利用表头指针显示电压测量值。

1. 模拟直流电流表

模拟直流电流表多数为磁电式仪表，因此通常称为磁电式表头(或称为表头)。它由固定部分和活动部分构成，如图 4 - 2 所示。固定部分由永久磁铁、极靴和铁心构成，形成固定磁路；活动部分由带铝框架的线圈、固定在转轴上的指针以及游丝等构成，活动部分在磁场力产生的转动力矩作用下转动并显示测量值。

当有直流电流流过线圈时，线圈就会产生磁场，与永久磁铁磁场作用产生转动力矩，这个转动力矩使线圈转动，并稳定在与反作用力矩(游丝变形产生)相平衡的位置上，此时指针

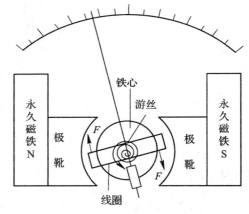

图 4 - 2　磁电式表头的结构

的偏转角 α 与通过线圈的直流电流 I 的大小成正比，数学表达式为

$$\alpha=\frac{\psi_0}{N}I=S_1I \qquad (4-3)$$

式中，ψ_0 为线圈转动单位角度时穿过它的磁链；N 为游丝的反作用力矩系数；S_1 是 ψ_0 与 N 的比值，称为电流灵敏度，是由内部结构决定的常数。

此外，线圈的铝框架在磁场中运动会产生阻尼力矩，该力矩的大小与线圈转动速度成正比，方向与转动力矩相反，能保证指针较快地稳定在平衡位置。

2. 单量程电压表

单量程磁电式电压表由磁电式表头串联分压电阻 R_V 构成，如图 4 - 3 所示。图中 U 为

被测电压，I'_g 为通过表头的电流，U'_g 为表头两端的电压，R_g 为表头的内阻。

根据图 4 - 3 可得

$$I'_g = \frac{U'_g}{R_g} = \frac{U}{R_g + R_V} \qquad (4-4)$$

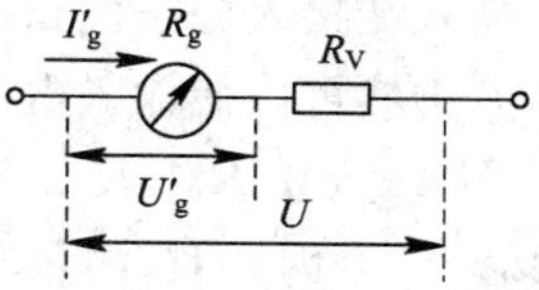

则表头指针偏转角为

$$\alpha = S_I I'_g = \frac{S_I}{R_g} U'_g = S_U U'_g = \frac{S_U R_g}{R_g + R_V} U \qquad (4-5)$$

图 4 - 3 单量程电压表的结构

式(4 - 5)说明了电压表测量电压的原理，当 R_g 和 R_V 一定时，电压表指针的偏转与被测电压成正比，因此指针的指示值能反映被测电压的大小。在该式中，S_I 与 R_g 的比值称为电压灵敏度 S_U。

当被测电压 U 达到电压表的量程最大值 U_m 时，通过表头的电流 I'_g 为满偏电流 I_g，而表头两端的电压 U'_g 即为满偏电压 U_g，此时有

$$U_g = \frac{R_g}{R_g + R_V} U_m \qquad (4-6)$$

则电压量程的扩大倍数 m 为

$$m = \frac{U_m}{U_g} = \frac{R_g + R_V}{R_g} \qquad (4-7)$$

根据式(4 - 7)，可得分压电阻为

$$R_V = (m-1) R_g \qquad (4-8)$$

从式(4 - 8)看出，量程越大的电压表，其分压电阻也越大，因此可通过增大分压电阻的阻值来扩大电压表的量程。

由于电压表指针的偏转与被测直流电压成正比关系，因此电压表的标尺刻度是均匀的。

3. 多量程电压表

多量程直流电压表采用多个分压电阻和表头串联构成。图 4 - 4 为三量程的直流电压表的电路结构，图中 R_{V1}、R_{V2}、R_{V3} 分别为不同量程的分压电阻。

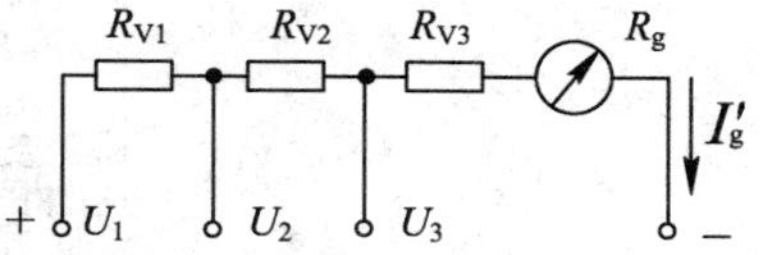

图 4 - 4 多量程电压表的电路结构

根据图 4 - 4 所示，要得到图中所示的三个量程，各分压电阻可由下式计算：

$$\begin{cases} R_{V1} = \dfrac{U_1 - U_2}{I'_g} \\[2mm] R_{V2} = \dfrac{U_2 - U_3}{I'_g} \\[2mm] R_{V2} = \dfrac{U_3}{I'_g} - R_g \end{cases} \qquad (4-9)$$

4.2.2 电子电压表

1. 电子电压表的原理

电子电压表中，通常使用高输入阻抗的场效应管(FET)源极跟随器或真空三极管阴极

跟随器以提高电压表输入阻抗,后接放大器以提高电压表灵敏度。当需要测量高直流电压时,输入端接入分压电路。分压电路的接入将使输入电阻有所降低,但只要分压电阻取值较大,仍然可以使输入电阻较动圈式电压表大得多。

图 4-5 中 R_0、R_1、R_2、R_3 组成分压器。由于 FET 源极跟随器输入电阻很大(几百 $M\Omega$ 以上),因此 U_x 测量端的输入电阻基本上由 R_0、R_1 等串联电阻决定,通常使它们的串联电阻之和大于 10 $M\Omega$,以满足高输入阻抗的要求。同时,在这种结构下,电压表的输入阻抗基本上是一个常量,与量程无关。

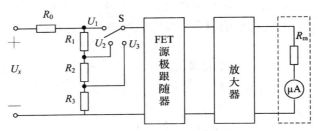

图 4-5 电子电压表框图

图 4-6 是 MF-65 集成运放电压表的原理图。当运放开环放大系数 A 足够大时,可以认为 $\Delta U \approx 0$(虚短路),$I_i \approx 0$(虚断路),因而有

$$U_F \approx U_i \tag{4-10}$$

$$I_F \approx I_o \tag{4-11}$$

所以

$$I_o \approx I_F \approx \frac{U_F}{R_F} \approx \frac{U_i}{R_F} \tag{4-12}$$

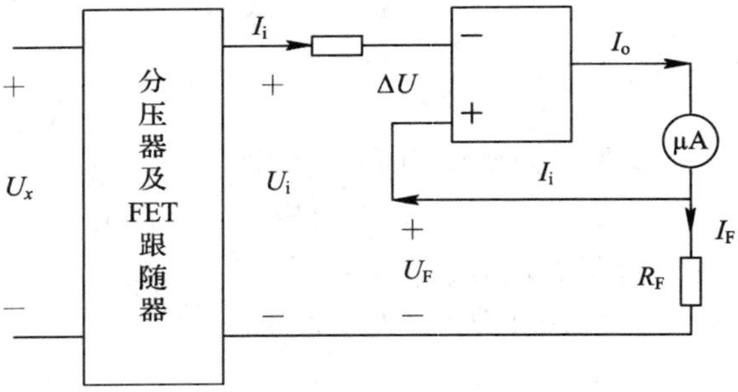

图 4-6 集成运放电压表的原理图

分压器和电压跟随器的作用使 U_i 正比于待测电压 U_x,即

$$U_i = kU_x \tag{4-13}$$

因而

$$I_o = \frac{k}{R_F} \cdot U_x \tag{4-14}$$

即流过电流表的电流 I_o 与被测电压成正比,只要分压系数和 R_F 足够精确和稳定,就可以获得良好的准确度。因此,各分压电阻及反馈电阻 R_F 都要使用精密电阻。

2. 调制式直流放大器

在上述使用直流放大器的电子电压表中,直流放大器的零点漂移限制了电压表灵敏度的提高，为此，电子电压表中常采用调制式放大器代替直流放大器以抑制漂移，这可使电子电压表测量微伏量级的电压。调制式直流放大器的原理图如图 4-7 所示。图中，微弱的直流电压信号经调制器（又称斩波器）变换为交流信号，再由交流放大器放大，经解调器还原为直流信号（幅度已得到放大）。振荡器为调制器和解调器提供固定频率的同步控制信号。

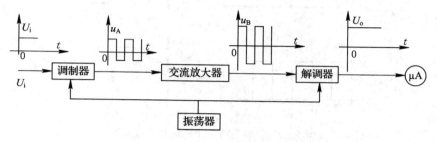

图 4-7　调制式直流放大器的原理图

调制器和解调器实质上是一对同步开关，开关控制信号由振荡器提供。调制器的工作原理及各点波形如图 4-8 所示。图(a)中，S_M 为机械式振子开关或场效应管电子开关；R 为限流电阻，以防信号源被短路；C 为隔直流电容；R_i 为交流放大器等效输入电阻。图(d)中，U_i 为输入直流信号，在 $0 \sim T/2$ 区间，S_M 打开，如图(b)所示，此时 $u_M = U_i$，在 $T/2 \sim T$ 区间，S_M 闭合，如图(c)所示，此时 $u_M = 0$，如此交替，获得如图(e)所示的 u_M 波形，经电容 C 滤除直流成分，得到如图(f)所示的交流信号 u_A，由交流放大器进行放大。

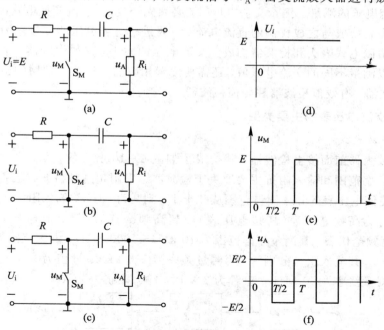

图 4-8　调制器的工作原理及各点波形

解调器的工作原理和各点波形如图 4-9 所示。图(a)中，S_D 是与调制器中 S_M 同步动作的机械式振子开关或场效应管电子开关；C 为隔直流电容，正是由于它的隔直流作用，使放大器的零点漂移被阻断，不会传输到后面的直流电压表表头；R 为限流电阻；R_F、C_F 构成滤波器，滤波后得到放大的直流信号。解调器中各点波形如图 4 - 8(b)、(c)、(d)所示。

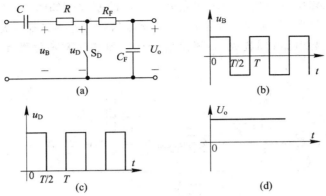

图 4 - 9　解调器的工作原理和各点波形

图 4 - 7 中的交流放大器一般采用选频放大器，只对与图中振荡器同频率的信号进行放大而抑制其他频率的噪声和干扰。在实际直流电子电压表中，还采用了其他措施以提高性能，例如在解调器输出端和调制器输入端间增加负反馈网络以提高整机稳定性等。

4.2.3　模拟交流电压表

1. 交流电压测量的原理

严格来说电信号大都是随时间而变化的，对这些不断发生变化的电信号的幅度值的测量，即为交流电压的测量。测量交流电压时，必须先经过交/直流变换电路即检波器，将被测交流电压先转换成与之成比例的直流电流后，再进行直流电压的测量。因此模拟式交流电压表通常由磁电式表头和检波器构成。交流电压的大小，一般由峰值、平均值和有效值来表征。所以测量不同的交流电压值，还需要配置相应的检波器。常用的检波器主要有三种：均值检波器、有效值检波器和峰值检波器。

2. 模拟交流电压表的主要类型

1) 检波-放大式

在直流放大器前面接上检波器，就构成了如图 4 - 10 所示的检波-放大式电压表。这种电压表的频率范围和输入阻抗主要取决于检波器。采用超高频检波二极管并设计电表结构工艺，可使该电压表的频率测量范围从几十 Hz 到几百 MHz，输入阻抗也较大。一般将这种电压表称为高频毫伏表(高频电压表)或超高频毫伏表(超高频电压表)。例如国产 DA36 型超高频毫伏表，其测量频率范围为 10 kHz～1000 MHz，电压范围为 1 mV～10 V (不加分压器)。其输入阻抗分别为：当测量频率为 100 kHz、量程为 3 V 时，输入阻抗＞ 100 kΩ；当测量频率为 50 MHz、量程为 3 V 时，输入阻抗＞50 kΩ，输入电容＜2 pF。

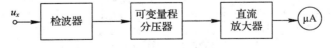

图 4 - 10　检波-放大式电压表框图

2) 放大-检波式

当被测电压过低时，直接进行检波误差会显著增大。为了提高交流电压表的测量灵敏度，可先将被测电压进行放大，然后再检波和推动直流电表显示，因此构成如图 4-11 所示的放大-检波式电压表。这种电压表的频率范围主要取决于宽带交流放大器，灵敏度受到放大器内部噪声的限制。通常频率范围为 20 Hz～10 MHz，因此也称这种电压表为"视频毫伏表"，多用在低频、视频场合。例如 S401 视频毫伏表，其频率范围为 20 Hz～10 MHz；测量电压范围为 100 μV～1 V；输入阻抗≥1 MΩ，输入电容≤20 pF。

图 4-11　放大-检波式电压表框图

3) 调制式

前面分析直流电压表时即已说明，为了减小直流放大器的零点漂移对测量结果的影响，可采用调制式放大器替代一般的直流放大器，如图 4-12 所示的调制式电压表。实际上，这种方式仍属于检波-放大式。DA36 型超高频毫伏表就采用了这种方式，其中放大器是由固体斩波器和振荡器构成的调制式直流放大器。

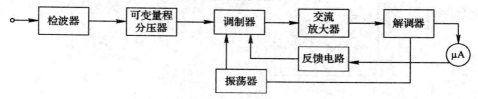

图 4-12　调制式电压表框图

4) 外差式

检波二极管的非线性限制了检波-放大式电压表的灵敏度，虽然其频率范围较宽，但测量灵敏度一般仅达到 mV 级。对于放大-检波式电压表，由于受到放大器增益与带宽矛盾的限制，虽然灵敏度可以提高，但频率范围较窄，一般在 10 MHz 以下。同时用这两种方式测量电压时，都会由于干扰和噪声的影响而妨碍了灵敏度的提高。外差式电压测量法在相当大的程度上解决了上述矛盾。其原理框图如图 4-13 所示。

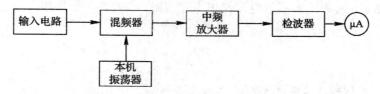

图 4-13　外差式电压表框图

输入电路中包括输入衰减器和高频放大器，衰减器用于大电压测量，高频放大器带宽很宽，但不要求有很高的增益，被测电压的放大主要由后面的中频放大器完成。被测信号经输入电路，与本振信号一起进入混频器转变成频率固定的中频信号，经中频放大器放大后进入检波器转变成直流电压来推动表头显示。

由于中频放大器具有良好的频率选择性和固定的中频频率，从而解决了放大器增益带宽的矛盾，又因为中频放大器具有极窄的带通滤波特性，因而可以在实现高增益的同时，有效地削弱干扰和噪声(二者都具有很宽的带宽)的影响,使测量灵敏度提高到 μV 级,因此称为"高频微伏表"。典型的外差式电压表如 DW-1 型高频微伏表的最小量程为 15 μV,最大量程为 15 mV(加衰减器可扩展到 1.5 V),频率范围从 100 kHz 到 300 MHz,分 8 个频段,基本误差为 $\pm 3\%$。

3. 检波器

1) 均值检波器

均值检波器常用于放大-检波式电子电压表中,对放大后的交流电压进行检波,使检波后的直流电流正比于输入交流电压的平均值。常用的均值检波器电路如图 4-14 所示,其中图 4-14(a)为桥式电路,图 4-14(b)中使用两只电阻代替图 4-14(a)中的两只二极管,称为半桥式电路。图中并联在表头两端的电容用于滤除检波器输出电流中的交流成分,防止表头指针抖动,并避免脉动电流在表头内阻上的热损耗。

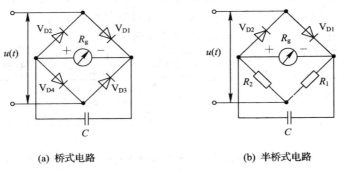

(a) 桥式电路   (b) 半桥式电路

图 4-14 均值检波器电路

放大后的交流电压 $u(t)$ 加到检波电路的输入端,在电压信号的正半周,二极管 V_{D1} 和 V_{D4} 导通,正半周通过表头的平均电流为

$$\overline{I}_{正} = \frac{1}{T}\int_0^{\frac{T}{2}} \frac{|u(t)|}{2R_d + R_g}dt = \frac{\overline{U}}{4R_d + 2R_g} \qquad (4-15)$$

式中,R_d 为二极管的正向电阻,R_g 为磁电式表头内阻。同理在电压信号的负半周,二极管 V_{D2} 和 V_{D3} 导通,通过表头的平均电流与正半周相同,因此在一个周期内通过表头的平均电流为

$$\overline{I} = \overline{I}_{正} + \overline{I}_{负} = \frac{\overline{U}}{2R_d + R_g} \qquad (4-16)$$

由式(4-16)可看出,通过表头的平均电流与输入电压的平均值成正比。而磁电式表头指针的偏转又与平均电流成正比,因此表头指针的偏转大小能反映输入电压平均值的大小,它与输入电压的平均值成正比关系。

2) 有效值检波器

有效值电压表中的检波器根据获取有效值的方法不同,可分为二极管平方律检波器、热电转换式检波器和电子真有效值检波器。

(1) 二极管平方律检波器。

真空或半导体二极管在其正向特性的起始部分,具有近似的平方律关系,如图 4-15 所示。

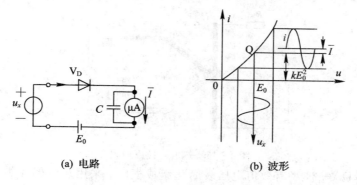

(a) 电路 (b) 波形

图 4-15 二极管的平方律特性

图中 E_0 为偏置电压，当信号电压 u_x 较小时，有

$$i = k\left[E_0 + u_x(t)\right]^2 \tag{4-17}$$

式中，k 是与二极管特性有关的系数（称为检波系数）。由于电容 C 的积分（滤波）作用，流过微安表的电流正比于 i 的平均值 $\bar{I}$，$\bar{I}$ 等于

$$\bar{I} = \frac{1}{T}\int_0^T i(t)\,\mathrm{d}t$$

$$= kE_0^2 + 2kE_0\left[\frac{1}{T}\int_0^T u_x(t)\,\mathrm{d}t\right] + k\left[\frac{1}{T}\int_0^T u_x^2(t)\,\mathrm{d}t\right]$$

$$= kE_0^2 + 2kE_0\bar{U}_x + kU_{\mathrm{rms}}^2 \tag{4-18}$$

式中，kE_0^2 是静态工作电流，可以设法将其抵消；$\bar{U}_x$ 为 $u_x(t)$ 的平均值，对于正弦波等周期对称电压，$\bar{U}_x=0$；U_{rms} 是 $u_x(t)$ 的有效值 U。这样流经微安表的电流为 $\bar{I}=kU_{\mathrm{rms}}^2$，从而实现了有效值转换。

这种转换器的优点是结构简单，灵敏度高。缺点是满足平方律特性的区域（即有效值检波的动态范围）过窄，特性不易控制且不稳定，所以逐渐被晶体二极管链式网络组成的分段逼近式有效值检波器所替代，但是这种方法必须使用较多的元件，电路较为复杂。

（2）热电转换式检波器。

热电转换式电压表是实现有效值电压测量的一种重要方法。它利用具有热电变换功能的热电偶来实现有效值变换。

图 4-16 中 AB 为不易熔化的金属丝，称加热丝，M 为热电偶，它由两种不同材料的导体连接而成，其交界面与加热丝耦合，故称"热端"，而 D、E 为"冷端"。当加入被测电压 u_x 时，热电偶的热端 C 温度将高于冷端 D、E，于是在热电偶回路中产生热电动势，故有直流电流流过微安表。该电流正比于热电动势。因为热端温度正比于被测电压有效值 U_x 的平方，热电动势正比于热、冷端的温度差，因而通过电流表的电流 I 将正比于 U_x^2。这就完成了被测交流电压有效值到热电偶电路中直流电流之间的变换，从广义上来讲，也就完成了有效值检波。

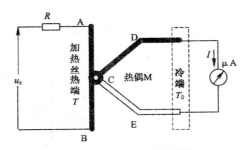

图 4-16　热电转换原理图

图 4-17 是 DA-24 型有效值电压表简化组成框图，采用热电偶作为 AC/DC 变换元件。其中 M_1 为测量热电偶，M_2 为平衡热电偶。被测电压 $u_x(t)$ 经宽带放大器放大后加到测量热电偶 M_1 的加热丝上，经热电变换的热电动势 E_x 正比于被测电压有效值 U_x 的平方，即 $E_x=K(A_1U_x)^2$，其中 A_1 为宽带放大器电压放大倍数，K 为热电偶转换系数。

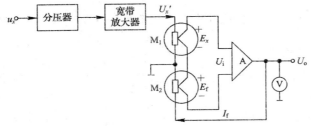

图 4-17　热电式有效值电压表原理框图

平衡热电偶 M_2 和 M_1 的性能相同，其作用有二：一是使表头刻度线性化，二是提高热稳定性。在被测电压经放大后加到 M_1 的同时，经直流放大器放大后的输出电压也加到平衡热电偶 M_2 上，产生热电动势 $E_f=KU_o^2$。当直流放大器的增益足够高且电路达到平衡时，其输入电压 $U_i=E_x-E_f\approx0$，即 $E_x=E_f$，所以 $U_o=A_1U_x$。由此可知，若两个热电偶特性相同，则通过图示电压负反馈系统，输出电流正比于 $u_x(t)$ 的有效值 U_x，所示表头示值与输入呈线性关系。

这种仪表的灵敏度及频率范围取决于宽带放大器的带宽及增益，表头刻度线性，基本没有波形误差。其主要缺点是有热惯性，使用时需等指针偏转稳定后才能读数，而且过载能力差、容易烧坏，使用时应注意。

（3）电子真有效值检波器。

电子真有效值检波器是电子电压表中使用最为广泛的一种检波器。它利用模拟计算电路来实现电压有效值的测量，其原理示意图如图 4-18 所示。

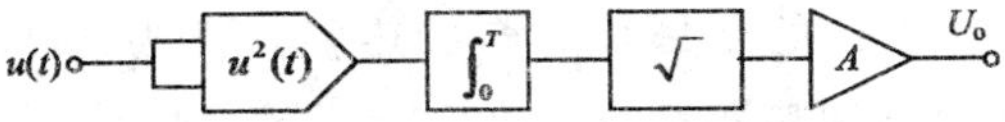

$$u(t)\circ\!\!-\boxed{}-\boxed{u^2(t)}-\boxed{\int_0^T}-\boxed{\sqrt{}}-\boxed{A}-\!\!\circ\ U_o$$

图 4-18　电子真有效值检波器原理

输入交流电压 $u(t)$ 经集成乘法器变换为 $u^2(t)$，再经积分器实现积分平均的功能，即 $U'=\dfrac{1}{T}\displaystyle\int_0^T u^2(t)\mathrm{d}t$，最后利用开方器实现开方运算得到交流电压的有效值，即 $U=\sqrt{\dfrac{1}{T}\displaystyle\int_0^T u^2(t)\mathrm{d}t}$。

3) 峰值检波器

测量高频电压一般不用均值电压表和有效值电压表，原因是检波器在测量时导通时间较长，因而其输入阻抗较低。为了使不因电压表的接入而对被测电路产生较大影响，在检波前要加入跟随器进行隔离。测量高频电压时，由于放大器的带宽限制，会产生较大的频率误差。为了避免这种情况，常采用检波-放大式电压表来测量高频电压，将被测交流信号首先通过探极检波，使其变成直流电压，然后再放大。这种电压表多为峰值电压表，其检波器为峰值检波器。利用峰值检波器对交流电压进行检波，检波后的直流电压与输入交流电压的峰值成正比。

对于任意波形的周期性交流电压，在所观察的时间或一个周期内其电压所能达到的最大值即称为峰值，用 U_P 表示。对于纯交流电压信号，峰值就等于其振幅值 U_m。峰值检波器电路如图 4 - 19 所示。经峰值检波后的波形如图 4 - 20 所示。

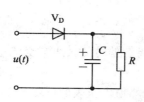

图 4 - 19　峰值检波电路

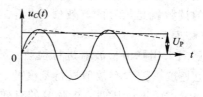

图 4 - 20　峰值检波后的波形

要使峰值检波器实现峰值检波，且检波后的直流电压与交流电压的峰值成正比，必须做到充电快而放电慢，即应满足

$$T \gg R_d C \text{ 且 } T \ll RC \tag{4-19}$$

式中，T 为输入交流电压的周期，$R_d C$ 为充电时间常数，RC 为放电时间常数，R_d 为二极管 V_D 的正向电阻。

当交流电压 $u(t)$ 为正半周时，二极管 V_D 导通，交流电压通过二极管对电容 C 充电，由于充电时间常数 $R_d C$ 小，电容电压 $u_C(t)$ 迅速上升，达到电压 $u(t)$ 的峰值 U_P；当交流电压 $u(t)$ 为负半周时，二极管 V_D 截止，电容电压 $u_C(t)$ 通过电阻进行放电，由于放电时间常数 RC 很大，因此放电很慢，电容电压 $u_C(t)$ 下降很小，可认为其基本维持在输入交流电压的峰值 U_P 处，即 $U_R = \bar{U}_C \approx U_P$。

4. 模拟交流电压表的刻度特性

模拟交流电压表根据所使用的检波器不同，可分为均值电压表、有效值电压表和峰值电压表。

1) 均值电压表

均值电压表采用均值检波器进行检波，表头指针的偏转大小与交流电压的平均值成正比，但其标尺是按正弦波有效值进行刻度的。

(1) 当测量正弦波电压时，正弦波的有效值 $U_\sim$ 等于均值电压表的读数值 U_α。

(2) 当测量非正弦波电压时，均值电压表的读数无明确的物理意义，说明非正弦波电压平均值与对应定度的正弦波电压平均值相等，即"平均值相等原则"。有如下关系：

$$\begin{cases} \overline{U}_N = \overline{U}_\sim = \overline{U}_\sim / K_{F\sim} = 0.9U_\alpha \\ U_N = K_{FN}\overline{U}_N \\ U_{PN} = K_{PN}U_N \\ K_\alpha = \dfrac{U_\alpha}{\overline{U}_\sim} = 1.11 \end{cases} \tag{4-20}$$

式中，$K_\alpha = 1.11$ 为均值电压表的定度系数，反映的是电压表实际响应值 $\overline{U}_\sim$ 与读数值 U_α 之间的关系；$\overline{U}_\sim$ 为正弦波平均值；$\overline{U}_N$、U_N、K_{FN} 和 K_{PN} 分别为非正弦波的平均值、有效值、波形因数和波峰因数。常见波形的波形因数、波峰因数的大小可以查阅表 4-1。

2）有效值电压表

有效值电压表采用有效值检波器进行检波，表头指针的偏转大小反映交流电压的有效值大小。利用有效值电压表测量交流电压，不管是正弦电压信号还是非正弦电压信号，表头指针指示的读数就是信号的有效值。

3）峰值电压表

峰值电压表采用峰值检波器进行检波，虽然其表头指针偏转的大小与交流电压的峰值成正比，但也是按正弦波有效值进行刻度的。

（1）当测量正弦波电压时，正弦波的有效值 $U_\sim$ 等于峰值电压表的读数值 U_α。

（2）当测量非正弦波电压时，电压表的读数无明确的物理意义，只说明非正弦波电压峰值与对应定度的正弦波电压峰值相等，即"峰值相等原则"。有如下关系：

$$\begin{cases} U_{PN} = U_{P\sim} = \sqrt{2}U_\alpha \\ U_N = \dfrac{U_{PN}}{K_{PN}} \\ \overline{U}_N = \dfrac{U_N}{K_{FN}} \\ K_\alpha = \dfrac{U_\alpha}{U_{P\sim}} = \dfrac{\sqrt{2}}{2} \approx 0.707 \end{cases} \tag{4-21}$$

式中，$K_\alpha = 0.707$ 为峰值电压表的定度系数。

利用这三种不同检波方式的电压表对交流电压信号进行测量，只要测得信号的有效值、平均值、峰值三者之一，就可通过信号的波形因数 K_F 和波峰因数 K_P 计算出信号的其余电压表征量。

例 4-1 用均值电压表测方波电压，表头读数为 20 V，试求被测电压的平均值、有效值和峰值。

解：利用均值电压表测量方波电压，根据表头读数可得方波的平均值为

$$\overline{U}_N = 0.9U_\alpha = 0.9 \times 20 = 18（V）$$

利用方波的波形因数，可得方波的有效值为

$$U_N = K_{FN}\overline{U}_N = 1 \times 18 = 18（V）$$

利用方波的波峰因数，可得方波的峰值为

$$U_{PN} = K_{PN}U_N = 1 \times 18 = 18（V）$$

例 4-2 用峰值电压表测三角波电压，表头读数为 100 V，试求被测电压的峰值、有

效值和平均值。

解　利用峰值电压表测量三角波电压，根据表头读数可得三角波的峰值为

$$U_{P\Delta} = \sqrt{2} U_\alpha = \sqrt{2} \times 100 = 141.4 (V)$$

利用三角波的波峰因数，可得三角波的有效值为

$$U_\Delta = \frac{U_{P\Delta}}{K_{P\Delta}} = \frac{141.4}{\sqrt{3}} = 81.6 (V)$$

利用三角波的波形因数，可得三角波的平均值为

$$\bar{U}_\Delta = \frac{U_\Delta}{K_{F\Delta}} = \frac{81.6}{2/\sqrt{3}} = 70.7 (V)$$

4.2.4　模拟式电压表的使用

下面以 YB2173 型交流毫伏表为例，介绍模拟式电压表的使用。

1. 面板介绍

YB2173 型交流毫伏表的面板如图 4-21 所示。

（1）显示窗口。黑、红色指针分别指示 CH1、CH2 输入信号的交流有效值。

（2）量程旋钮。左边为 CH1 量程旋钮，右边为 CH2 量程旋钮。

（3）方式开关（MODE）。弹起时，CH1 和 CH2 量程旋钮同时控制 CH1 和 CH2 量程。

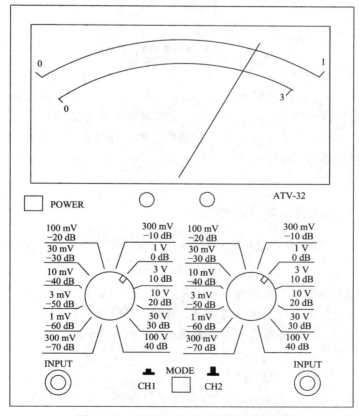

图 4-21　YB2173 型交流毫伏表的面板

2. 操作方法

(1) 将电压表水平放置在桌面上，检查电源电压，将电源线插入交流插孔。在未接通电源时模拟式电压表应进行机械调零，即调节表头上的机械零位调整器，使表指针对准零位。量程旋钮应在最大量程处。然后接通电源，预热几分钟再进行电气调零，即使两根输入表笔短路，调节电气零位调整旋钮，使表针对准零位。使用过程中，当变换量程后还需重新调零。

(2) 打开电源，将输入信号由输入端口(INPUT)送入电压表。输入信号时应注意信号的极性，先将地线(低电位线)连通，再接高电位线。否则，当手触及输入端子时，交流电通过电压表与人体构成通路，易打坏表针。有些电压的输入端采用同轴电缆，电缆的外层为接地线。为安全起见，在测量 mV 级电压量程时，接线前最好先将量程开关置于低灵敏度挡(即伏特挡)，接线完毕后再将量程开关置于所需量程，为避免外部环境的干扰，测量导线尽可能短，最好选用屏蔽线。

(3) 选择量程。凡是多量程电压表在使用时都有一个选择合适量程的问题。所谓"合适"是指测量时表针指在满度的 2/3(至少 1/3)以上。当被测电压的范围不知道时，应将量程开关放到量程最大的挡上，逐渐降低量程直至合适为止，以免打坏表针。

(4) 根据指针位置和量程挡位读数，记下电压值。

(5) 测量完毕，拆除连线。应先拆除高电位线，再拆除低电位线，最后将量程旋钮置于最大量程处。

4.3　数字式电压表

数字式电压表(简称 DVM)用于电压的数字测量，是数字化仪表的基础与核心。由于其精度高、可靠性好以及显示清晰、直观，在实际测量中已逐渐取代了模拟式电压表，现在数字式电压表已成为电子测量领域中应用最广泛的一种仪表。智能化的数字式电压表均带有微处理器，通常采用 GPIB 或 RS232 标准接口，能与计算机交换信息，是自动化测量系统的一个重要组成部分。

4.3.1　数字式电压表的主要技术指标

数字式电压表(也称为数字电压表)通常采用下面几项技术指标来对其特性进行表征。

1. 精度

数字式电压表的精度用其最大允许误差来表示，包括基本误差和附加误差。基本误差表示数字式电压表在标准条件下测量的误差，通常以绝对误差形式表示。

对于数字式电压表，常用的基本误差的表示方法有两种，即

$$\Delta U = \pm \alpha \% U_x \pm \beta \% U_m \qquad (4-22)$$

$$\Delta U = \pm \alpha \% U_x \pm n \text{ 个字} \qquad (4-23)$$

式中，α、β 为系数，U_x 为被测电压值，U_m 为测量所选取量程的满度值，$\alpha \% U_x$ 为读数误差，$\beta \% U_m$ 为满度误差。

从上面基本误差的表示方法可以看出，数字式电压表的基本误差由读数误差和满度误差两部分构成。读数误差与被测电压值有关；满度误差与被测电压值无关，只与所选取的量程有关。当量程选定后，显示结果末位 1 个字所代表的电压值也就一定，因此满度误差通常用正负几个字表示。

例 4 - 3　DS - 26A 直流 DVM 的基本量程 8V 挡的固有误差为 $\pm 0.02\% U_x \pm 0.005\%$ U_m，最大显示为 79999，问满度误差相当于几个字？

解　满度误差为

$$\Delta U_{Fs} = \pm 0.005\% \times 8 = \pm 0.0004 \text{（V）}$$

该量程每个字所代表的电压值为

$$U_e = \frac{8}{79999} = 0.0001 \text{（V）}$$

所以 8 V 挡上的满度误差 $\pm 0.005\% U_m$ 也可以用 ± 4 个字表示。

2. 测量范围

对于模拟式电压表，利用其量程就可以表征电压的测量范围。但是，对数字式电压表来说，需要用量程、显示位数和超量程能力三项指标才能较全面地反映它的测量范围。

1）量程

数字式电压表的量程包括基本量程和扩展量程。基本量程是指所采用的模数转换器 A/D 的电压范围。扩展量程是以基本量程为基础，借助于步进分压器和前置放大器向两端扩展而得到的多个量程。例如，DS - 14 型数字电压表有 0.5 V、5 V、50 V 和 500 V 四个量程，其中 5 V 为基本量程。除手动转换量程外，有的数字式电压表还能自动转换量程。

2）显示位数

数字式电压表的测量结果以多位十进制数直接进行显示，因此，数字式电压表的显示位数可用整数或带分数表示。其中整数或带分数的整数部分是指数字电压表完整显示位（能显示 0～9 所有数字的位）的位数；带分数的分数位说明在数字电压表的首位还存在一个非完整显示位，其中分子表示首位能显示的最大十进制数。例如，3 位的数字电压表表明其完整显示位有 3 位，最大显示值为 999；$3\frac{1}{3}$ 位数字电压表表示其除了有 3 位完整显示位外，在首位还有一位非完整显示位（半位），首位最大只能显示 1，因此该数字电压表的最大显示值为 1999；$3\frac{3}{4}$ 位的数字电压表的最大显示值为 3999，其中 $\frac{3}{4}$ 位表示该数字电压表的首位最大显示为 3。

3）超量程能力

超量程能力是数字电压表的一个重要特性指标，它反映了数字电压表的基本量程和最大显示值之间的关系。若在基本量程挡，数字电压表的最大显示值大于其量程，则称该数字电压表具有超量程能力。

例如，某 $3\frac{1}{2}$ 位数字电压表的基本量程为 1 V，则可断定该电压表具有超量程能力。

因为在基本量程 1 V 挡上,它的最大显示值为 1.999 V,大于量程 1 V。而对于基本量程为 2 V 的 $3\frac{1}{2}$ 位数字电压表,它就不具备超量程能力,因为在基本量程 2 V 挡上,它的最大显示是 1.999 V,没有超过量程。

具有超量程能力的数字电压表,当被测电压超过其量程满度值时,显示的测量结果的精度和分辨力不会降低。

3. 分辨力

数字电压表的分辨力是指数字电压表能够显示的被测电压的最小变化值,即在最小量程时,数字电压表显示值的末位跳变 1 个字所需要的最小输入电压值。例如,SX1842 型 $4\frac{1}{2}$ 位数字电压表,最小量程为 20 mV,最大显示数为 19999,所以其分辨力为 20 mV/ 19999,即 1 μV。

数字电压表的分辨力随显示位数的增加而提高,反映出仪表灵敏度的高低。

4. 输入阻抗

数字电压表的输入阻抗通常很高,在进行测量时从被测系统吸取的电流极小,可大大减小对被测系统工作状态的影响。

在直流测量时,数字电压表的输入阻抗用输入电阻 R_i 表示。量程不同,其 R_i 也不同,一般在 10 ~ 10 000 MΩ 之间,最高可达 10^6 MΩ。

在交流测量时,数字电压表的输入阻抗用输入电阻 R_i 和输入电容 C_i 的并联值表示,电容 C_i 通常在几十至几百皮法之间。

5. 测量速率

测量速率是指数字电压表每秒钟对被测电压测量的次数。测量速率的快慢主要取决于数字电压表所使用的 A/D 转换器的转换速率。积分型数字电压表的测量速率较低,一般在几次/秒至几百次/秒,而逐次逼近型数字电压表的测量速率较高,最高可达每秒一百多次。

6. 抗干扰特性

抗干扰作用在仪器输入端的方式分为串模干扰和共模干扰。一般串模干扰抑制比可达 50~90 dB,共模干扰抑制比可达 80~150 dB。

4.3.2 数字式电压表的组成

数字式电压表的组成如图 4-22 所示,主要由模拟电路部分和数字电路部分组成。其中模拟电路部分包括输入电路和 A/D 转换器。输入电路中包括阻抗变换器、放大器和量程转换器等。A/D 转换器是数字电压表的核心,完成模拟量到数字量的转换。电压表的技术指标如准确度、分辨率等主要取决于这一部分电路。数字电路部分完成逻辑控制、译码(将二进制数字转换成十进制数字)和显示功能。

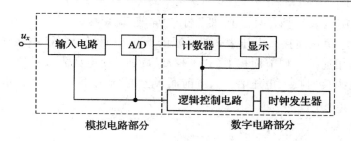

图 4 - 22　数字式电压表的组成

4.3.3　数字式电压表的分类

数字式电压表的类型比较多，一般可分为以下几种。

（1）按用途可分为直流数字电压表、交流数字电压表和数字式多用表。

（2）按 A/D 转换器的原理可分为比较型、积分型和复合型。

比较型 A/D 转换器采用将输入模拟电压与离散标准电压相比较的方法，典型的是具有闭环反馈系统的逐次比较式。

积分型 A/D 转换器是一种间接转换形式。它对输入模拟电压进行积分并转换成中间量时间 T 或频率 f，再通过计数器等将中间量转换成数字量。

比较型和积分型是 A/D 转换器的基本类型。由比较型 A/D 转换器构成的 DVM 测量速度快，电路比较简单，但抗干扰能力差。由积分型 A/D 转换器构成的 DVM 的突出优点是抗干扰能力强，但测量速度慢。

复合型 DVM 是将积分型与比较型结合起来的一种类型。随着电子技术的发展，新的 A/D 转换原理和器件不断涌现，推动 DVM 的性能不断提高。

4.3.4　数字式电压表的使用

下面以 DS - 26A 型数字电压表为例，介绍数字式电压表的使用。数字式电压表在使用前，必须要做好校准工作，包括调零和校准两方面。

1. 调零

（1）接通电源开关，将输入端短路，若显示值为零，则表示仪器处于正常工作状态，然后按要求预热 1 h。

（2）改变量程，观察输入端短路时显示值是否为零。若不为零，还要进行零点调节，若为零则可进行校准。

在 5 V 量程挡调节 5 V 调零旋钮，使显示器显示±0.0000 V；在 0.5 V 量程挡调节量程旋钮上方的调零旋钮，使显示器显示±00000 V；若在 50 V 量程挡的显示不为零，需打开机盖，调节输入放大器插盒上的 50 V 量程挡零点调节电位器，使显示为零。以上步骤应反复调节使三个挡在输入端短路时的显示均为零。

2. 校准

校准主要是对仪器进行校正。该仪器的校准工作分为 5 V 量程挡和其他量程挡的校准。下面介绍 5 V 量程挡的校准方法。

（1）将量程旋至 5 V 挡，面板上"低"端与"屏蔽"端短接。

（2）将标准电源正向接入电压表，即电源的低端与面板上"低"端相连接；电源的高端与面板上"高"端相连接。调节面板上的"＋校准"旋钮，使电压表显示值与标准电源电压值相同。将标准电源反向接入电压表，调节前面板上的"－校准"旋钮，使电压表显示的负值与标准电源电压值相同。

3. 测量方法

（1）为了正确地测量直流电压值，应根据不同的被测电压的情况采用不同的连线方式。如果被测电压是接地电压（被测电压一端接地），则面板上"低"端与"屏蔽"端短接后与被测电压的低端相连接，面板上"高"端与被测电压的高端相连接；如果被测电压是浮置电压（不接地电压），则面板上"高"、"低"端分别与被测电压的高、低端相连接。面板上"屏蔽"端与被测信号电路的接地点相连接。

（2）选择采样方式和速率。自动采样速率共分两挡，若进行精确、稳定地测量，则采用100 ms 挡，将存储—连续开关拨至"储存"位置；若进行快速测量，则采用 20 ms 挡，存储—连续开关拨至"连续"位置。使用"手动"采样旋钮后，选择手动采样方式，自动采样停止。

（3）选择量程。接入被测信号前应根据信号的预计大小选择合适的量程，如果被测信号的大小无法估计，则应选择最高挡量程。测试时如果指示值太小，则应降低量程；如果指示值太大，则应增大量程。最后在合适的量程挡记下读数。

4.4 数字式多用表

数字式多用表（DMM）又称数字万用表，实际上是以电压为基本测量对象的仪表。它利用不同的变换器将电流、电阻以及交流电压等多种基本电参数变换为直流电压，然后用直流数字电压表进行测量。智能型数字式多用表还具有存储功能和输出接口，能将测量的数据送入微机，因而在自动测试系统中得到广泛应用。

4.4.1 数字式多用表的原理

数字式多用表通常具有测量交、直流电流和电压以及测量电阻的功能，其基本组成如图 4-23 所示。AC/DC 变换器用于实现交流电压到直流电压的变换；I/U 变换器用于实现直流电流到直流电压的变换；R/U 变换器用于实现电阻到直流电压的变换。当输入信号经过变换器变换为直流电压后，就能由直流数字电压表进行测量。

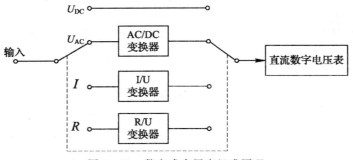

图 4-23 数字式多用表组成原理

1. AC/DC 变换器

AC/DC 变换器用于实现交流电压到直流电压的变换，是数字式多用表的一个重要组成部分。前面介绍了利用二极管构成的平均值、有效值和峰值检波器来实现电压信号的交、直流变换，但二极管的伏安特性的非线性会对测量结果有较大的影响。因此，在数字式多用表中，为了保证测量的精度，采用了由集成运算放大器组成的线性交流、直流变换器来实现精确的变换。在数字式多用表中，主要的 AC/DC 变换器有平均值变换器及电子真有效值变换器。

1）平均值 AC/DC 变换器

常用的平均值 AC/DC 变换器是由运算放大器和二极管组成的全波线性整流电路，这种电路具有线性度好、准确度高、电路简单、成本低等优点，其原理电路如图 4-24 所示。

该电路由三级电路构成。第一级电路为输入级，由运算放大器 A_1、电阻 R_1、R_2 和电容 C_1、C_2 构成，用于变换量程和提高灵敏度；第二级电路由运算放大器 A_2、二极管 V_{D1}、V_{D2} 和电阻构成并联负反馈的线性全波检波电路，该级电路实际上是利用运算放大器负反馈的作用来缩小二极管的非线性区域，改善二极管的非线性，从而实现线性检波；第三级电路是由运算放大器 A_3 和电阻 R_3、电容 C_3 构成的低通滤波电路，用于抑制纹波。信号经第三级电路滤波后，输出直流电压 U_o，该电压即为被测信号的全波平均值。

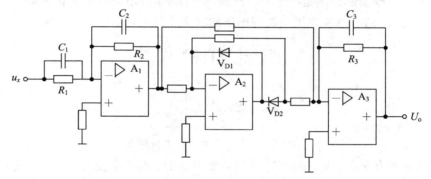

图 4-24　平均值 AC/DC 变换器的原理电路

2）电子真有效值 AC/DC 变换器

电子真有效值 AC/DC 变换器由于在实际工作中其电路易于实现并具有较强的抗波形畸变能力而得到广泛的应用，其原理电路如图 4-25 所示。

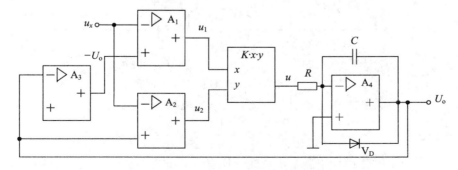

图 4-25　电子真有效值 AC/DC 变换器的原理电路

图 4-25 中，A_1、A_2 为加法器，A_3 为倒相器，A_4 与电阻 R 和电容 C 构成积分器。由于 A_1 的输出为 $u_1 = -u_x - U_o$，A_2 的输出为 $u_2 = -u_x + U_o$，因此乘法器的输出为

$$u = K u_1 u_2 = K(u_x^2 - U_o^2) \tag{4-24}$$

式中，K 为乘法器的传输系数。

乘法器输出的电压经积分器积分后，有

$$U_o = -\frac{1}{T}\int_0^T K(u_x^2 - U_o^2)\mathrm{d}t = -\frac{K}{T}\int_0^T u_x^2\mathrm{d}t + K U_o^2 \tag{4-25}$$

由于 $\dfrac{1}{T}\displaystyle\int_0^T u_x^2\mathrm{d}t$ 即为被测电压有效值的平方 U_x^2，因此由式（4-25）可得

$$U_o = -K U_x^2 + K U_o^2 = K(U_o^2 - U_x^2) \tag{4-26}$$

由于该有效值变换器系统是闭环负反馈系统，只有当 $(U_o^2 - U_x^2) \to 0$ 时，系统才达到平衡，积分器输出稳定电压 U_o，即输出电压为被测电压的有效值。

但要注意的是，当 $U_o < 0$ 时，系统无法平衡，因此在电路中加入二极管 V_D，以保证系统收敛而正常工作。

2. I/U 变换器

常用的 I/U 变换的方法是将被测电流通过取样电阻，在取样电阻的两端产生与被测电流成正比的电压，这样就实现了电流到电压的转换。其原理如图 4-26 所示。

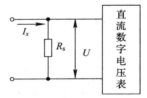

图 4-26 I/U 变换器的变换原理

若被测电流为交流电流，则电压 U 还需要进行交、直流变换后，才能被直流数字电压表测量。在数字式多用表中，常用的两种 I/U 变换器如图 4-27 所示。

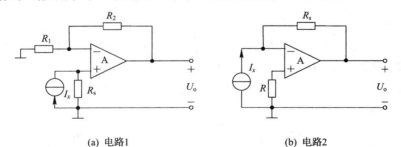

(a) 电路1   (b) 电路2

图 4-27 I/U 变换器

图 4-27(a) 中电路适合于测量大电流，其输出电压为

$$U_o = \left(1 + \frac{R_2}{R_1}\right) R_s I_x \tag{4-27}$$

图 4-27(b) 中电路适合于测量小电流，其输出电压为

$$U_o = -R_s I_x \tag{4-28}$$

3. R/U 变换器

R/U 变换器是将被测电阻转换成直流电压后，再进行数字化测量。R/U 转换的方法很多，最常用的是恒流法。恒流法的基本原理是利用恒流源电流通过被测电阻，并测量电阻两端的电压来实现，即 $R_x = U_x / I$。在实际工作中，电阻测量有两种模式：两端电阻测量和四端电阻测量，如图 4-28 所示。图 4-28(a)所示为两端测量电路，适合于大电阻的测量，其输出电压为

$$U_o = -\frac{U_s}{R_s} R_x \qquad (4-29)$$

式中，U_s 为标准电源，R_s 为标准电阻，R_x 为被测电阻。

图 4-28(b)所示为四端测量电路，具有较高的测量精度，能消除接线电阻的影响，适合于小电阻的测量，其输出电压为

$$U_o = -U_{R_s} \approx -\frac{U_s}{R_s} R_x \qquad (4-30)$$

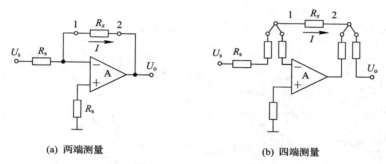

(a) 两端测量　　　　　　　(b) 四端测量

图 4-28　R/U 变换器

4.4.2　数字式多用表的基本组成

图 4-29 是某种型号数字式多用表的整机方框图。全机由集成电路 ICL-7129、$4\frac{1}{2}$

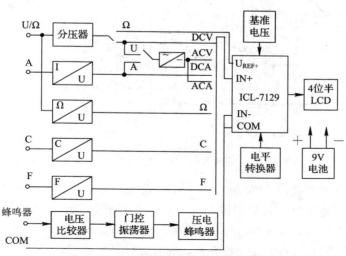

图 4-29　某种型号数字式多用表原理图

位 LCD 分压器、电流/电压变换器(I/U)、电阻/电压变换器(Ω/U)、AC/DC 转换器、电容/电压变换器(C/U)、频率/电压变换器(F/U)、蜂鸣器电路、电源电路等组成。

集成电路 ICL－7129 测量电路的基本部分为基本量程为 200 mV 的直流数字电压表。对于电流、电阻、电容、频率等非电压量，都必须经过变换器转换成电压量后，才能送入 A/D 转换器。

ICL－7129 型 A/D 转换器内部包括模拟电路和数字电路两部分。模拟部分为积分式 A/D 转换器。数字部分用于产生 A/D 变换过程的控制信号及对变换后的数字信号进行计数、锁存、译码，最后送往 LCD 显示。使用 9 V 电池，电平转换器则将电源电压转换为 LCD 显示所需的电平幅值。每秒可完成 A/D 转换 1.6 次。

测量电压、电流和电阻时的电路连接如图 4－30 所示。电压和电阻测量共用一个输入端。电压的基本量程为 200 mV。对于高于基本量程的输入电压，还需经分压器变换到基本量程范围。测量电流时被测电流流过取样电阻，将电流量转换为电压量送至 A/D 转换器。取样电阻的大小依量程而定，它保证在满量程电流值时，取样电压为 200 mV。

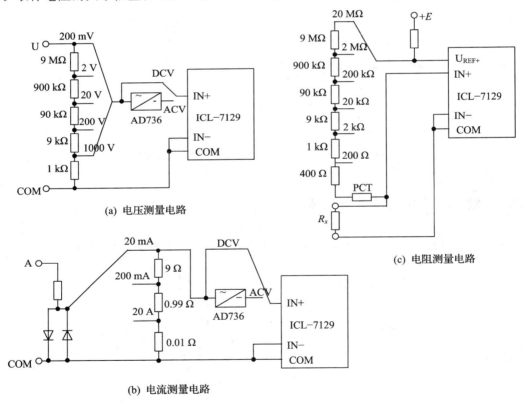

(a) 电压测量电路

(b) 电流测量电路

(c) 电阻测量电路

图 4－30　测量电压、电流和电阻时的电路连接

测量交流电压和电流时，还需经过 AC/DC 变换。本仪器使用集成电路 AD736 做交直流变换。它是一种电子真有效值型转换器，既可用于测量正弦波，也可用于测量方波、三角波等非正弦波，所得结果都为有效值，不必进行换算。但是，由于交流测量电路中没有使用隔直流电容，因此指示值为交流有效值和直流分量之和。

ICL－7129 有一量程控制端。测量电阻时仪器基本量程为 2 V。这时 U_{REF+} 端电压为 ＋3.2 V。被测电阻与内部的标准电阻串联后，将被测电阻转换为相应的值进行测量。

测量电容和频率时，也需将被测量转换为相应的电压值送至 A/D 转换器。图 4－31 所示为测量电容时的电路连接。图中 A_1 和周围的阻容网络组成文氏电桥振荡器，A_2 和 A_3 为放大器。文氏电桥振荡器中，闭环增益由负反馈支路决定，略大于 3；振荡频率由负反馈支路的电阻、电容决定，频率约为 400 Hz。

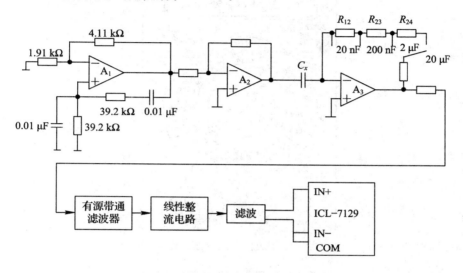

图 4－31　测量电容时的电路连接

在 A_3 放大器电路中，反馈支路电阻 R_{12}、R_{23}、R_{24} 为量程电阻。前级的输入信号经被测电容 C_x 加至 A_3 的反相输入端，本级的闭环增益为

$$A_u = -\frac{R_f}{\dfrac{1}{j\omega C_x}} = -j\omega C_x R_f \qquad (4-31)$$

式中，R_f 为图中的 R_{12}、R_{23} 和 R_{24} 的适当组合。

可见，当 R_f 一定时放大器的输出电压与被测电容的容量成正比。该电压经有源滤波、线性整流后，加至 ICL－7129 输入端进行测量，由此可直接读出电容的数值。

测量频率时，首先对信号进行放大整形，然后经频率-电压变换电路，将被测频率变换为成比例的电压，再送至 ICL－7129 中测量。

仪表内装有蜂鸣器电路，可用于检查线路的通断。线路接通时使比较器翻转，门控振荡器起振，从而推动蜂鸣器发声。

4.4.3　数字式多用表的使用

数字式多用表采用了大规模集成电路，使操作变得更为简便，读数更为精确，而且还具备了较完善的过压、过流保护功能。下面以 DT－830 型数字多用表为例介绍其面板结构、基本使用方法和注意事项。

1. DT－830 型数字多用表面板

DT－830 型数字式多用表是 $3\frac{1}{2}$ 位袖珍式液晶显示数字式多用表，其面板如图4－32所示。该表的前后板主要包括液晶显示器、电源开关、量程选择开关、h_{fe}插口、输入插孔、电池盒。

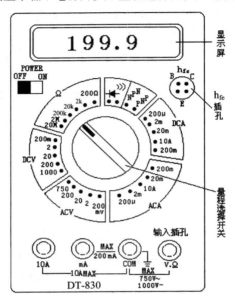

图 4－32　DT－830 型数字多用表面板

（1）液晶显示器：采用 FE 型大字号 LCD 显示器，最大显示值为"1999"或"－1999"，仪器具有自动调零和自动显示极性功能。如果被测电压或者电流极性为负，就在显示值前面出现"－"号。当叠层电池的电压低于 7 V 时，显示屏的左上方会显示低电压指示符号。超量程时显示"1"或"－1"，视被测量电量的极性而定。小数点由量程开关进行同步控制，使小数点左移或右移。

（2）电源开关：位于左上方，标有字母"POWER"（电源）字样，下边注有"OFF"（关）和"ON"（开）。把电源开关拨至"ON"位置接通电源，即可使用仪表；测量完应拨到"OFF"位置，以免空耗电池。

（3）量程选择开关：6 刀 28 掷，可同时完成测试功能和量程的选择。

（4）h_{fe}插口：测试晶体三极管的专用插口。测试时，将三极管的三个管脚插入对应的 E、B、C 孔内即可。

（5）输入插孔：共有"10A"、"mA"、"COM"、"V·Ω"四个插孔。面板下方还有"10AMAX"或"MAX200mA"和"MAX750V～1000V－"标记，前者表示在对应的插孔间所测量的电流值不能超过 10 A 或 200 mA；后者表示所测交流电压不能超过 750 V，测直流电压不能超过 1000 V。

注意：黑表笔始终插在"COM"孔内；红表笔则根据具体测量对象插入不同的孔内。

（6）电池盒：电池盒位于后盖下方。在标有"OPEN"（打开）位置，按箭头指示方向拉出活动插板，即可更换电池，为了检修方便，0.5 A 快速熔丝管"FUSE"也装在电池盒内。

2. 使用方法

(1) 电压测量。将红表笔插入"V·Ω"孔内，合理选择直流或交流挡位及电压量程。一定要注意把仪表与被测电路并联，方可进行测量。不同的量程其测量精度也不同，不要用高量程去测量小电压，否则将出现较大的误差。

(2) 电流测量。将红表笔插入"mA"或"10A"插孔(根据测量值的大小)，合理选择交流直流挡位和量程，再把数字多用表串联接入被测电路，方可进行测量。

(3) 电阻测量。将红表笔插入"V·Ω"孔内，合理选择量程，即可进行测量。

(4) 二极管的测量。将红表笔插入"V·Ω"孔内，量程开关转至标有二极管符号的位置，若二极管正常，则正向电压值为 0.5～0.8 V(硅管)或者 0.25～0.3 V(锗管)。当反向测量时，若二极管正常，将出现"1"；若损坏，将显示"000"。

(5) h_{fe} 值测量。根据被测管的类型(PNP 或 NPN)不同，把量程开关转至"PNP"或"NPN"处，再把被测的三极管的三脚插入相应的 E、B、C 孔内，此时，显示屏将显示 h_{fe} 值(三极管的电流放大倍数)的大小。

(6) 电路通、断的检查。将红表笔插入"V·Ω"孔内，量程开关转至标有")))"符号处，让表笔触及被测电路，若蜂鸣器发出叫声，则说明电路是通的，反之则不通。

3. 注意事项

(1) 仪表的使用或存放应避免高温、寒冷、阳光直射、高湿度及强烈震动环境。

(2) 袖珍式 $3\frac{1}{2}$ 位数字多用表的频率特性较差，如按规定 DT–830 型只能测量 45～500 Hz 的交流电压或交流电流。造成频率特性较差的原因是它的转换器的频率范围较窄，其次是仪表的输入电容 C 较大。

(3) 测量晶体管 h_{fe} 值时，DT–830 型数字多用表工作电压仅为 2.8 V，且未考虑 U_{BE} 的影响，因此测量值偏高，只能是一个近似值。

(4) 在使用各电阻挡、二极管挡、通断挡时，红表笔接"V·Ω"插孔(带正电)，黑表笔接"COM"插孔，这与模拟式多用表在各电阻挡的表笔带电极性恰好相反，使用时应特别注意。此外由于电阻挡所能提供的测试电流很小，测量二极管、三极管的正向电阻时，比用模拟式万用表电阻挡测量的数值要高几倍至十几倍，因此建议改用多用表二极管挡测正向压降，以获得正确结果。

(5) 为了延长电池的使用寿命，每次用完时应将电源拨至"OFF"位置。长期不用，要取出电池，以防电池漏出电解液而腐蚀电路板。

DT–830 型采用 9 V 叠层电池供电，总电流约为 2.5 mA，整机功耗约为 17.5～25 mW，随着电池电压的下降，功耗也相应减少，一节叠层电池可连续工作 200 h，或断续使用一年左右。工作温度为 0～40℃，环境的相对湿度为 80％。

习 题 4

1. 电压测量有哪些要求？

2. 交流电压的表征量之间的关系是什么？

3. 模拟式电压表使用过程中需要注意什么？

4. 数字式电压表主要包括哪几部分？各部分的功能是什么？

5. 四种 DVM 的最大读数容量分别是① 9999；② 19999；③ 5999；④ 1999。它们各属于几位的表？求第二种电压表在 0.2 V 量程的分辨力为多大？

6. 模拟式万用表和数字式万用表都有红、黑表笔，在使用时需要注意什么？

7. 指针模拟式电压表和数字式电压表各有哪些特点？数字式电压表能够完全替代指针模拟式电压表吗？为什么？

第 5 章　时间和频率的测量

　　时间和频率的测量是电子测量的一个重要内容。在通信、航空航天、军事、医疗、工农业等领域都存在时频测量。在国际单位制的七个基本单位中，时间单位是历史最悠久、情况最复杂、测量精度最高的一个基本单位。频率是最稳定的一个物理量，它能通过电波直接传播，各种标准参考频率源具有关键性的作用。因此时间和频率测量具有基础性地位。

　　知识要点：

　　(1) 掌握时间和频率的基本概念，了解几种测频的方法；

　　(2) 掌握电子计数器的基本原理、电子计数器测频和测周期的方法；

　　(3) 掌握通用电子计数器测量频率的操作方法。

5.1　概　　述

　　时间和频率是电子技术中两个重要的基本参量。目前，在电子测量中，时间和频率的测量精确度是最高的。在检测技术中，常常将一些非电量或其他电参量转换成频率进行测量。另外，在现代信息传输和处理中，在电磁波频谱资源利用的技术活动中，对频率源的准确度和稳定度提出了越来越高的要求，这大大促进了时间和频率测量技术的发展。

5.1.1　时间和频率的基本概念

　　时间是国际单位制中七个基本物理量之一。时间一般有两种含义：一是指"时刻"，即某事件或现象何时发生的；二是指"时间间隔"，即两个时刻之间的间隔，某现象或事件持续多久。时间的基本单位是秒(s)。秒的科学定义是铯 133 原子基态的两个超精细能级之间跃迁所对应的辐射的 9 192 631 770 个周期所持续的时间。

　　自然界中的周期现象极为普遍，如地球自转的日出日落现象是确定的周期现象；重力摆或平衡摆轮的摆动、电子学中的电磁振荡也是确定的周期现象。周期过程重复出现一次所需的时间称为周期，记为 T。数学上可用一个周期函数来表示周期性现象：

$$F(t) = F(t + T) = F(t + nT) \tag{5-1}$$

式中，n 为正整数，表示相同的现象重复出现的次数；T 为周期过程的周期时间。

　　频率是单位时间内周期性过程重复、循环或振动的次数，记为 f，基本单位为赫兹(Hz)。频率的定义式为

$$f = \frac{N}{T_{s}} \tag{5-2}$$

式中，f 表示频率；N 表示相同的现象重复出现的次数；T_{s} 表示单位时间。频率和周期是从不同的两个侧面来描述周期现象，两者互为倒数。

5.1.2　时间和频率的测量特点

与其他各种物理测量相比，时间和频率的测量具有如下特点：

（1）时频测量具有动态性质。在时刻和时间间隔的测量中，时刻始终在变化，如上一次和下一次的时间间隔是不同时刻的时间间隔，频率也是如此，因此，在时频的测量中，必须重视信号源和时钟的稳定性及其他一些反映频率和相位随时间变化的技术指标。

（2）测量精度高。在时频的计量中，采用了以"原子秒"和"原子时"定义的量子基准，使得频率测量精度远远高于其他物理量的测量精度。而且对于不同场合的频率测量，测量的精度要求虽然不同，但我们都可以找到相应的各种等级的时频标准。如石英晶体振荡器结构简单、使用方便，其精度在 10^{-10} 左右，能够满足大多数电子设备的需要，是一种常用的标准频率源；原子频标的精度可达 10^{-13}，广泛应用于航天、测控等频率精确度要求较高的领域。利用时频测量精度高的特点，可将其他物理量转换为频率进行测量使其测量精度得以提高，如数字电压表中双积分式 A/D 转换，就是将电压变换成与之成比例的时间间隔进行测量。

（3）测量范围广。信号可通过电磁波传播极大地扩大时频比对和测量范围。例如，GPS 卫星导航系统可以实现全球范围的最高准确度的时频比对和测量。

（4）频率信息的传输和处理比较容易。例如，通过倍频、分频、混频和扫频等技术，可以对各种不同频段的频率实施灵活机动的测量。

5.1.3　频率测量方法概述

根据测量方法原理的不同，对频率测量的方法大体上可作如图 5 - 1 所示的分类。

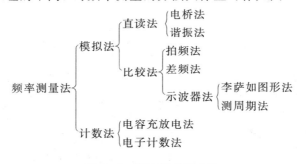

图 5 - 1　频率测量的方法

直读法又称为利用无源网络频率特性测频法，它包含有电桥法和谐振法。比较法将被测频率信号与已知频率信号相比较，通过观、听比较结果，获得被测信号的频率。属于比较法的有拍频法、差频法、示波器法。计数法有电容充放电法和电子计数法两种。前者是利用电子电路控制电容充、放电的次数，再用磁电式仪表测量充、放电电流的大小，从而指示出被测信号的频率值。后者是根据频率的定义进行测量的一种方法，它是利用电子计数器显示单位时间内通过被测信号的周期个数来实现频率测量的。由于数字电路的飞速发展和数字集成电路的普及，计数器的应用已十分广泛。利用电子计数器测量频率具有精确度高、显示清晰直观、测量速度快以及便于实现测量过程自动化等一系列突出优点，因此是本书重点讨论的测频方法。

5.2　电子计数法

5.2.1　电子计数法测量频率的原理

频率就是周期性信号在单位时间内变化的次数。若信号在时间间隔 T 内重复变化的次数为 N，则其频率 $f_x = \dfrac{N}{T}$。电子计数器就是根据这个定义来测量信号频率的。实际上，测量频率就是把被测频率 f_x 作为计数用脉冲，对标准时间 T 进行量化。电子计数器测量频率的原理及各工作点的波形分别如图 5-2（a）、（b）所示。

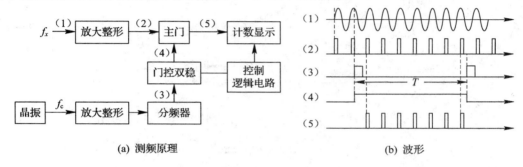

（a）测频原理　　　　　　　　　　　（b）波形

图 5-2　电子计数法测频的原理及各点波形

被测的周期信号（设为正弦信号）经放大、整形后，形成频率等于被测信号频率 f_x 的可计数的脉冲，加至主门的一个输入端；石英晶体振荡器输出的信号（频率为 f_c，周期为 T_c）经过 K 次分频、整形后，得到周期为 $T = KT_c$ 的窄脉冲，此窄脉冲触发门控双稳电路，从门控双稳电路的输出端得到宽度为基准时间 T 的脉冲（即主门时间脉冲），门控双稳电路的输出接至主门的另一个输入端，这时主门的开通时间由主门时间脉冲决定；在主门开通时间 T 内，计数显示电路对主门输出的计数脉冲实施二进制计数，其输出经译码器转换为十进制数，输出到数码管或显示器进行显示。设主门开启时间 T 内的计数值为 N，则被测频率 f_x 为

$$f_x = \frac{N}{T} = \frac{N}{KT_c} \tag{5-3}$$

式中，K 为分频系数；T 为门控信号（门控信号由晶振 f_c 分频而来）；T_c 为晶振频率的周期。

由式（5-3）可知，即使是同一被测信号，如果选择不同的门控时间 T（即选择不同的分频系数 K），所得的计数值 N 是不同的。为便于读数，分频器一般按十进制分频的办法，即时基 T 都是 10 的整次幂倍秒，所以显示的十进制数就是被测信号的频率，显示器会自动定位小数点。所以，主门时间的选择很重要，若选择不合理，会影响所测得的频率的有效数字的位数。例如，有一台可显示 6 位数的电子计数器，单位为 kHz，设被测信号频率 $f_x = 100$ kHz。若选主门时间 T 为 1 s，则仪器的显示值为 100.000 kHz；若选主门时间 T 为 0.1 s，则仪器的显示值为 0100.00 kHz，有效数字少一位；若选主门时间 T 为 10 ms，则仪器的显示值为 00100.0 kHz，有效数字又少一位。

因此，选择主门时间应遵循这样的原则：在不使计数器产生溢出的前提下，主门时间应尽可能选得大一些，以使测量的准确度更高。

5.2.2 电子计数法测量周期的原理

图 5－3 是电子计数法测量周期的原理示意图。被测周期信号 T_x 从 B 通道输入，经放大、整形后作为门控电路的触发信号去控制主门的开、闭，使主门脉冲信号的宽度等于被测信号的周期 T_x；石英晶振输出 f_c 接入 A 通道，经倍频或分频后产生时基信号 f_s（$T_s = f_s$，为讨论方便起见，设晶振信号 f_c 经 K 次分频后得到时标信号 f_s），f_s 经放大、整形后被送入主门；在主门开启时间内，时基信号进入计数器进行计数。设计数器的计数值为 N，则被测信号的周期为

$$T_x = NT_s = NKT_c \tag{5-4}$$

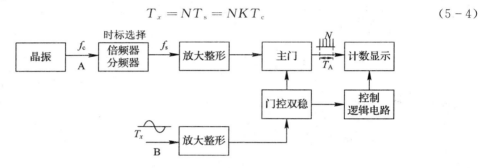

图 5－3 电子计数法测量周期的原理

从图 5－3 可以看出，测周法的原理和测频法的原理正好相反。测频法是用石英晶振产生的时基信号作为主门的控制信号，使计数器对被测信号进行计数；而测周法是用被测信号作为主门的控制信号，使计数器对晶振产生的时基信号进行计数。

采用测频法直接测频率较低的信号时，会引起较大的量化误差。如果采用测周法先间接测量该信号的周期 T_x，然后根据频率与周期的关系，计算出这个低频信号的频率，就会大大降低测量误差。

5.2.3 电子计数法测量频率比的原理

电子计数法测量两个信号的频率比的原理如图 5－4 所示。

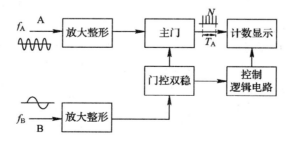

图 5－4 电子计数法测量频率比的原理

频率较低的信号 f_B 进入 B 通道，f_B 相当于时基信号，经放大、整形后作为门控双稳的

触发信号控制主门；频率较高的信号 f_A 送入 A 通道，经整形变换后作为主门的计数脉冲，在主门开通时间内（$T_B = 1/f_B$）对信号 f_B 进行计数。假设信号 f_A 通过主门的脉冲数为 N，则两个信号的频率比为

$$\frac{f_A}{f_B} = \frac{T_B}{T_A} = N \tag{5-5}$$

从式（5-5）可知，计数值 N 就是两个信号的频率比。为了提高测量的准确度，可将信号 f_B 进行分频，使得主门的导通时间加长，计数值增大，但由于小数点自动移位，显示的比值 N 不变，仍是两个信号频率的比值。

5.2.4　电子计数法测量时间间隔的原理

时间间隔的测量和周期的测量，都属于对时间长度的测量，因此测量方法基本相同。电子计数法测量时间间隔的原理如图 5-5 所示。测量时间间隔除了测频（或测周）所需要的 A 和 B 两通道外，还需要第三个通道——C 通道，B 和 C 两通道的电路结构完全相同。B 通道用作门控双稳的"启动"通道，产生打开时间闸门的触发脉冲，使双稳电路翻转；C 通道用作门控双稳的"停止"通道，产生关闭时间闸门的触发脉冲，使其复原。两通道的输出由"或"门电路加至门控双稳触发器的输入端。开关 S 用于选择两个通道输入信号的种类。当 S 闭合时，两个通道输入同一信号，可以测量同一信号波形中两点间的时间间隔；当 S 断开时，两通道输入不同的信号，可以测量两个信号间的时间间隔。

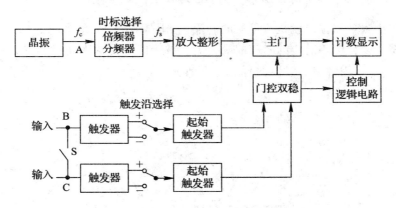

图 5-5　电子计数法测量时间间隔的原理

被测时间间隔 T 与计数器的计数值 N 及时标信号周期 T_s 之间有如下关系：

$$T = NT_s \tag{5-6}$$

为保证信号在一定的电平下触发，在 B 和 C 两个通道内设有电平调节，可对输入信号的电平进行连续调节。输入端在施密特电路之后还接有倒相器，用来选择所需要的触发脉冲的极性。通过对触发脉冲极性和触发电平的选择，可选取两通道中的信号波形上的任意点分别作为时间间隔的起点和终点，从而实现两输入信号任意两点的时间间隔的测量。图 5-6（a）所示为测量两信号上升沿的两点之间的时间间隔 t，图 5-6（b）所示为测量某一个信号的脉冲上升时间 t_r，图 5-6（c）所示为测量一个信号的脉冲宽度 t_w。

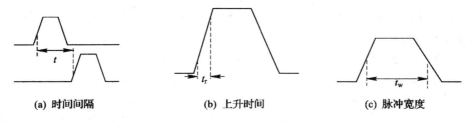

(a) 时间间隔　　　　　　(b) 上升时间　　　　　　(c) 脉冲宽度

图 5-6　电子计数器测量时间间隔

5.2.5　电子计数法测量相位差的原理

电子计数法测量相位差的原理如图 5-7 所示。通道 B、通道 C 的特性如同过零比较器,它们使被测信号由负向正通过零点或由正向负通过零点时产生脉冲,加到门控双稳态电路。

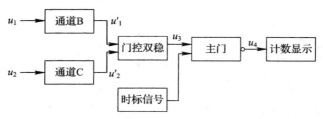

图 5-7　电子计数法测量相位差的原理

电子计数法测量相位差就是测量时间间隔,如图 5-18 所示,即在一时间间隔内用标准脉冲来填充。设相位差对应的时间间隔为 t_φ,被测信号周期为 T_x(频率为 f_x),时标信号周期为 T_s。在 t_φ 内计数器计的时标脉冲个数为 N,则有 $t_\varphi = N T_s$,则相位差为

$$\varphi = \frac{t_\varphi}{T_x} \cdot 360° = \frac{N T_s}{T} \cdot 360° = \frac{N f_x}{f_s} \cdot 360°$$

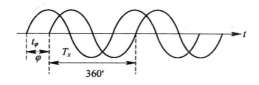

图 5-8　相位差测量的原理

5.3　电子计数器

电子计数器的发展大体上可以分成三个阶段:外差式和谐振式阶段、数字式阶段和智能仪器阶段。早在 20 世纪 30 年代初期,电子计数器就应用于原子结构的研究中,用来测量微观粒子数目,40 年代有了外差式和谐振式频率计。数字式电子计数器在 50 年代开始出现,60 年代末开始研制智能化的电子计数器。1985 年我国研制出了带 GPIB 接口的智

能化自动快速测量的微波计数器，1987 年美国 HP 公司推出了可进行动态及瞬时信号测量与分析的时间和频率测量仪器，1989 年美国 EIP 公司又推出了采用 VXI 总线的微波计数器，使电子计数器的测频上限提高到 110～170 GHz。21 世纪以来，电子计数器不断采用新技术和新工艺，向着多功能、智能化、小型化的方向发展。

5.3.1 电子计数器的分类

电子计数器按测量功能可以分为以下三类：

（1）通用计数器。通用计数器是一种具有多种测量功能、多种用途的电子计数器，可以测量频率、频率比、周期、时间间隔、累加计数、计时等，如配以适当的插件，还可以测量相位、电压等电量。

（2）频率计数器。频率计数器主要用于测频和计数，其测频范围很广。例如，用于测量高频和微波频率的计数器即属于此类。

（3）计算计数器。计算计数器带有微处理器，除了具有计数功能外，还能进行数学运算，依靠程控进行测量、计算和显示等全部工作。

5.3.2 电子计数器的主要技术性能指标

电子计数器的主要技术性能指标有以下几个方面：

（1）测试性能。测试性能是指仪器所具备的测试功能，如仪器是否具有测量频率、周期、频率比、时间间隔、自校等功能。

（2）测量范围。测频率和测周期时，电子计数器的测量范围并不相同。测频率时的测量范围是指频率的上限和下限，测周期时的测量范围是指周期的最大值和最小值。

（3）输入特性。电子计数器一般有 2～3 个输入通道，需要分别指出每个通道的特性，包括：

① 输入耦合方式，有 AC 和 DC 两种，在低频和脉冲信号计数时应采用 DC 耦合方式。

② 触发电平及其可调范围。

③ 输入灵敏度，是指仪器正常工作时输入的最小电压，如通用计数器 A 输入通道的灵敏度一般为 10～100 mV。

④ 最大输入电压。电子计数器的输入电压超过最大输入电压后，仪器将不能正常工作，甚至会损坏。

⑤ 输入阻抗。电子计数器的输入阻抗由等效的并联输入电阻和并联输入电容表示。其中 A 输入通道的输入阻抗分为高阻和低阻两种。

（4）晶体振荡器的频率稳定度和准确度。

（5）闸门时间和时标。根据测频率和测周期的范围不同，电子计数器提供多种闸门时间和时基信号。

（6）显示及工作方式。包括：

① 显示位数。显示位数是指电子计数器可以显示的数字的位数。

② 显示时间。显示时间是指电子计数器两次测量之间显示测量结果的时间，一般

可调。

③ 显示方式。电子计数器有记忆和不记忆两种显示方式。记忆显示方式只显示最终计数的结果，不显示正在计数的过程。实际上显示的数字是刚结束的一次的测量结果，显示的数字保留至下一次计数过程结束时再刷新。不记忆显示方式可以显示正在计数的过程。

（7）输出特性。输出特性是指电子计数器可输出的时标信号种类、输出数码的编码方式以及输出电平。

5.3.3　电子计数器的组成

电子计数器的基本测量功能是测量频率和测量时间（周期）。其基本测量原理是：用逻辑电路实现在稳定的时间内累计标准时间信号的脉冲个数。通用电子计数器一般由 A 输入通道和 B 输入通道、时基信号产生电路、主门电路、控制电路、计数及显示电路等组成，如图 5-9 所示。

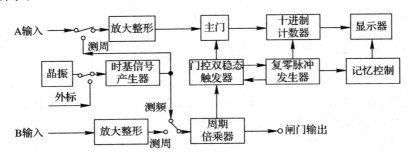

图 5-9　电子计数器的组成

1. 输入通道

输入通道的作用是将被测信号进行放大、整形，使其变为标准脉冲。A 通道脉冲在门控信号的作用时间内通过闸门进行计数，这个闸门常被称为"主门"；B 通道脉冲用来控制主门的作用时间。

A 输入端为测频输入端，通常测频通道要求整形的频率范围较宽，一般采用施密特触发器整形，测频上限较高时则常采用电流开关作为整形电路。当测量频率时，计数脉冲是输入的被测信号经过整形而得到的；当测量时间时，该信号是仪器内部的晶振信号经倍频或分频后再经整形而得到的。

B 输入端为测周输入端，测周通道是闸门时间信号的通道，用于控制主门是否开通。该信号经整形后用来触发双稳态触发器，使其翻转。以一个脉冲开启主门，以随后的一个脉冲关门，两个脉冲之间的时间间隔为开门时间。在主门的开门时间内，计数器对经过测频通道的计数脉冲进行计数。

2. 主门电路

在门控电路的控制下，主门允许或禁止整形后的信号进入十进制计数器，其电路可由二输入"与"门或者其他电路组成。主门有两个输入信号，其中一个输入信号是来自门控双稳态触发器的门控信号；另一个输入信号是用于计数的脉冲信号。在门控信号作用的有效期间，计数脉冲被允许通过主门进入计数器计数。

3. 时基信号产生电路

时基信号产生电路用于产生各种时基信号和门控信号，它通常由石英晶体振荡器、倍频器和分频器构成的时标产生器、分频器构成的闸门时间周期倍乘器以及时基选择电路组成。晶振只能产生一个固定频率的标准信号，该信号经分频或倍频后可提供不同的时基信号(用于计数或用作门控信号)。测量时，可以由时基选择电路(通过面板控制按键)选择所需的时基信号。

4. 控制电路

控制电路能产生各种控制信号去控制和协调计数器各单元的工作，使整机按一定工作程序自动完成测量任务。控制电路产生的门控信号可以控制主门在规定的时间内打开，使被计数的脉冲通过主门；控制电路还可以产生复零信号，使所有电路在计数完毕或需要时复原到初始状态；此外，控制电路还产生记忆指令信号和显示时间信号，控制记忆显示、测量的重复周期等。总之，控制电路使仪器的各部分电路按照"准备—测量—显示"这一流程有条不紊地自动进行测量工作。

5. 计数及显示电路

计数及显示电路用于对主门输出的脉冲信号计数并且显示十进制脉冲个数。计数及显示电路由计数电路、译码器、数字显示器等构成。其中由计数器累计脉冲个数，由译码器译成相应的十进制数码，最后由控制电位的方式点亮显示数码管的相应字码。显示方式通常有记忆显示和不记忆显示两种。显示器可以是荧光数码管、半导体数码管(LED)或液晶显示器(LCD)等。

5.3.4　电子计数器的使用

随着电子测量技术的发展，目前各种型号的电子计数器层出不穷。现以通用电子计数器 E-321A 为例，介绍电子计数器的使用方法。E-321A 型通用电子计数器是一种具有多种测试功能并采用大规模集成电路的电子计数式测量仪器，因具有体积小、质量轻、耗电省、可靠性高等优点而广泛应用。

1. E-321A 型通用电子计数器的电路组成

E-321A 型通用电子计数器由输入通道、计数/控制逻辑单元、晶体振荡器、LED 显示器及电源等部分构成。

主机部分采用超大规模集成电路 ICM7226B，内部包括有多位计数器、寄存器、时基电路、逻辑控制电路、显示译码电路及溢出和消隐电路等。它可以直接驱动外接的 8 位 LED 显示器，以扫描形式显示测量结果。该电路具有 8421 码输出、复原输出、记忆输出、段码输出和扫描位脉冲输出，还具有时钟输入、闸门时间(周期倍乘)输入、功能输入、复原输入、保持输入及 A、B 输入。其主机原理如图 5-10 所示。

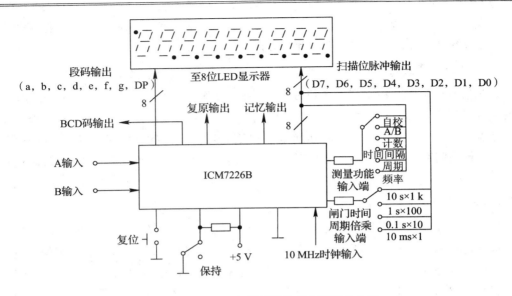

图 5-10　E-321A 通用计数器主机部分电路

当 ICM7226B 的功能输入端与不同的扫描位脉冲输出端连接时，其测量功能会发生变化，可分别完成"频率"、"周期"、"时间间隔"、"计数"、"A/B（频率比）"和"自校"等功能。当 ICM7226B 的闸门时间（周期倍乘）输入端与不同的扫描位脉冲输出端连接时，可获得 10 ms～10 s 四挡闸门时间或 $10^0～10^3$ 四挡倍乘率。显示驱动电路有无效零消隐功能，并有计数溢出指示。采用 5 MHz 晶体振荡器，经 2 倍频电路，可为 ICM7226B 提供 10 MHz 标准时钟信号。

2. E-321A 型通用电子计数器的面板介绍

（1）前面板。E-321A 型通用电子计数器的前面板如图 5-11 所示。

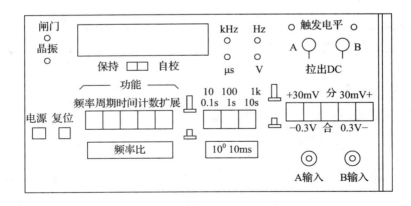

图 5-11　E-312A 型通用电子计数器的前面板

（2）后面板。E-321A 型通用电子计数器的后面板如图 5-12 所示。后面板主要包括：输入-输出插口、内接-外接频标选择、闸门时间输出插口、数据输出插口、电源熔丝、电源输入插口、接地接线柱等，测试使用时可以参考。

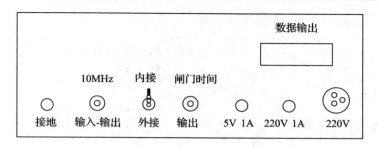

图 5 - 12　E - 321A 型通用电子计数器的后面板

3. 电子计数器测量频率的使用方法

1）测试前的准备

仪器测量前应先通电预热，然后进行"自校检查"以判断仪器工作是否正常。本仪器内部时钟信号频率固定为 10 MHz，当选择不同闸门时间时，显示结果应符合表 5 - 1 所示的读数，否则说明仪器存在故障。

表 5 - 1　自校显示值

闸门时间	10 ms	0.1 s	1 s	10 s
显示结果	10000.0	10000.00	10000.000	.0000.0000

2）测量频率的方法

测量频率时，各功能键的选择如下：

（1）功能选择模块中自校保持开关置于中间，功能键选择"频率"。

（2）闸门选择。被测频率或计数频率高时，选择短闸门；计数频率低时反之。

（3）输入通道部分。输入可选 A，分合按键选择弹起；输入信号衰减键 A 或 B 在被测信号为正弦波且不小于 0.3 V 或为脉冲波且小于 $1 V_{P-P}$ 时，将衰减键弹起；当被测信号为脉冲波、三角波、锯齿波时，将触发电平调节器 A 拉出（DC 耦合）并调整，直到使触发电平指示灯均匀闪亮。最后接入信号，根据读数测出频率，记入相应的表格。

5.4　频率测量的其他方法

除计数法外，频率测量的其他方法还包括直读法、比较法等。

1. 直读法

直读法是指直接利用电路的某种频率响应特性来测量频率的方法。电桥法和谐振法是这类测量方法的典型代表。在工程中，工频信号的频率常用电动系数频率表进行测量，并用电动系数相位表测量相位。因为这种指针式电工仪表的操作简便、成本低，在一般工程测量中，这种电动系数频率表和相位表能满足其测量准确度。例如，研究频率对谐振回路的电感值、电容的损耗角等其他电参数的影响时，将频率测到 $\pm(1\times10^{-2})$ 量级的精确度或稍高一点即可。

1）电桥法

电桥法是利用电桥的平衡条件和频率有关的特性来测量频率的，通常采用如图 5 - 13

所示的文氏电桥来测量，常用来测量低频频率。

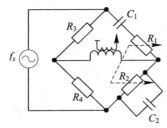

图 5 - 13 电桥法测频率

调节 R_1、R_2 使电桥在被测频率值上达到平衡，根据电桥平衡原理，可得到如下关系：

$$\left(R_1 + \frac{1}{\mathrm{j}\omega_x C_1}\right) R_4 = \left(\frac{1}{\frac{1}{R_2} + \mathrm{j}\omega_x C_2}\right) R_3 \tag{5-7}$$

$$f_x = \frac{1}{2\pi\sqrt{R_1 R_2 C_1 C_2}} \tag{5-8}$$

通常取 $R_1 = R_2 = R$，$C_1 = C_2 = C$，则

$$f_x = \frac{1}{2\pi RC}$$

电桥法测量受桥路中各元件的精确度、判断电桥平衡的准确程度（取决于桥路谐振特性的尖锐度，即指示器的灵敏度）和被测信号的频谱纯度的限制，准确度不高，一般约为 $\pm(0.5\sim1)\%$。

2）谐振法

谐振法是利用谐振回路的谐振特性来测量频率的，可测量 1500 MHz 以下的频率，准确度为 $\pm(0.25\sim1)\%$。具体方法是将被测信号作为谐振回路的电源，通过改变电路参数使谐振回路发生谐振，此时回路电流达到最大（电流表指示），如图 5 - 14 所示。由电路参数可得被测频率为

$$f_x = f_0 = \frac{1}{2\pi\sqrt{LC}} \tag{5-9}$$

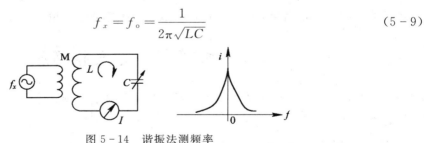

图 5 - 14 谐振法测频率

2. 比较法

比较法的基本原理是利用标准频率 f_s 和被测频率 f_x 进行比较来测量频率，有拍频法、差频法、示波器法等。这种方法的测量精度较高，主要与标准参考频率及判断两者关系所能达到的精确度有关。

1）拍频法

拍频法将被测频率信号与标准频率信号通过线性电路进行叠加，然后将叠加结果显示在示波器上观察波形，或者送入耳机进行监听，如图 5 - 15 所示。当 $f_x = f_s$ 时，线性叠加

结果振幅是恒定的；当 $f_x \neq f_s$ 时，线性叠加结果振幅是变换的。这种方法适于测低频，且被测信号与标准信号波形应相同，目前很少用。

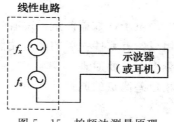

图 5 - 15　拍频法测量原理

2）差频法

差频法利用已知的标准频率与被测频率进行差拍，产生差频，再精确测量差频来确定频率值，其测频原理如图 5 - 16 所示。

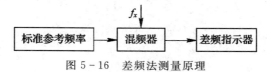

图 5 - 16　差频法测量原理

3）示波器法

示波器法测频率主要包括测周期法和李萨如图形法。测周期法根据显示波形由 X 通道扫描速率得到周期，进而得到被测频率。李萨如图形法测频率的基本操作思路是：示波器工作于 $X - Y$ 方式下，将频率已知的信号与频率未知的信号加到示波器的两个输入端，调节已知信号的频率，使荧光屏上显示李萨如图形，由此可得被测信号的频率。N_H、N_V 分别为水平线、垂直线与李萨如图形的最多交点数；f_y、f_x 分别为示波器 Y 和 X 信号的频率。李萨如图形存在如下关系：

$$f_y = f_x \frac{N_H}{N_V} \tag{5-10}$$

图 5 - 17 列出了几种不同频率比、不同初相位差的李萨如图形。

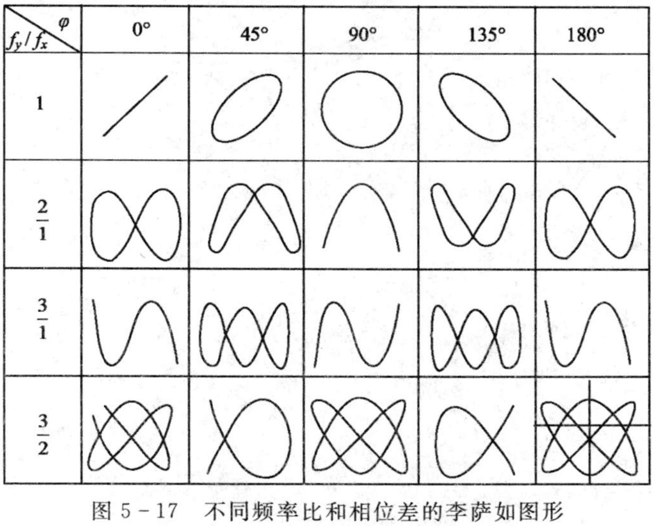

f_y/f_x \ φ	0°	45°	90°	135°	180°
1					
$\dfrac{2}{1}$					
$\dfrac{3}{1}$					
$\dfrac{3}{2}$					

图 5 - 17　不同频率比和相位差的李萨如图形

习　题　5

1. 电子计数器分为哪几类？用电子计数器测量频率有哪些优点？
2. 电子计数器由哪几部分组成？有哪些主要的测量功能？
3. 请简述电子计数器测量频率的主要原理。
4. 请分析时间间隔测量和相位差测量的原理。

第 6 章 电子元件参数的测量

电子技术中，电子元器件的测量主要包括集中参数元件的测量和晶体管、场效应管等器件的测量。集中参数元件测量是指对电阻、电容、电感等阻抗的测量，以及集总元件的品质因数 Q 及损耗因数 D 的测量；晶体管、场效应管等的测量是指对其特性的测量。本章重点介绍常见的电子元件的测量原理和方法。测试仪器主要有电桥、Q 表和晶体管特性图示仪等。

知识要点：

（1）理解电阻、电容和电感的电路模型；

（2）掌握伏安法、电桥法和谐振法测量电阻、电容和电感的原理；

（3）掌握万能电桥、Q 表的原理、基本组成以及使用方法；

（4）了解阻抗的数字化测量方法的原理；

（5）掌握二极管和三极管的基本测量方法，晶体管特性图示仪的测量原理、组成和使用方法。

6.1 概　　述

6.1.1 阻抗

阻抗是描述一切电路系统的传输及变换特征的重要参量。一般来说，阻抗是一个复数量，它可以用直角坐标或极坐标形式表示：

$$Z = \frac{\dot{U}}{\dot{I}} = R + jX = |Z| e^{j\theta} \tag{6-1}$$

式中，Z 是复数阻抗；R 和 X 分别是阻抗的电阻分量和电抗分量。阻抗的两种坐标形式的转换关系为

$$\begin{cases} |Z| = \sqrt{R^2 + X^2} \\ \theta = \arctan \dfrac{X}{R} \end{cases} \tag{6-2}$$

式中，$|Z|$ 是幅值；θ 是幅角，即电压和电流之间的相位差。

此外通常还定义品质因数 Q 和损耗因数 D 为

$$Q = \frac{1}{D} = \frac{X}{R} \tag{6-3}$$

6.1.2 电阻、电容和电感的电路模型

一个实际的元件（如电阻器、电容器和电感器）都不可能是理想的，往往存在着寄生电

容、寄生电感和损耗。也就是说，一个实际的 R、L、C 元件都含有三个参量：电阻、电感和电容。下面分别介绍这三种元件的电路模型。

（1）电阻的电路模型。实际电阻的电路模型如图 6-1 所示。可将其等效为纯电阻 R 与引线电感 L_0 的串联，再与分布电容 C_0 的并联。引线电感是由于绕制电阻的金属丝或碳膜电阻制造过程中的刻槽等原因而产生的。低频状态下电阻器的阻抗中感抗很小，容抗很大，故可将电容看成开路，电感看成短路；但在高频状态下，由于感抗很大，容抗很小，就必须考虑电感和电容的因素。

（2）电容的电路模型。实际电容的电路模型如图 6-2 所示。C_0 为电容器静电电容，L_0 为引线电感，R_d 为介质损耗，R_0 为引线、接头引入的损耗。

（3）电感的电路模型。实际电感的电路模型如图 6-3 所示。L_0 为固有电感，R_0 为损耗电阻，C_0 为分布电容。

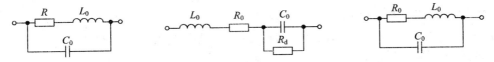

图 6-1　实际电阻的电路模型　　图 6-2　实际电容的电路模型　　图 6-3　实际电感的电路模型

从上述介绍中可以看出阻抗变化的将性，在某些特定条件下，电路元件可以近似地看做理想的纯电阻或纯电抗。实际上严格地说，任何实际的电路元件（电阻器、电感器、电容器等）都具有复数阻抗，而且其数值都会随所加的电流、电压、频率、温度等因素而变化。特别是高频，频率的影响尤其显著，一个电容器可能呈现感抗，一个电感线圈可能呈现容抗。因此，测量阻抗时，必须保证测量条件与工作条件一致，也就是说，测量时所加的电流、电压、频率、环境条件等，必须尽可能地接近被测元件的实际工作电流、电压、频率、环境条件。这需要特别注意，否则可能得到误差大、甚至完全错误的结果。

6.1.3　伏安法测阻抗

测量阻抗的常用方法有伏安法、电桥法和谐振法。伏安法利用电压表和电流表分别测出元件的电压值和电流值，根据欧姆定律计算出元件的阻抗值。该方法一般只能用于频率较低的情况，这时把电阻器、电容器和电感器看作理想元件。伏安法测量阻抗常采用电压表前接法和电压表后接法两种测量电路，如图 6-4 所示。这两种方法都存在着误差。图 6-4(a) 中测得的电压包含了电流表的电压，一般用来测量阻抗值较大的元件；图 6-4(b) 中测得的电流包含了流过电压表的电流，一般用来测量阻抗值较小的元件。在低频情况下，若被测元件为电阻器，则其阻值为

$$R = \frac{U}{I} \qquad (6-4)$$

若被测元件为电感器，由于 $\omega L = U/I$，则

$$L = \frac{U}{2\pi f I} \qquad (6-5)$$

若被测元件为电容器，由于 $1/\omega C = U/I$，则

$$C = \frac{I}{2\pi f U} \tag{6-6}$$

由于电压表、电流表本身还存在一定的误差，因此伏安法测量阻抗的误差较大，一般用于测量精度要求不高的场合。

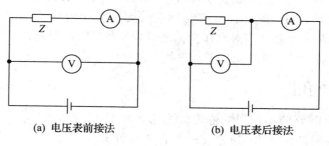

(a) 电压表前接法　　　　(b) 电压表后接法

图 6-4　伏安法测阻抗

6.2　电桥法测阻抗

阻抗参数的测量过程中，应用最广泛的是电桥法。电桥法的显著特点是测量精度比较高，电路简单。如果利用传感器把某些非电量（如压力、温度等）变换为元件参数（如电阻、电容等），也可用电桥间接测量非电量。

6.2.1　电桥工作原理

电桥电路如图 6-5 所示，由 4 个桥臂、1 个激励源和 1 个零电位指示器组成。当指示器两端电压 $\dot{U}_{BD} = 0$ 时，流过指示器的电流相量 $\dot{I} = 0$，这时称电桥达到平衡。

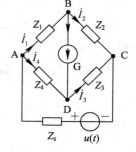

由电路分析知识可得电桥平衡的条件为 $Z_1 Z_3 = Z_2 Z_4$，表明：一对相对桥臂阻抗的乘积必须等于另一对相对桥臂阻抗的乘积。将桥臂平衡条件等式用指数形式表示为

图 6-5　电桥电路

$$|Z_1| e^{j\theta_1} \cdot |Z_3| e^{j\theta_3} = |Z_2| e^{j\theta_2} \cdot |Z_4| e^{j\theta_4} \tag{6-7}$$

根据复数相等的定义，上式必须同时满足

$$\begin{cases} |Z_1| \cdot |Z_3| = |Z_2| \cdot |Z_4| \\ \theta_1 + \theta_3 = \theta_2 + \theta_4 \end{cases} \tag{6-8}$$

式(6-8)表明，电桥平衡必须满足两个条件：相对臂的阻抗模乘积必须相等（模平衡条件）和相对臂的阻抗角之和必须相等（相位平衡条件）。因此在交流情况下，必须调节两个或两个以上的元件才能将电桥调节到平衡。

由以上分析可得：

(1) 电桥的平衡仅与桥臂的元件数值有关，与指示器的准确度无关，与电流电压及其内阻大小无关。必须指出，指示器的灵敏度、电源电压及其内阻对电桥的灵敏度是有极大影响的。指示器的灵敏度越高，越能反映被测元件数值微小的差异；电源电压升高或内阻降低，使输入电流增大，因而会使电桥灵敏度提高。

（2）信号源（电流源或电压源）与指示器的位置可以互换，其平衡条件不变。所谓平衡电桥的灵敏度，是指电桥接近于平衡时，桥路指示器对角线上输出电流、电压或功率的增量与电桥臂中任一阻抗增量之比值。

（3）任一桥臂元件的阻抗值正比于邻臂的阻抗值，而反比于对臂的阻抗值。如果取邻臂作为标准可调元件，则被测元件具有与标准臂元件相同的性质，或同为容抗或同为感抗，并且具有线性刻度。若采用对臂作为标准可调元件，则被测元件具有与标准元件相异的性质，标准元件为容抗，被测元件即为感抗，这时具有非线性刻度。

6.2.2 电桥法测电阻

按电桥中使用电源的不同，电桥可分为直流电桥和交流电桥。测量电阻主要用直流电桥，通常又分为直流单臂电桥和直流双臂电桥。直流单臂电桥又叫惠斯登电桥，适用于中值电阻的测量。直流双臂电桥用于测量小电阻，大电阻可用超高阻电桥。直流单臂电桥电路如图 6-6 所示，图中 R_1、R_2 是固定电阻，构成比率臂，比例系数 $R_1/R_2=K$，R_n 为标准电阻，R_x 为被测电阻，

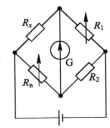

图 6-6 直流单臂电桥

G 为零位指示器。测量时接通直流电源，调节 K 和 R_n，使电桥平衡，即零位指示器指零，根据当前的 K 和 R_n，可求得 $R_x=\dfrac{R_1}{R_2}R_n=KR_n$。

6.2.3 电桥法测电容

交流电桥法测电容有两种电路，如图 6-7 所示。图 6-7(a) 是维恩电桥，主要用来测量电容器的串联等效电路参数，它适合损耗因数 D 较小的电容器测量。图 6-7(b) 用来测量电容器的并联等效电路参数，它适合损耗因数 D 较大的电容器测量。

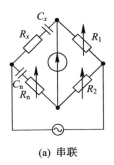　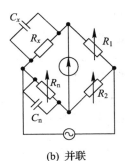

(a) 串联　　　　　　　　　　　　(b) 并联

图 6-7 交流电桥测量电容

图 6-7(a) 中若电桥平衡，则有

$$R_1\left(R_n+\frac{1}{\mathrm{j}\omega C_n}\right)=R_2\left(R_x+\frac{1}{\mathrm{j}\omega C_x}\right) \tag{6-9}$$

整理后得

$$\begin{cases} C_x = \dfrac{R_2}{R_1}C_n \\[2mm] R_x = \dfrac{R_1}{R_2}R_n \\[2mm] D = \dfrac{1}{Q} = 2\pi f R_n C_n \end{cases} \tag{6-10}$$

图 6-7(b)中若电桥平衡，则有

$$R_1 \cdot \frac{R_n\dfrac{1}{\mathrm{j}\omega C_n}}{R_n + \dfrac{1}{\mathrm{j}\omega C_n}} = R_2 \cdot \frac{R_x\dfrac{1}{\mathrm{j}\omega C_x}}{R_x + \dfrac{1}{\mathrm{j}\omega C_x}} \tag{6-11}$$

整理后得

$$\begin{cases} C_x = \dfrac{R_2}{R_1}C_n \\[2mm] R_x = \dfrac{R_1}{R_2}R_n \\[2mm] D = \dfrac{1}{Q} = \dfrac{1}{2\pi f R_n C_n} \end{cases} \tag{6-12}$$

6.2.4　电桥法测电感

交流电桥法测电感有两种电路，如图 6-8 所示。若将 R_n 和 C_n 并联作为一个桥臂则是麦克斯韦电桥，主要用来测量低 Q 值电感；若将 R_n 和 C_n 串联作为一个桥臂则是海氏电桥，主要用来测量高 Q 值电感。

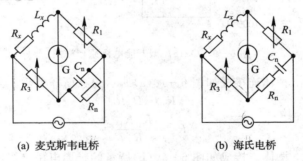

(a) 麦克斯韦电桥　　　　　　　　(b) 海氏电桥

图 6-8　交流电桥测量电感

图 6-8(a)中若电桥平衡，则有

$$R_1 R_3 = (R_x + \mathrm{j}\omega L_x)\frac{1}{\dfrac{1}{R_n} + \mathrm{j}\omega C_n} \tag{6-13}$$

整理后得

$$\begin{cases} R_x = \dfrac{R_1 R_3}{R_n} \\[2mm] L_x = R_1 R_3 C_n \\[2mm] Q = \omega R_n C_n \end{cases} \tag{6-14}$$

图 6 - 8(b)中若电桥平衡，则有

$$R_1 R_3 = \frac{j\omega L_x R_x}{j\omega L_x + R_x}\left(R_n + \frac{1}{j\omega C_n}\right) \tag{6-15}$$

整理后得

$$\begin{cases} R_x = \dfrac{R_1 R_3}{R_n} \\[2mm] L_x = R_1 R_3 C_n \\[2mm] Q = \dfrac{1}{\omega R_n C_n} \end{cases} \tag{6-16}$$

6.2.5 万能电桥的使用

QS18A 型万能电桥是一种交流电桥，可测量电阻、电感、电容、线圈的 Q 值以及电容器的损耗等，是一种多用途、宽量程的便携式仪器。

1. QS18A 型万能电桥的结构和工作原理

QS18A 型万能电桥原理框图如图 6 - 9 所示。它由桥体、信号源(1000 Hz 振荡器)和晶体管指零仪三部分组成。桥体是电桥的核心部分，由标准电阻、标准电容及转换开关组成，通过转换开关切换，可以构成不同的电桥电路，对电阻、电容、电感进行测量。

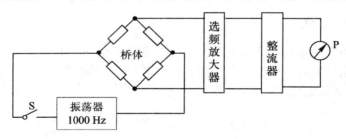

图 6 - 9　QS18A 型万能电桥原理框图

(1) 测量电阻时，桥体连接成如图 6 - 10(a)所示的惠斯登电桥。当电桥平衡时

$$R_A R_B = R_S R_x$$

$$R_x = \frac{R_A R_B}{R_S} \tag{6-17}$$

(2) 测量电容时，桥体连接成如图 6 - 10(b)所示的维恩电桥。当电桥平衡时

$$\begin{cases} C_x = \dfrac{R_B C_S}{R_A} \\[2mm] R_x = \dfrac{R_A R_S}{R_B} \\[2mm] D_x = \omega C_S R_S \end{cases} \tag{6-18}$$

(3) 测量电感时，桥体连接成如图 6 - 10(c)所示的麦克斯韦电桥。当电桥平衡时

$$\begin{cases} L_x = R_A R_B C_S \\[2mm] R_x = \dfrac{R_A R_B}{R_S} \\[2mm] Q_x = \omega C_S R_S \end{cases} \tag{6-19}$$

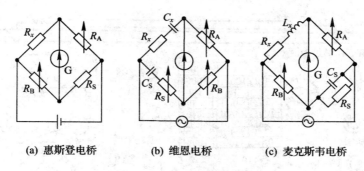

| (a) 惠斯登电桥 | (b) 维恩电桥 | (c) 麦克斯韦电桥 |

图 6 - 10　QS18A 型万能电桥

2. QS18A 型万能电桥的主要性能指标

当仪器工作在 10～30 ℃，相对湿度在 30%～80% 情况下时，测量结果应不超过表 6 - 1 中所示的规定。

表 6 - 1　QS18A 型万能电桥的主要性能指标

被测量	测量范围	基本误差 （按量程最大值计算）	损耗范围	使用电源
电阻	10 mΩ～1.1 Ω 1 Ω～1.1 MΩ 1 MΩ～11 MΩ	$\pm(5\%\pm5\ \text{m}\Omega)$ $\pm(1\%\pm\Delta)$ $\pm(5\%\pm\Delta)$		10 mΩ～10 Ω用内部 1 kHz 电源 大于 10 Ω用内部 9 V 电源
电容	1.0 pF～110 pF 100 pF～110 μF 100 μF～1100 μF	$\pm(2\%\pm0.5\ \text{pF})$ $\pm(2\%\pm\Delta)$	D 值 0～0.01 0～10	内部 1 kHz 电源
电感	1.0 μH～11 μH 10 μH～110 μH 100 μH～1.1 H 1 H～11 H 10 H～110 H	$\pm(2\%\pm0.5\ \mu\text{H})$ $\pm(2\%\pm\Delta)$ $\pm(2\%\pm\Delta)$ $\pm(2\%\pm\Delta)$ $\pm(2\%\pm\Delta)$	Q 值 0～10	内部 1 kHz 电源

3. QS18A 型万能电桥的使用方法

1）各旋钮的作用

QS18A 型万能电桥的面板如图 6 - 11 所示，各功能键的作用如下。

1—被测端口：此端口用来连接所需测量的元件，若被测元件无法直接连接到端口时，可通过导线连接（在测量较小量值的元件时，需扣除导线的电阻），被测端口"1"表示高电位，"2"表示低电位。在实际使用中，若要考虑高低电位时（如测量电解电容），可按此标记来连接，通常情况不需要考虑。

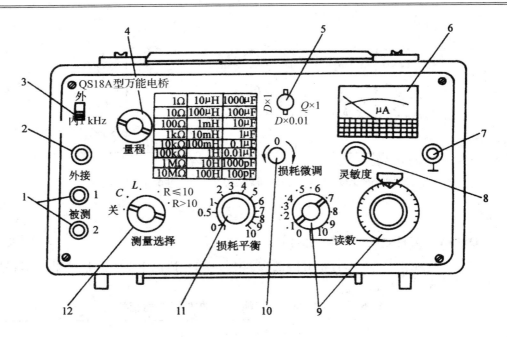

图 6-11　QS18A 型万能电桥的面板

2—外接插孔：当测量有极性的电容和铁芯电感时，如需外部叠加直流偏置，可通过此插孔接于桥体；当使用外部的音频振荡信号时，可通过此插孔加到桥体（此时应将插孔上方的拨动开关拨向"外"位置）。

3—拨动开关：当使用机内 1 kHz 振荡信号时，应将开关向下拨向"内 1 kHz"位置；若使用外部振荡信号，此时内部 1 kHz 振荡信号停止工作，应将开关向上拨向"外"位置。

4—量程开关：此开关用来选择测量范围，面板上的标示值是指电桥在满度时的最大值。

5—损耗倍率开关：用来扩展损耗平衡的读数范围。在一般情况下测量空心电感线圈时，此开关旋到"Q×1"的位置；测量高 Q 值电感线圈、小损耗电容器时，此开关旋到"D×0.01"的位置；测量损耗较大的电容器时，此开关旋到"D×1"的位置。在测量电阻时，此开关不起作用，可放在任何位置。

6—指示电表：用于指示电桥的平衡状态。在电桥平衡过程中，操作有关的旋钮，观察指示电表指针的动向，当指针指向"0"时，即达到电桥平衡位置。

7—接壳端钮：此端钮与本电桥的机壳相连。使用时应接地，以减小干扰影响。

8—灵敏度调节旋钮：用来控制电桥放大器的放大倍数，开始测量时，应降低灵敏度，指示电表小于满刻度；当电桥接近平衡时，再逐渐增大灵敏度。

9—读数盘：调节两个读数盘可使电桥平衡。第一位读数盘（左边）为步进开关，步级为 0.1（也就是量程旋钮指示值的 1/10），第二、三位读数是由连续可调的滑线电位器指示。

10—损耗微调旋钮：用于微调平衡时的损耗值，一般情况下，应将其放在"0"位置。

11—损耗平衡调节旋钮：用于指示被测元件的损耗读数，此读数盘上的指示值再乘以损耗倍率开关的示值,即为损耗值。

12—测量选择开关:此开关用于转换电桥线路。测量电容时,应将开关置于"C"处;测量电感时,应将开关置于"L"处;测量 10 Ω 以内电阻时,应将开关置于"$R \leqslant 10$"处;测量 10 Ω 以上电阻时,应将开关置于"$R > 10$"处。测量完毕后,应将此旋钮置于"关"的位置。

2) 电阻的测量

电阻的测量可按照以下步骤进行:

(1) 估计被测电阻的大小,旋动量程开关 4 到适当的量程位置。

(2) 旋动测量选择开关 12 到合适的位置。例如:被测电阻小于 10 Ω 时,选择开关旋到"$R \leqslant 10$"处,量程应置于"1 Ω"或"10 Ω"处;同理可知"$R > 10$"时的情况。

(3) 将被测量电阻接在接线柱上,调节灵敏度旋钮 8,使电表指针略小于满刻度。

(4) 调节读数旋钮 9 的第一位步进开关和第二位滑线盘,使电表指针往"0"的方向偏转。

(5) 再将灵敏度置到足够大的位置,调节滑线盘,使电桥达到最后平衡,电桥的读数即为被测电阻值。即

$$被测量 R_x = 量程开关指示值 \times 读数指示值$$

例 6 - 1　用 QS18A 型万能电桥测量某电阻时,量程开关放在 100 Ω 位置,电桥的读数盘示值分别为 0.9 和 0.092,其电阻值 R_x 多大?

解　$R_x = 量程开关指示值 \times 读数指示值 = 100 \times (0.9 + 0.092) = 99.2(\Omega)$

3) 电感的测量

电感的测量可按照以下步骤进行:

(1) 估计被测电感的大小,旋动量程开关 4 到适当的量程位置。

(2) 旋动测量选择开关 12 到"L"。根据被测量电感的性质选择损耗倍率开关 5 的位置:测空心电感时,开关置在"$Q \times 1$";测高 Q 值滤波电感线圈时,开关置在"$D \times 0.01$",$D = 1/Q$;测铁芯电感线圈时,开关置在"$D \times 1$"。

(3) 将被测量电感接在接线柱上,将损耗平衡调节旋钮 11 放在 1 位置,调节灵敏度旋钮 8,使电表指针略小于满刻度。

(4) 反复调节读数旋钮 9 和损耗平衡旋钮 11,使电表指针往"0"的方向偏转。再将灵敏度置到足够大的位置,调节读数旋钮和损耗平衡旋钮,使指针指"0"或接近于"0"的位置,此时电桥达到最后平衡。

(5) 电桥平衡时,被测量的 L_x 和 Q_x 分别为

$$L_x = 量程开关指示值 \times 读数指示值$$

$$Q_x = 损耗倍率指示值 \times 损耗平衡指示值$$

例 6 - 2　用 QS18A 型万能电桥测量线圈的电感量 L_x 及 Q_x 值,当电桥平衡时,左边读数盘(粗调)示值为 0.6,右边读数盘(细调)示值为 0.028,量程开关在 100 mH 挡上,损耗倍率开关在"$Q \times 1$"挡上,损耗平衡盘读数为 3.5,求被测电感 L_x 和品质因数 Q_x。

解　$L_x = 量程开关指示值 \times 读数指示值 = 100 \times (0.6 + 0.028) = 62.8(\text{mH})$

$\qquad Q_x = 损耗倍率指示值 \times 损耗平衡指示值 = 1 \times 3.5 = 3.5$

4）电容的测量

电容的测量可按照以下步骤进行：

（1）估计被测电容的大小，旋动量程开关 4 到适当的量程位置。

（2）旋动测量选择开关 12 到"C"，损耗倍率开关置在"$D\times0.01$"（一般电容器）或置在"$D\times1$"（电解电容）。

（3）将被测量电容接在接线柱上，将损耗平衡调节旋钮 11 放在 1 位置，损耗微调逆时针旋到底，调节灵敏度旋钮 8，使电表指针略小于满刻度。

（4）首先调节读数旋钮，再调节损耗平衡旋钮，使电表指针往"0"的方向偏转。再多次将灵敏度调高，调节读数旋钮和损耗平衡旋钮，使指针指"0"或接近于"0"的位置，直到灵敏度足够大时，此时电桥达到最后平衡。

（5）电桥平衡时，被测量的 C_x 和 D_x 分别为

$$C_x=量程开关指示值\times读数指示值$$
$$D_x=损耗倍率指示值\times损耗平衡指示值$$

例 6-3 用 QS18A 型万能电桥测量标称值为 470 pF 的电容，当电桥平衡时，左边读数盘（粗调）示值为 0.4，右边读数盘（细调）示值为 0.056，损耗平衡盘读数为 1.4，量程开关在 1000 pF 挡上，损耗倍率开关在"$D\times0.01$"挡上，其电容量 C_x 和损耗因数 D_x 各为多少？

解　$C_x=量程开关指示值\times读数指示值=1000\times(0.4+0.056)=456(pF)$
$$D_x=损耗倍率指示值\times损耗平衡指示值=0.01\times1.4=0.014$$

6.3　谐振法测阻抗

谐振法是测量阻抗的另一种基本方法，它是利用调谐回路的谐振特性而建立的测量方法。其测量精度低于交流电桥法，但是由于测量线路简单方便，技术上的困难要比高频电桥小（主要是杂散耦合的影响）。加之高频电路元件大多为调谐回路元件使用，故用谐振法进行测量也比较符合其工作的实际情况。所以在测量高频电路参数（如电容、电感、品质因数、有效阻抗等）中，谐振法是一种重要的手段。典型的谐振法测量仪器是 Q 表，所以谐振法又称 Q 表法，其工作频率范围相当宽。

谐振法测量原理如图 6-12 所示，它由振荡源、已知元件和被测元件组成的谐振回路以及谐振指示器组成。

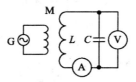

图 6-12　谐振法原理

当回路达到谐振时，有

$$\omega=\omega_0=\frac{1}{\sqrt{LC}} \tag{6-20}$$

且回路总阻抗为零，即

$$\begin{cases} X = \omega_0 L - \dfrac{1}{\omega_0 C} = 0 \\[2mm] L = \dfrac{1}{\omega_0^2 C} \\[2mm] C = \dfrac{1}{\omega_0^2 L} \end{cases} \tag{6-21}$$

测量回路与振荡源之间采用弱耦合，可使振荡源对测量回路的影响小到可以忽略不计。谐振指示器一般用电压表并联在回路上，或用热偶式电流表串联在回路中，它们的内阻对回路的影响应尽量小。将回路调至谐振状态，根据已知的回路关系式和已知元件的数值，求出未知元件的参量。

6.3.1　谐振法测量电容

1. 直接法测量电容

直接法测量电容的测试电路如图 6-13 所示，调节振荡频率 f，使电压表指示最大，则被测电容为 $C_x = \dfrac{1}{(2\pi f)^2 L}$。直接法测量电容的误差包含：分布电容（线圈和接线分布电容）引起的误差；当频率过高时引线电感引起的误差；当回路 Q 值较低时，谐振曲线很平坦，不容易准确找出谐振点（电压表指示值最大），也会产生误差。

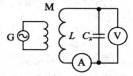

图 6-13　直接法测量电容

2. 替代法测量电容

用替代法测电容，可以消除由于分布电容引起的测量误差，测试电路如图 6-14 所示。C 是一只已定度好的可变电容器，其容量变化范围大于被测的电容量。在不接 C_x 的情况下，将可变电容 C 调到某一容量较大的位置，设其电容值为 C_1，调节信号源频率，使回路谐振。然后接入被测电容 C_x，信号源频率保持不变，此时回路失谐，重新调节 C 使回路再次谐振，这时 C 为 C_2，那么被测电容 $C_x = C_1 - C_2$。这种方法叫并联替代法，它适合于测量小电容。其测量误差主要取决于可变标准电容的刻度误差。

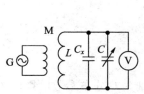

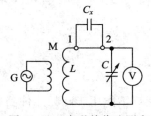

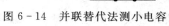

图 6-14　并联替代法测小电容　　　　图 6-15　串联替代法测大电容

当被测电容容量大于标准电容器的最大电容值时，必须用串联接法，如图 6-15 所示。先将图中 1、2 两端短路，调到电容值较小位置，调节信号源频率使回路谐振，这时电容值为 C_1。然后拆除短路线，将 C_x 接入回路，保持信号源频率不变，调节 C 使回路再次谐振，此时可变电容 C 为 C_2，显然 C_1 等于 C_2 与 C_x 的串联值，即 $C_1 = \dfrac{C_2 C_x}{C_2 + C_x}$。由此得

$$C_x = \frac{C_1 C_2}{C_2 - C_1} \tag{6-22}$$

在被测电容比可变标准电容大很多的情况下，C_1 和 C_2 的值非常接近，测量误差增大，因此这种测量方法也有一定范围。

6.3.2　谐振法测量电感

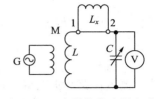

图 6-16　串联替代法测电感

测量小电感量的电感时，用串联替代法，如图 6-16 所示。首先将 1、2 两端短接，调节 C 到较大电容值 C_1 位置，调节信号源频率，使回路谐振，此时有

$$L = \frac{1}{(2\pi f)^2 C_1} \qquad (6-23)$$

然后去掉 1、2 之间的短路线，将 L_x 接入回路，保持信号源频率不变，调节 C 至 C_2 时，回路再次谐振，此时

$$L_x + L = \frac{1}{4\pi^2 f^2 C_2} \qquad (6-24)$$

将式（6-24）和式（6-23）两式相减，整理得

$$L_x = \frac{C_1 - C_2}{4\pi^2 f^2 C_1 C_2} \qquad (6-25)$$

测量较大的电感常采用并联替代法，如图 6-17 所示。先不接 L_x，可变电容 C 调到小电容值位置，这时 C 为 C_1，调节信号源频率使回路谐振，此时有

$$\frac{1}{L} = 4\pi^2 f^2 C_1 \qquad (6-26)$$

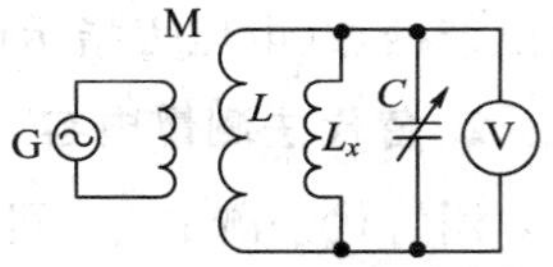

图 6-17　并联替代法测电感

然后接入 L_x，保持信号源频率固定不变，调节 C 使回路再次谐振，记下可变电容器 C 的电容值 C_2，此时有

$$\frac{1}{L} + \frac{1}{L_x} = 4\pi^2 f^2 C_2 \qquad (6-27)$$

将式（6-26）和式（6-27）两式相减，取倒数，得

$$L_x = \frac{1}{4\pi^2 f^2 (C_2 - C_1)} \qquad (6-28)$$

6.3.3　Q 表的使用

电桥应用广泛但不能用于高频元件测量，特别是对分布参数的影响难以在电桥平衡时消除，所以几乎没有用于高频的电桥。那么，高频元件参数如何测量呢？通常是选用一种称为高频 Q 表的测量仪器进行测量。高频 Q 表不仅可以测量电感电容的参数，如电感量、品质因数等，还可以用于测量电工材料的高频介质损耗以及电感的分布电容等。

1. QBG-3 型 Q 表的结构和工作原理

Q 表是根据谐振原理制成的测量仪表，可在高频（几十 kHz 至几十 MHz，甚至几百 MHz）下测量电感线圈的 Q 值、电感量、分布电容，电容器的电容量、分布电感、损耗及电阻器的电阻、介质的损耗、介电常数和回路阻抗等参数。由于电压表刻度的指示 Q 值是表

示整个谐振回路的 Q 值，它不等于回路中某一元件(例如接入的被测线圈)的 Q 值，因此要得到被测元件的 Q 值必须考虑到回路本身其他部件的损耗(称之为残量)的影响，也就是说必须进行必要的修正，这是 Q 表一个特别重要的特点。

QBG － 3 型 Q 表由测量回路、信号源、耦合回路及 Q 值电压表等部分组成，如图 6 － 18 所示。图中高频振荡器产生频率可调、振幅稳定的正弦信号；V_1 为定位电压表，用于指示信号源的电压，保证输出电压为 500 mV；高频信号源与测量回路采用电阻耦合的方式，R_1 选 1.96 Ω，R_2 选 0.04 Ω，所以测量回路的输入电压是 10 mV；C_s、C_{sc} 为标准可变电容，电容值可调且可直接读出，C_s 为主调电容，C_{sc} 为微调电容；V_2 采用的是高阻抗电压表(高频电压表)，通过谐振时的电容电压可直接读出 Q 值。

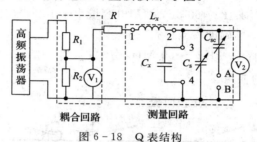

图 6 － 18　Q 表结构

1) 测量电感

将被测电感接在图 6 － 18 所示的 1、2 端，A、B 间用短路线相连，调节频率到要求的测试频率 f_0，调节主调电容 C_s 使电路发生谐振(即 V_2 读数最大)，此时电感 L_x 为

$$L_x = \frac{1}{(2\pi f_0)^2 C_s} \tag{6-29}$$

由于 f_0 已知，所以由 C_s 就可确定 L_x 的大小，因此可在 C_s 的刻度盘上直接读出 L_x。

2) 测量电容

当测量小电容时，常用并联替代法。先将一电感 L 接入图 6 － 18 所示的 1、2 端，A、B 间用短路线相连，调节主调电容 C_s 处于最大值 C_{smax} 处，调节信号源频率 f_0，使电路发生谐振(即 V_2 读数最大)；然后将被测电容接在 3、4 端，仅调节 C_s 使电路重新发生谐振，记下主调电容 C_{s1}。此时有

$$C_x = C_{smax} - C_{s1} \tag{6-30}$$

测量大电容时，常采用串联替代法。先将一电感 L 接入图 6 － 18 所示的 1、2 端，A、B 间用短路线相连，调节主调电容 C_s 处于较小值 C_{smin} 处，调节信号源频率 f_0，使电路发生谐振(即 V_2 读数最大)，此时有

$$f_0 = \frac{1}{2\pi \sqrt{LC_{smin}}} \tag{6-31}$$

然后将 A、B 间的短路线断开，接入被测电容 C_x，保持频率 f_0 不变，仅调节 C_s 使电路重新发生谐振，记下主调电容 C_{s1}。此时有

$$f_0 = \frac{1}{2\pi \sqrt{L \dfrac{C_x C_{s1}}{C_x + C_{s1}}}} \tag{6-32}$$

比较式(6 － 31)和式(6 － 32)，可得

$$C_{\text{smin}} = \frac{C_x C_{\text{s}1}}{C_x + C_{\text{s}1}} \qquad\qquad (6-33)$$

即

$$C_x = \frac{C_{\text{s}1} C_{\text{smin}}}{C_{\text{s}1} - C_{\text{smin}}} \qquad\qquad (6-34)$$

2. QBG-3 型 Q 表的主要技术指标

(1) Q 值测量范围：$10 \sim 600$ 分为 $10 \sim 100$、$20 \sim 300$、$50 \sim 600$ 三挡，准确度 $<$ $\pm 10\%$。

(2) 电感量的测量范围：$0.1\ \mu\text{H} \sim 100\ \text{mH}$ 分六挡，准确度 $< \pm 5\%$。

(3) 电容量的测量范围：$1 \sim 460\ \text{pF}$，被测电容量小于 $150\ \text{pF}$ 时，准确度 $< \pm 1.5\%$；被测电容量大于 $150\ \text{pF}$ 时，准确度 $< \pm 1\%$。

(4) 信号源频率范围：$50\ \text{kHz} \sim 50\ \text{MHz}$ 分六挡。

3. QBG-3 型 Q 表的使用

图 6-19 所示为 QBG-3 型 Q 表面板。

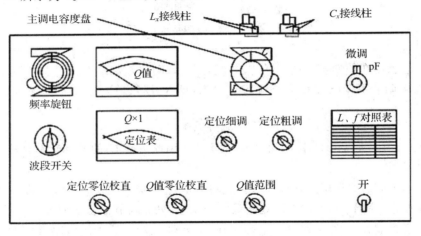

图 6-19　QBG-3 型 Q 表面板

1) 测试前的准备

将"定位粗调"旋钮逆时针方向旋到底，"定位零位校直""Q 值零位校直"置于中间位置，"微调"电容旋到零。短接 L_x 两端，对定位电压表、Q 值电压表进行机械调零（每次测量前，都应短接 L_x 进行机械调零）。等仪器预热 $10\ \text{min}$ 以上，并等仪器稳定后再进行测量。

2) 电感线圈 Q 值的测量

(1) 除去短路线，接入被测电感线圈。选择"波段开关"，调节"频率旋钮"到所需要的频率值。

(2) 估计被测电感线圈 Q 值，将"Q 值范围"旋到相应的挡位。

(3) 调节"定位零位校直"，使定位电压表指示为零；调节"定位粗调"和"定位细调"使定位电压表指到"Q×1"处。

(4) 调整主调电容刻度盘远离谐振点，使 Q 值电压表指示最小；再调节"Q 值零位校直"使 Q 值电压表的指针指向"0";此时调节主调电容和"微调"电容旋钮，使电路发生谐振（Q 值电压表读数最大），此时可由 Q 值电压表直接读出 Q 值。

3）电感线圈 L_x 值的测量

（1）先按 2）中第（1）、（2）步骤进行。

（2）估计被测电感线圈 L_x 值，在如表 6-2 所示的 L、f 对照表上找到相应的频率，估计频率要求，选择"波段开关"，调节"频率旋钮"到所需的频率值。

（3）将"微调"置于零点，调节主调电容使电路发生谐振（Q 值电压表读数最大），此时从主调电容上读出电感值乘以"L、f 对照表"中的倍率，就是被测线圈的电感量 L_x，即 L_x ＝主调电容上电感值×"L、f 对照表"中的倍率。

表 6-2 L、f 对照表

电感	倍率	频率
0.1～1 μH	×0.1	25.2 MHz
1.0～10 μH	×1	7.95 MHz
10～100 μH	×10	2.52 MHz
0.1～10 mH	×0.1	795 kHz
1.0～10 mH	×1	252 kHz
10～100 mH	×10	79.5 kHz

例 6-4 用 Q 表测某电感线圈，经测量，从主调电容刻度盘上读得的电感值为 6.1 mH，查 L、f 对照表知此时的倍率为"×0.1"，求被测电感的 L_x 是多少？

解 L_x ＝主调电容上电感值×"L、f 对照表"中的倍率＝6.1×0.1＝0.61（mH）

4）线圈分布电容的测量

（1）接入被测电感线圈。

（2）调节主调电容 C_s，取 C_s ＝200 pF，转换"波段开关"和"频率旋钮"找到使电路谐振的频率 f，然后将频率调至 2f 处。

（3）调节主调电容 C_s，使电路再次发生谐振，此时电容值为 C_1，由式 C_1 ＝$(C_s - 4C_1)/3$ 求出线圈的分布电容。

5）电容值的测量

（1）小于 460 pF 电容的测量。

① 在附件中取一个电感量大于 1 mH 的标准电感接于"L_x"处，将微调电容调到零，主调电容调到较大值（500 pF），记作 C_{s1}。

② 调节"定位零位校直"使定位电压表指示为零；调节"定位粗调"和"定位细调"使定位电压表指到"Q×1"处。

③ 调节"波段开关"和"频率旋钮"，使电路发生谐振。

④ 将被测电容接到"C_x"接线柱上，保持信号源频率不变，调节主调电容使电路再次发生谐振，此时刻度盘电容为 C_{s2}，则被测电容为 C_x ＝$C_{s1} - C_{s2}$。

（2）大于 460 pF 电容的测量。

① 先取一个已知容量的辅助电容 C_1 接在"C_x"接线柱上，进行小电容测量的①、②、③步。

② 拆下辅助电容 C_1，接入被测电容，调主调电容使电路再次发生谐振，此时刻度盘电容为 C_{s2}，则被测电容为 $C_x = C_1 + C_{s1} - C_{s2}$。

6）电容损耗的测量

（1）在附件中取一个电感量大于 1 mH 的标准电感，其分布电容记为 C_0，接至"L_x"处。将微调电容调到零，主调电容调到较大值（500 pF），记作 C_{s1}。

（2）调节"波段开关"和"频率旋钮"，使电路发生谐振。记下此时 Q 表的读数为 Q_1。

（3）接入被测电容，调小主调电容刻度盘，使电路再次发生谐振，记下电容刻度盘的读数 C_{s2} 和 Q 表的读数 Q_2。此时损耗因数 D_x 及电容的等效并联损耗电阻 R_0 分别为

$$\begin{cases} D_x = \dfrac{1}{Q} = \dfrac{Q_1 - Q_2}{Q_1 Q_2} \cdot \dfrac{C_{s1} + C_0}{C_{s1} - C_{s2}} \\ R_0 = \dfrac{Q_1 - Q_2}{Q_1 Q_2} \cdot \dfrac{1}{2\pi f (C_{s1} - C_0)} \end{cases} \tag{6-35}$$

6.4 阻抗的数字化测量

阻抗的数字化测量方法，首先是利用正弦信号在被测阻抗的两端产生交流电压，然后通过实部和虚部的分离，最后利用电压的数字化测量来实现的。下面以双积分式 DVM 为基础来介绍阻抗的数字化测量。

6.4.1 电感-电压(L-U)变换

电感电压变换的原理如图 6-20 所示。图中 A_1 为阻抗-电压转换部分，两个同步检波器实现实、虚部分离，完成交-直流电压转换，并提供基准电压。

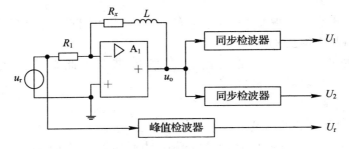

图 6-20 电感-电压变换原理

设标准正弦信号为 $u_r = U_r \sin\omega t$，则 u_o 为

$$u_o = -\frac{U_r R_x}{R_1}\sin\omega t - \mathrm{j}\,\frac{U_r \omega L_x}{R_1}\sin\omega t \tag{6-36}$$

u_o 经同步检波后输出实、虚部幅度为

$$U_1 = -\frac{U_r}{R_1} R_x$$

$$U_2 = -\frac{U_r}{R_1}L_x \tag{6-37}$$

利用双积分式 DVM，可实现 R_x、L_x、Q_x 的测量。

1. R_x 的测量

将 U_1 作为被测电压，U_r 作为基准电压接入双积分式 DVM 中，则有

$$\frac{U_r}{R_1}R_x = \frac{U_r}{N_1}N_2 \tag{6-38}$$

即

$$R_x = \frac{R_1}{N_1}N_2 \tag{6-39}$$

利用式(6-39)选择合适的 R_1，可直接读出 R_x。

2. L_x 的测量

将 U_2 作为被测电压，U_r 作为基准电压接入双积分式 DVM 中，则有

$$\frac{U_r \omega L_x}{R_1} = \frac{U_r}{N_1}N_2 \tag{6-40}$$

即

$$L_x = \frac{R_1}{N_1 \omega}N_2 \tag{6-41}$$

选择适当的 R_1 和 ω 即可直接读出 L_x 的值。

3. Q_x 的测量

将 U_2 作为被测电压，$-U_1$（进行极性转换）作为基准电压接入双积分式 DVM 中，则有

$$\frac{U_r}{R_1}\omega L_x = \frac{U_r}{R_1}R_x \cdot \frac{N_2}{N_1} \tag{6-42}$$

即

$$Q_x = \frac{\omega L_x}{R_x} = \frac{1}{N_1}N_2 \tag{6-43}$$

即可直接读出 Q_x 的值。

6.4.2　电容-电压(C-U)变换

考虑到电容器常用的等效电路形式，电容-电压变换时，电容采取并联形式。图 6-21 是它的阻抗-交流变换部分。

利用上述方法，可得 $U_1 = -G_x R_1 U_r$，$U_2 = -\omega C_x R_1 U_r$，再利用双积分式 DVM 可得

$$\begin{cases} C_x = -\dfrac{1}{\omega R_1 U_r}U_2 \\[2mm] G_x = -\dfrac{1}{R_1 U_r}U_1 \\[2mm] D_x = \dfrac{G_x}{\omega C_x} = \dfrac{U_2}{U_1} \end{cases} \tag{6-44}$$

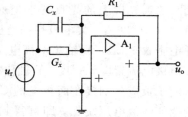

图 6-21　电容-电压变换原理

6.5 二极管和三极管的测量

6.5.1 二极管的测量

普通二极管的品种很多。它们都由一个 PN 结构成，PN 结的单向导电性是判别二极管好坏的基本依据。

1. 万用表测量二极管

1）用模拟式万用表测量二极管

万用表面板上标有"+"号的端子接红表笔，对应于万用表内部电池的负极，而面板上标有"−"号的端子接黑表笔，对应于万用表内部电池的正极。万用表欧姆挡的等效内阻大小与量程倍率有关，实际内阻值为表盘标度值乘以所选欧姆挡的倍率，不同倍率挡内阻不同，所以，用不同倍率挡测量一个二极管的正向电阻值是不同的。

测量小功率二极管时，万用表置"×100"挡或"×1k"挡，以防万用表的"×1"挡输出电流过大，或"×10k"挡输出电压过大而损坏被测二极管，对于面接触型大电流整流二极管可用"×1"挡或"×10k"挡进行测量。

测量时将二极管分别以两个方向与万用表的表笔相接，两种接法万用表指示的电阻必然是不相等的，其中万用表指示的较小的电阻值为二极管的正向电阻，一般为几百欧姆到几千欧姆左右，此时，黑表笔所接端为二极管的正极，红表笔所接端为二极管的负极。万用表指示的较大的电阻值为二极管的反向电阻，对于锗管，反向电阻应在 100 kΩ 以上，硅管的反向电阻很大，几乎看不出表针的偏转。用这种方法可以判断二极管的好坏和极性。

2）用数字式万用表测量二极管

一般数字式万用表都有二极管测试挡，例如，DT9909C 型数字万用表，其测试原理与模拟式万用表测量电阻完全不同，它实际上测量的是二极管的直流电压降。当二极管的正负极分别与数字万用表的红黑表笔相接时，二极管正向导通，表上显示出二极管的正向导通电压。若二极管的正负极分别与数字万用表的黑红表笔相接时，二极管反向偏置，表上显示固定电压，约为 2.8 V。

2. 晶体管图示仪测量二极管

用晶体管图示仪可以显示二极管的伏安特性曲线，例如，测量二极管的正向伏安特性曲线，首先将图示仪荧光屏上的光点置于坐标左下角，峰值电压范围置 0～20 V，集电极扫描电压极性置于"+"，功耗电阻置 1 kΩ，X 轴集电极电压置 0.1 V/度，Y 轴集电极电流 5 mA/度，Y 轴倍率"×1"，将二极管的正负极分别接在面板上的 C 和 E 接线柱上，缓慢调节峰值电压旋钮，即可得到如图 6 - 22 所示的二极管正向伏安特性曲线，从图中可以看到二极管的导通电压在 0.7 V 左右。

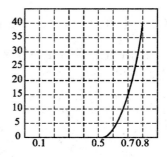

图 6 - 22　图示仪测量二极管的
伏安特性曲线

3. 发光二极管的测量

发光二极管一般由磷化砷、磷化镓等材料制成，它的内部存在一个 PN 结，具有单向导电性，当它正向导通时就能发光。

1）用模拟式万用表判别发光二极管

用模拟式万用表判断发光二极管极性的方法与判断普通二极管的方法是一样的，只不过一般发光二极管的正向导通电压可超过 1 V，实际使用电流可达 100 mA 以上，测量时可用量程较大的"×1k"和"×10k"挡测其正向和反向电阻。一般正向电阻小于 50 kΩ，反向电阻大于 200 kΩ 为正常。

2）发光二极管工作电流的测量

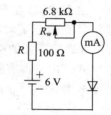

发光二极管的工作电流是一个很重要的参数，工作电流太小，发光二极管不亮，太大则易使管子的使用寿命缩短，甚至烧毁。图 6 - 23 所示的电路可以用来测量发光二极管的工作电流。图中 $R = 100\ \Omega$ 为保护限流电阻，以防测量开始时电位器 $R_{\rm w}$ 调在小阻值上引起电流过大而损坏发光二极管。测量时，缓慢调节电位器 $R_{\rm w}$，使发光二极管工作正常，也就是既发光又不太亮也不太暗，此时，

图 6 - 23　发光二极管工作电流
的测量电路

毫安表指示的数值即为发光二极管的工作电流值。若在此时用直流电压表并接在发光二极管两端，即可测得此发光二极管的正向压降的值。

6.5.2　三极管的测量

半导体三极管的种类和型号较多，从制造材料来分可分为锗管和硅管，从导电类型来分可分为 NPN 管和 PNP 管，从功率大小来分可分为小功率、中功率和大功率管。表征晶体管性能的电参数也有几十个之多，但是在实际应用时，无需测量全部参数，只需根据应用需要做一些基本的测量即可。

无论是 NPN 型还是 PNP 型三极管，其内部都存在两个 PN 结，即发射结（B - E）和集电结（C - E），基极处于公共位置，利用 PN 结的单向导电性，用前面介绍的判别二极管极性的方法，可以很容易地用模拟式万用表找出三极管的基极并判断其导电类型是 NPN 型还是 PNP 型。

1. 基极的判定

以 NPN 型三极管为例说明测试方法。用模拟式万用表的欧姆挡，选择"×1k"或"×100"挡，将红表笔插入万用表的"＋"端，黑表笔插入"－"端，首先选定被测三极管的一个引脚，假定它为基极，将万用表的黑表笔固定接在其上，红表笔分别接另两个引脚，得到的两个电阻值都较小，然后再将红表笔与该假设基极相接，用黑表笔分别接另两个引脚，得到的两个电阻值都较大，则假设正确，假设的基极确为基极，否则假设错误，重新另选一脚假设为基极后重复上述步骤，直到出现上述情况。

当基极判断出来后，由测试得到的电阻值的大小还可知道该三极管的导电类型。当黑表笔接基极时测得的两个电阻值较小，红表笔接基极时测得的两个电阻值较大，则此三极管只能是 NPN 型三极管。反之则为 PNP 型三极管。

对于一些大功率三极管,其允许的工作电流很大,可达安培数量级,发射结面积大,杂质浓度较高,造成基极-发射极的反向电阻不是很大,但还是能与正向电阻区分开来。可选用万用表的"×1"挡或"×10"挡进行测试。

2. 发射极和集电极的判定

判别发射极和集电极的依据是发射区的杂质浓度比集电区的杂质浓度高,因而三极管正常使用时的 β 值比倒置使用时要大得多。仍以 NPN 管为例说明测试方法。用模拟式万用表,将黑表笔接假设的集电极,红表笔接假设的发射极,在集电极(黑表笔)与基极之间接一个 100 kΩ 左右的电阻,看万用表指示的电阻值,然后将红黑表笔对调,仍在黑表笔与基极之间接一个 100 kΩ 左右的电阻,观察万用表指示的电阻值,其中万用表指示电阻值小表示流过三极管的电流大,即三极管处于正常使用的放大状态,则此时黑表笔所接的端子为集电极,红表笔所接的端子为发射极。

一般数字式万用表都有测量三极管的电路,在已知 NPN 型和 PNP 型后,依据三极管正常使用处于放大状态时 β 值较大,可以判别发射极和集电极。

6.6　晶体管特性图示仪

常见的半导体分立器件有二极管、三极管、场效应管、晶闸管及光电管等种类。根据所测量参数类型的不同,半导体分立器件测量仪器主要有以下几种:直流参数测量仪器、交流参数测量仪器、极限参数测量仪器、晶体管特性图示仪。其中晶体管特性图示仪是应用最广泛的一种,它能测量各类晶体二极管的正向特性、反向特性,三极管的输入特性、输出特性、电流放大特性、各种反向饱和电流、各种击穿电压,场效应管的漏极特性、转移特性、夹断电压和跨导等参数。晶体管特性图示仪具有用途广泛、直观性强和读测简便等优点。与示波器的区别是晶体管特性图示仪能够给自身提供测试时所需要的信号源,并将测试结果以曲线形式显示在荧光屏上。

6.6.1　晶体管特性的图示方法

1. 逐点测量法

NPN 型三极管共射输出特性曲线,以及逐点测量它的电路,分别如图 6-24 和图 6-25所示。测量时,固定基极电流 I_B,改变 E_C 值,可测得一组 U_{CE} 和 I_C 值。重复这个过程,可测得多组 U_{CE} 和 I_C 值。适当选取坐标,就能描出输出持性曲线。

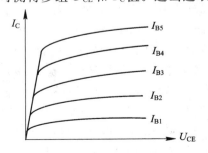

图 6-24　NPN 型三极管共射输出特性曲线

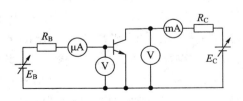

图 6-25　逐点测量电路

2. 晶体管特性的图示方法

用手工测试及描图的方法十分繁琐，操作时间长，而且在测极限参数时，容易损坏晶体管。若要用仪器来完成，则该仪器应有如下功能：

(1) 能提供测试过程所需的各种基极电流 I_B；

(2) 每一个固定 I_B 期间，集电极电压应作相应改变；

(3) 及时取出各组 U_{CE} 和 I_C 值，送显示电路。

在实际电路中，利用示波器，由阶梯波发生器产生一级数可调的阶梯波电流，作为基极电流 I_B。每一基极电流 I_B 作用期间，将全波整流正弦电压作为集电极扫描电压 U_{CE}，如图 6 - 26(a) 所示。如果通过一定电路把被测管集电极电压加至示波器水平偏转板，把被测管集电极电流(经取样电阻)加至示波器垂直偏转板，于是，可显示出输出特性曲线，如图 6 - 26(b) 所示。要显示稳定，I_B 与 U_{CE} 必须同步，否则显示特性曲线会变形。为减小光点闪烁感，集电极扫描电压 U_{CE} 是频率为 100 Hz 的全波整流正弦电压，基极阶梯波频率可以是 100 Hz 或 200 Hz。若用 200 Hz，那么级数越多，则曲线越稳定。

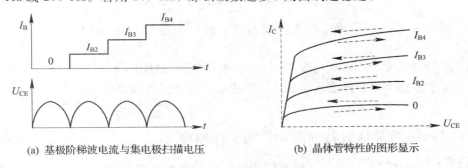

(a) 基极阶梯波电流与集电极扫描电压　　　　(b) 晶体管特性的图形显示

图 6 - 26　晶体管特性的图示方法

6.6.2　晶体管特性图示仪的组成

晶体管特性图示仪是由集电极扫描电压发生器、基极阶梯波信号发生器、同步脉冲发生器、X 轴放大器和 Y 轴放大器、示波管及控制电路、电源电路等部分组成，如图 6 - 27 所示。

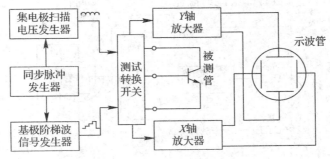

图 6 - 27　晶体管特性图示仪的组成

(1) 集电极扫描电压发生器可产生如图 6 - 28 所示的集电极扫描电压，它是由 50 Hz 的工频交流点经过全波整流得到的 100 Hz 的正弦半波电压，幅值可以调节，用于形成水平扫描线。

图 6-28　集电极扫描电压

（2）基极阶梯波信号发生器可产生如图 6-29 所示的基极阶梯波电压或电流信号，阶梯高度可以调节，用于形成多条曲线簇。

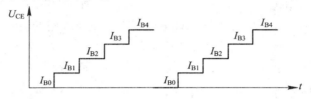

图 6-29　基极阶梯波电压

（3）同步脉冲发生器用于产生同步脉冲，使集电极扫描电压和基极阶梯信号达到同步。

（4）X 轴放大器、Y 轴放大器、示波管和控制电路与通用示波器的电路基本相同。

（5）电源电路为仪器提供包括低压电源和示波管所需的高频高压电源在内的各种工作电源。

6.6.3　XJ4810 型晶体管特性图示仪的工作原理

XJ4810 型晶体管特性图示仪可直接测试晶体管各种组态的输出、输入特性以及各种参数。各种测试功能的基本原理如下。

1. 二极管正、反特性曲线的测试原理

测试原理框图如图 6-30 所示。测试二极管时只需观察流过二极管的电流与二极管两端电压之间的关系，不必使用阶梯信号源。将二极管的正极和负极分别插入 C、E 两个接线端即可。测正向特性时加正极性扫描电压，X 轴放大器测试的是二极管两端的电压，Y 轴放大器测试的是流过二极管的电流的取样电压。测量反向特性时，扫描电压为负极性。

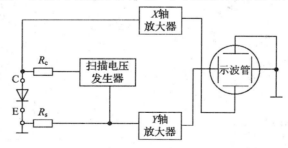

图 6-30　晶体二极管正、反向特性曲线的测试原理框图

2. 三极管的输出、输入特性曲线的测试原理

对于 NPN 管，集电极扫描电压为正极性（PNP 时相反），其基极加入阶梯波电压也是

正极性(PNP 时相反),集电极扫描电压与基极阶梯波电压都是由输入的交流电得来,因而很容易实现其同步。从而保证了阶梯波电流的周期 T_B 是扫描电压周期 T_C 的整数倍,即 $T_B = nT_C$(n 为正整数),通常取 $n = 4 \sim 12$,阶梯波每一级的时间与集电极扫描电压变化一次相同,相当于改变一次阶梯波电流 I_B。

输出特性测试原理如图 6 - 31 所示。集电极扫描电压加在示波器的 X 轴输入端,集电极电流 I_C 经取样电阻后,接入示波器的 Y 轴输入端。此时示波器的屏幕上就出现了输出特性,一级阶梯波对应一条曲线,同一输出特性曲线是由集电极扫描电压由零到最大值形成的扫描正程和集电极扫描电压由最大值降到零回扫形成的,改变阶梯波的级数即可得到所需的曲线数目。

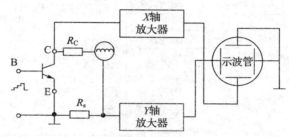

图 6 - 31　晶体三极管的输出特性曲线测试原理框图

输入特性测试原理如图 6 - 32 所示。基极电压加在示波器的 X 轴输入端,集电极电流 I_C 经取样电阻后,接入示波器的 Y 轴输入端。当 $U_{CE} = 0$ 时,此时示波器的屏幕上就出现了一条输入特性,若加上集电极扫描电压,得到的是一簇平行的曲线。

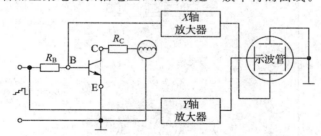

图 6 - 32　晶体三极管的输入特性曲线测试原理框图

3. 场效应管的漏极特性和转移特性的测试原理

场效应管的漏极特性和转移特性的测试与三极管的输出、输入特性曲线的测试原理相同,只是 N 沟道管与 NPN 相对应,P 沟道管与 PNP 相对应,漏极特性与输出特性相对应,转移特性与输入特性相对应。

6.6.4　XJ4810 型晶体管特性图示仪的使用

1. 面板及测试台的结构

XJ4810 型晶体管特性图示仪的面板及测试台的结构分别如图 6 - 33 和图 6 - 34 所示,各开关旋钮功能如下。

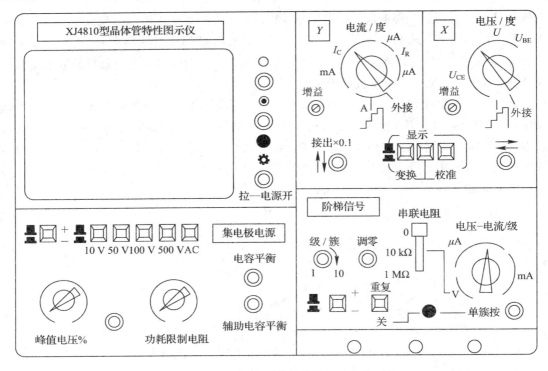

图 6-33 XJ4810 型晶体管特性图示仪的面板

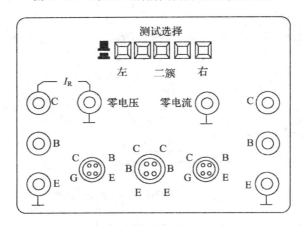

图 6-34 XJ4810 型晶体管特性图示仪的测试台

1）电源及示波管控制部分

（1）电源开关，通断图示仪的电源。

（2）"辉度"旋钮，用于调节曲线的亮度。

（3）"聚焦"旋钮，用于调节曲线的清晰度。

（4）"辅助"旋钮，用于聚焦的辅助调节。

2）集电极电源

（1）峰值电压范围选择开关，用于选择集电极电源最大值。其中 AC 挡能使集电极电源变为双向扫描，使屏幕同时显示出被测二极管的正、反方向特性曲线。当电压由低挡换向高挡时，应先将"峰值电压％"旋钮旋至 0。

(2)"峰值电压％"旋钮，调节该旋钮使集电极电源在确定的峰值电压范围内连续变化。

(3)"＋、－"极性按键开关，按下此极性按键开关时集电极电源极性为负，弹起时为正。

(4)"电容平衡""辅助电容平衡"旋钮，当 Y 轴为较高电流灵敏度时，调节"电容平衡""辅助电容平衡"旋钮使仪器内部容性电流最小，使荧光屏上的水平线基本重叠为一条。一般情况下无需调节。

(5)"功耗限制电阻"旋钮，用于改变集电极回路电阻的大小。测量被测管的正向特性时应置于低电阻挡，测量反向特性时应置于高阻挡。

3) Y 轴部分

(1)"电流/度"旋钮，用于选择不同的垂直偏转灵敏度。沿着逆时针方向依次是测量三极管的集电极电流 I_C（10 μA～500 mA/div，共 15 挡），及测量二极管的反向漏电流 I_R（0.1～5 μA/div，共 6 挡）的量程开关。当旋钮置于"⌐_⌐"（该挡称为基极电流或基极源电压）位置时，屏幕 Y 轴代表基极电流或电压；当旋钮置于"外接"时，Y 轴系统处于外接收状态，外输入端位于仪器左侧面。

(2)"移位"旋钮，除可进行垂直移位外，还兼作倍率开关，当旋钮拉出时，指示灯亮，Y 轴偏转因数缩小为原来的 1/10。

(3)"增益"电位器用于调整 Y 轴放大器的总增益，即 Y 轴偏转因数。一般情况下无需经常调整。

4) X 轴部分

(1)"电压/度"旋钮，用于选择不同的水平偏转灵敏度。沿着逆时针方向依次是测量集电极电压 U_{CE}（0.05～50 V/div，共 10 挡）及测量基极电压 U_{BE}（0.05～1 V/div，共 5 挡）的量程开关。当旋钮置于"⌐_⌐"位置时，屏幕 X 轴代表基极电流或电压；当开关置于"外接"时，X 轴系统处于外接收状态，外输入端位于仪器左侧面。

(2)"增益"电位器用于调整 X 轴放大器的总增益，即 X 轴偏转因数。一般情况下无需经常调整。

5) 显示部分

(1)"变换"选择开关用于图像在 Ⅰ、Ⅲ 象限内互相转换，以简化 NPN 型管与 PNP 管转换测量时的操作。

(2)"⊥"按键开关按下时，可使 X、Y 放大器的输入端同时接地，以确定零基准点。

(3)"校准"按键开关用于校准 X 轴及 Y 轴放大器增益。开关按下时，在荧光屏有刻度的范围内，亮点应自左下角准确地跳至右上角，否则应调节 X 轴或 Y 轴的增益电位器来校准。

6) 阶梯信号

(1)"电压-电流/级"旋钮，用于确定每级阶梯的电压值或电流值。

(2)"串联电阻"开关，用于改变阶梯信号与被测管输入端之间所串接的电阻大小，但只有当"电压-电流/级"开关置于电压挡时，本开关才起作用。

（3）"级/簇"旋钮，用于调节阶梯信号一个周期的级数，可在1～10级之间连续调节。

（4）"＋、－"极性按键开关，用于确定阶梯信号的极性。

（5）"重复-关"按键开关弹起时，阶梯信号重复出现，用作正常测试；当开关按下时，阶梯信号处于待触发状态。

（6）"单簇按"开关与"重复-关"按键开关配合使用。当阶梯信号处于调节好的待触发状态时，按下该按钮，指示灯亮，阶梯信号出现一次，然后又回至待触发状态。

7）器件测试台部分

（1）"左"、"右"选择开关按下时，分别接通左、右两个被测管。

（2）"二簇"按键开关按下时，图示仪自动交替接通左、右两只被测管，此时可同时观测到两管的特性曲线，以便对它们进行比较。

（3）"零电压"按下时，可进行阶梯信号的零位校准。

（4）"零电流"按下时，使被测管的基极处于开路状态，可进行 I_{CEO} 的测量。

（5）器件插座，测试时用来插入被测器件，适用于测试中小功率晶体管。

（6）测试接线柱，可配合外接插座使用，其内部接线较粗，适合测试大功率晶体管。

2. XJ4810 型晶体管特性图示仪的使用

1）测量前的准备

（1）开启电源，指示灯亮，预热 15 min。

（2）调节"辉度"、"聚焦"、"辅助"聚焦旋钮，使屏幕上显示清晰的辉点或线条。

（3）根据被测晶体管的特性和测试条件的要求，把 X 轴部分、Y 轴部分、基极阶梯信号各部分的开关、旋钮都调到相应的位置上。

（4）基极阶梯信号调零，目的是使基极阶梯信号的起始级为地电位，以保证测量准确度。具体方法如下：当荧光屏上出现基极阶梯信号后，按下测试台上的"零电压"键，观察光点停留在荧光屏上的位置，复位后调节阶梯"调零"旋钮，使阶梯信号的起始级光点仍在该处，则基极阶梯信号的零位即被校准。

2）使用注意事项

（1）正确选择"电压-电流/级"、"功耗限制电阻"、"峰值电压％"三个旋钮的位置，若使用不当会损坏被测晶体管。

（2）测试大功率晶体管和极限参数、过载参数时，应采用单簇阶梯信号，以防过载损坏。

（3）测试 MOS 型场效应管时，应注意不要使栅极悬空，以免感应电压过高引起被测管击穿。

（4）测试使用完后，立即关闭电源，并使仪器复位，以防下次使用时因疏忽而损坏被测器件。此时，应将峰值电压范围选择开关置于 0～10 V 挡，"峰值电压％"旋到零位，阶梯信号选择开关置于"关"挡，"功耗限制电阻"置于 10 kΩ 以上位置。

3）晶体二极管的测试

首先按测量前的准备 1）、2）做好准备工作。

（1）2CZ82C 型二极管正向特性的测量步骤如下：

① 调 X 轴、Y 轴位移旋钮，将光点移到屏幕的左下角，集电极电源中极性按钮弹起，表示"＋"极性，峰值电压范围选择开关按下"10 V"，"峰值电压％"旋钮至"0"，"功耗限制

电阻"旋钮旋至"250 Ω"。

② 将 Y 轴中"电流/度"旋至 10 mA/div，将 X 轴中"电压/度"旋至 0.1 V/div。

③ 阶梯信号中"重复-关"按键处于按下(关)的状态。将二极管的正、负极分别插入测试台上任一器件插座的"C"和"E"孔。

④ 按下对应的测试选择按钮，"峰值电压%"由 0 慢慢加大，仔细观察荧光屏上显示的曲线，此曲线即为二极管的正向特性。将特性曲线的直线段向 X 轴延长，其交点即为导通阈值电压。

(2) 2CZ82C 型二极管反向特性的测量步骤如下：

① 调 X 轴、Y 轴位移旋钮，将光点移到屏幕的右上角，集电极电源中极性按钮按下，表示"－"极性，峰值电压范围选择开关按下"500 V"，"峰值电压%"旋钮至"0"，"功耗限制电阻"旋钮旋至"10 kΩ"。

② 将 Y 轴中"电流/度"旋至 1 μA/div，将 X 轴中"电压/度"旋至 20 V/div。

③ 其他步骤同上，"峰值电压%"由 0 慢慢加大，直至出现反向击穿点。仔细观察荧光屏上显示的曲线，此曲线即为二极管的反向特性。

4) 晶体三极管的测试

首先按测量前的准备 1)、2)做好准备工作。

(1) 3DK2 型三极管输出特性的测试如下：

① 阶梯信号中"重复-关"按键处于按下(关)状态。将三极管三个极依次插入测试台上任一器件插座。

② 调 X 轴、Y 轴位移旋钮，将光点移到屏幕的左下角，集电极电源中极性按钮弹起，表示"＋"极性，峰值电压范围选择开关按下"10 V"，"峰值电压%"旋钮至"0"，"功耗限制电阻"旋钮旋至"250 Ω"。

③ 将 Y 轴中"电流/度"旋至 1 mA/div，将 X 轴中"电压/度"旋至 0.5 V/div。

④ 阶梯信号极性为"＋"，"电压-电流/级"选择"0.02 mA/级"，"重复-关"按键处于按下(关)的状态。

⑤ 按下对应的测试选择按钮，"峰值电压%"由 0 慢慢加大，仔细观察荧光屏上显示的曲线，此曲线即为三极管的输出特性。调节基极阶梯中的"级/簇"为 n，可得到 $n+1$ 条曲线。

(2) 3DK2 型三极管的 h_{fe} 测试。

基本步骤同上，只需将 X 轴中"电压/度"旋至"⊓⊔"，"电压-电流/级"选择"20 μA/级"，"峰值电压%"由 0 慢慢加大到 1 V 左右，即可由输出的图形计算出 h_{fe}。

(3) 3DK2 型三极管的输入特性测试。

基本步骤同输出特性测试，相关旋钮位置如下：峰值电压范围选择开关按下"10 V"，"功耗限制电阻"旋钮旋至"100 Ω"，阶梯信号极性为"＋"，"电压-电流/级"选择"0.1 mA/级"，阶梯作用为重复，将 Y 轴中"电流/度"旋至基极电流或基极源电压，将 X 轴中"电压/度"旋至 0.1 V/div。

按下对应的测试选择按钮，"峰值电压%"由 0 慢慢加大，仔细观察荧光屏上显示的光点，此曲线即为三极管的输入特性曲线。

习　题　6

1. 测量电阻、电容、电感的方法有哪些？它们各有什么特点？对应于每种方法列举一种测量仪器。

2. 画出电阻、电容和电感的等效模型。

3. QS18A 型万能电桥由哪几部分组成？简述其工作原理。

4. 用万能电桥测某空心电感时，量程开关在 100 mH 位置，电桥的读数盘示值分别为 0.9 和 0.098，倍率开关在 $Q \times 1$ 处，损耗平衡旋钮指示值为 2.5，则 L_x 和 Q_x 分别是多少？

5. 用万能电桥测某标称值为 510 pF 的电容时，量程开关在 1000 pF 位置，电桥的读数盘示值分别是 0.4 和 0.078，倍率开关在 $D \times 0.01$ 处，损耗平衡旋钮指示值为 1.2，则 C_x 和 D_x 分别是多少？

6. Q 值的物理意义是什么？QBG-3 型 Q 表由哪几部分构成，简述其工作原理。

7. 数字式万用表测量二极管的方法是什么？模拟式万用表和数字式万用表的红黑表笔在使用时应该注意什么？

8. 晶体管特性图示仪由哪几部分组成，各部分的作用是什么？

9. 简述测量 NPN 型三极管输入、输出特性曲线的原理，画出测量原理框图。

第 7 章　电路频率特性的测量

频域测量与时域测量都是电子测量的典型应用领域。时域测量主要研究获取被测信号或被测参量时域特征的测量方法，即获取被测信号或被测参量随时间变化的规律或参数值状态。频域测量主要研究获取被测对象参数或特性的频域特征的测量方法，即获取被测对象参数或特性随激励信号频率变化的规律。频率特性测试仪能够测试元件的幅频特性并将其直接显示于示波屏，广泛应用于电子线路或设备特性测量领域。

知识要点：

(1) 掌握时域测量和频域测量的关系，了解频率特性的测量方法；

(2) 理解频率特性测试仪的工作原理，熟悉性能指标，了解操作注意事项，重点掌握使用方法；

(3) 了解频谱分析仪的分类、工作原理及主要技术指标，掌握使用方法，学会使用频谱分析仪对信号进行测量和频谱分析。

7.1　概　　述

示波器是测量、观察电信号的最常用的仪器，它是以时间 t 为水平轴对信号波形进行测量和显示，这种分析方法是在时间域内观察和分析信号，所以称为信号的时域测量和分析。以电信号的频率 f 作为水平轴来测量分析信号的变化，这就是在频率域内对信号进行观察和测量，简称为信号的频域测量和频谱分析。广义上讲，信号频谱是指组成信号的全部频率分量的总集；狭义上讲，一般的频谱测量中常将随频率变化的幅度谱称为频谱。频谱测量是频域内测量信号的各频率分量，以获得信号的多种参数。频谱测量的基础是傅立叶变换。频谱有两种基本类型：一是离散频谱（线状谱），各条谱线分别代表某个频率分量的幅度，每两条谱线之间的间隔相等；二是连续频谱，可视为谱线间隔无穷小，如非周期信号和各种随机噪声的频谱等。

信号的频域测量和频谱分析是很有用的，它往往能提供在时域观测中所不能得到的信息。时域测量和频域测量的比较如图 7-1 所示，图中波形表示某个信号的基波与其二次、三次、四次谐波相加的例子，是信号 $A(t, f)$ 在幅度-时间-频率三坐标中的图像。$A(t)$ 是一个电信号随时间变化的波形图，显示这个波形并求其参考量是时域分析的任务。$A(f)$ 是同一个电信号随频率变化的线状频谱图，分析信号的频谱即求其各频率分量的大小是频域分析的任务。

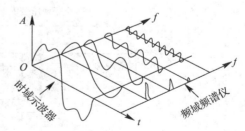

图 7-1　时域测量和频域测量的比较

通过观察图 7-1 可以发现，时域分析和频域分析可用来观察同一个电信号，两者的图形却是不一样的，但两者所得到的结果是互通的，即时域分析与频域分析之间有一定的对应关系，从数学上说就是一对傅立叶变换的关系。但是两者又是从时间和频率两个不同的角度去观察同一事物，故各自得到的结果都只能反映事物的某个侧面。因此从实际测量的观点来看，时域分析和频域分析各有用武之地。

研究出现波形严重失真的原因时，时域测量有明显的优势。如用频谱分析仪观察到两个信号频谱图相同，但由于两个信号的基波、谐波之间的相位不同，示波器上观察这两个信号的波形可能就不大一样，这时用时域测量方法就较科学一点。对于失真很小的波形，利用示波器观测就很难看出来，但频谱分析仪却能测出很小的谐波分量，此时，频域测量就显示出它的优势。

7.2　频率特性测试仪

在电路的设计、生产和调试中，经常需要了解当某个电路网络的输入电压恒定时，其输出电压随频率变化的关系特性，这就是网络的频率特性(通常指幅频特性)。

7.2.1　频率特性的测量方法

测量网络频率特性的基本方法主要有两种：点频测量法和扫频测量法。

1. 点频测量法

点频测量法就是通过逐点测量一系列规定频率点上的网络增益(或衰减)来确定幅频特性曲线的方法，其原理如图 7-2 所示。图中的信号发生器为正弦波信号发生器，它作为被测网络的输入信号源，提供频率和电压幅度均可调整的正弦输入信号；电子电压表用于测量被测网络的输入和输出电压，其中电压表Ⅰ作为网络输入端的电压幅度指示器，电压表Ⅱ作为网络输出端的电压幅度指示器；示波器主要用来监测它们的波形。测量方法是：在被测网络整个工作频段内，改变信号发生器输入网络的信号频率，注意在改变输入信号频率的同时，保持输入电压的幅度(用电压表Ⅰ来监视)，在被测网络输出端用电压表Ⅱ测出各频率点相应的输出电压，并做好测量数据的记录。然后在直角坐标中，以横轴表示频率的变化，以纵轴表示输出电压幅度的变化，将每个频率点及对应的输出电压描点，再连成光滑曲线，即可得到被测网络的幅频特性曲线。

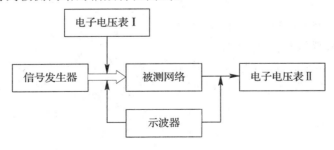

图 7-2　点频法测量幅频特性原理

点频测量法是一种静态测量法，它的优点是测量时不需要特殊仪器，测量准确度比较高，能反映出被测网络的静态特性，是工程技术人员在没有频率特性测试仪的条件下，进行现场测量研究和分析的基本方法之一。这种方法的缺点是操作烦琐、工作量大、容易漏测某些细节，不能反映出被测网络的动态特性。

2. 扫频测量法

扫频测量法是在点频测量法的基础上发展起来的。它是利用一个扫频信号发生器取代了点频法中的正弦信号发生器，用示波器取代了点频法中的电压表组成的电压幅度指示器。其基本工作原理如图 7-3 所示。图 7-3(a) 扫频信号生器中的扫频振荡器是关键环节，它产生一个幅度恒定且频率随时间线性连续变化的信号作为被测网络的输入信号，通常称为扫频信号，如图 7-3(b) 中的波形②。这个扫频信号经过被测网络后就不再是等幅的，而是幅度按照被测网络的幅频特性作相应变化，如图 7-3(b) 中的波形③，该调幅包络线的形状就是被测电路的幅频特性。再通过检波器取出该调幅波的上包络线，如图 7-3(b) 的波形④。最后经过 Y 通道放大，加到示波管 Y 偏转系统。

扫描电路产生线性良好的锯齿波电压，如图 7-3(b) 中的波形①。这个锯齿波电压一方面加到扫频振荡器中对其振荡频率进行调制，使其输出信号的瞬时频率在一定的频率范围内由低到高作线性变化，但其幅度不变，这就是前述的扫频信号。另一方面，该锯齿波电压通过放大，加到示波管 X 偏转系统，配合 Y 偏转系统来显示图形。

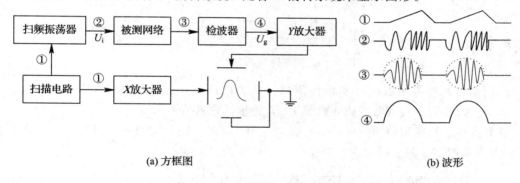

(a) 方框图　　　　　　　　　　　　　　　(b) 波形

图 7-3　扫频法测量幅频特性原理

示波管的水平扫描电压，同时又用于调制扫频信号发生器形成扫频信号。因此，示波管屏幕光点的水平移动，与扫频信号频率随时间的变化规律完全一致，所以水平轴也就变换成频率轴。也就是说，在屏幕上显示的波形就是被测网络的幅频特性曲线。

扫频测量法的测量过程简单，速度快，也不会产生漏测现象，还能边测量边调试，大大提高了调试工作效率。扫频法反映的是被测网络的动态特性，测量结果与被测网络实际工作情况基本吻合，这一点对于某些网络的测量尤为重要，如滤波器的动态滤波特性的测量等。扫频法的不足之处是测量的准确度比点频法低。

7.2.2　频率特性测试仪的工作原理

频率特性测试仪(简称扫频仪)，主要用于测量网络的幅频特性。它是根据扫频法的测量原理设计而成的。简单地说，就是将扫频信号源和示波器的 $X-Y$ 显示功能结合在一起，用示波管直接显示被测二端网络的频率特性曲线，是描绘网络传递函数的仪器。这是一种快速、简便、实时、动态、多参数、直观的测量仪器，广泛地应用于电子工程等领域。

例如，无线电路、有线网络等系统的测试、调整都离不开频率特性测试仪。

频率特性测试仪主要由扫频信号发生器、频标电路以及示波器等组成，其组成如图7-4中的虚线框内所示。检波探头（扫频仪附件）是扫频仪外部的一个电路部件，用于直接探测被测网络的输出电压，它与示波器的衰减探头外形相似（体积稍大），但电路结构和作用不同，内藏晶体二极管，起包络检波作用。由此可见，扫频仪有一个输出端口和一个输入端口：输出端口输出等幅扫频信号，作为被测网络的输入测试信号；输入端口接收被测网络经检波后的输出信号。可见，在测试时频率特性测试仪与被测网络构成了闭合回路。

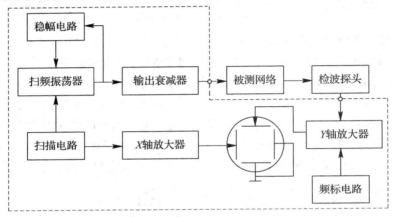

图7-4　频率特性测试仪组成框图

扫频信号发生器是组成频率特性测试仪的关键部分，它主要由扫描电路、扫频振荡器、稳幅电路和输出衰减器构成，如图7-5所示。它具有一般正弦信号发生器的工作特性，输出信号的幅度和频率均可调节。此外它还具有扫频工作特性，其扫频范围（即频偏宽度）也可以调节。测量时要求扫频信号的寄生调幅尽可能小。

图7-5　扫频信号发生器组成框图

1. 扫描电路

扫描电路用于产生扫频振荡器所需的调制信号及示波管所需的扫描信号。扫描电路的输出信号有时不是锯齿波信号，而是正弦波或三角波信号。这些信号一般由50 Hz市电通过降压之后获得，或由其他正弦信号经过限幅、整形、放大及积分之后得到。这样设计可以简化电路结构，降低成本。由于调制信号与扫描信号的波形相同，因此，这样设计并不会使所显示的幅频特性曲线失真。

2. 扫频振荡器

扫频振荡器是扫频信号发生器的核心部分，它的作用是产生等幅的扫频信号。通常采用以下两种电路形式。

1）变容二极管扫频振荡器

变容二极管扫频振荡器的原理如图 7-6 所示。图中，V_T 组成电容三点式振荡电路；V_{D1}、V_{D2} 为变容二极管，它们与 L_1、L_2 以及 V_T 的结电容构成振荡回路；C_1 为隔直电容；L_2 为高频阻流圈。调制信号经 L_2 同时加至变容二极管 V_{D1}、V_{D2} 的两端，当调制电压随时间作周期性变化时，V_{D1}、V_{D2} 结电容的容量也随之变化，使振荡器产生扫频信号。

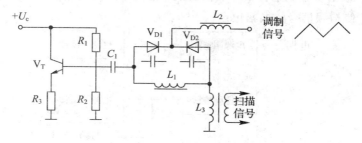

图 7-6　变容二极管扫频振荡器的原理

变容二极管扫频振荡器的电路简单，频偏宽，对调制信号几乎不消耗功率。它一般用于晶体管化的扫频仪中。

2）磁调制扫频振荡器

所谓磁调制扫描，就是用调制电流所产生的磁场去控制振荡回路的电感量，从而产生频率随调制电流变化的扫频信号。由电路基础课程可知，一个带磁芯的电感线圈，其电感量 L_c 与该磁芯的有效导磁率 μ_c 之间的关系为：

$$L_c = \mu_c L \tag{7-1}$$

其中 L 是空心线圈的电感量。若能使 μ_c 随调制电压的变化而变化，那么 L_c 也将随之变化。若将一个电感量 L_c 随调制电压的变化而变化的线圈接入振荡回路，便可使振荡器产生扫频信号。

图 7-7 是磁调制扫频的原理。图中 M 为普通磁性材料，m 为高导磁率、低损耗的高频铁氧体磁芯，M 与 m 构成闭合磁路。W_1 为励磁线圈，当其通过调制电流时，将使 M 中的磁通随之变化，磁芯 m 的有效导磁率 μ_c 也发生变化，从而导致磁芯线圈的电感量 L_c 变化。W_2 为偏磁线圈，用于在 M 与 m 中建立一个直流磁通。由于直流磁通与 m 的有效导磁率 μ_c 有关，因此，调节 R_P 可以改变 L_c 的大小，因而可以改变扫频振荡器的中心频率 f_0。

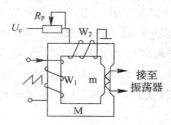

图 7-7　磁调制扫频的原理

磁调制扫频的特点是能在寄生调幅较小的条件下获得较大的扫频宽度。所以这种扫频方法获得了广泛应用，国产扫频仪 BT-3、BT-5、BT-8 等都采用磁调制扫频振荡器。

3. 稳幅电路

稳幅电路的作用是减少寄生调幅，其基本原理如图 7-8 所示。扫频振荡器在产生扫频信号的过程中，都会不同程度地改变振荡回路的 Q 值，从而使振荡幅度随调制信号的变化而变化，即产生了寄生调幅。抑制寄生调幅的方法很多，最常用的方法是：从扫频振荡器的输出信号中取出寄生调幅分量并加以放大，再反馈到扫频振荡器去控制振荡管的工作点或工作电压，使扫频信号的振幅恒定。

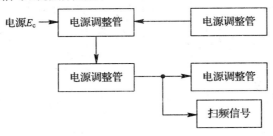

图 7-8　稳幅电路原理

4. 输出衰减器

输出衰减器用于改变扫频信号的输出幅度。在扫频仪中，衰减器通常有两组：一组为粗衰减，一般是按每挡为 10 dB 或 20 dB 步进衰减；另一组为细衰减，按每挡 1 dB 或 2 dB 步进衰减。多数扫频仪的输出衰减量可达 100 dB。

5. 频标电路

频标电路即频率标志电路，其作用是产生具有频率标志的图形，叠加在幅频特性曲线上，以便能在屏幕上直接读出曲线上某点相对应的频率值。频标的产生方法通常是差频法，其原理如图 7-9 所示。

图 7-9　差频法产生频标的原理

晶体振荡器产生的信号经谐波发生器产生出一系列的谐波分量，这些基波和谐波分量与扫频信号一起进入频标混频器进行混频。当扫频信号的频率正好等于基波或某次谐波的频率时，混频器产生零差频；当两者的频率相近时，混频器输出差频，差频值随扫频信号的瞬时频偏的变化而变化。差频信号经低通滤波及放大后形成菱形图形，这就是菱形频标，如图 7-10 所示。测量者利用频标可对图形的频率进行定量分析。

图 7-10　叠加在曲线上的频标图

7.2.3　BT-3型频率特性测试仪的使用

BT-3型频率特性测试仪采用晶体管和集成电路，功耗低、体积小、自重轻、输出电压高、寄生调幅小、扫频非线性系数小、衰减器精度高、频谱纯度好、显示灵敏度高，主要用来测定无线电电路的频率特性。

1. 仪器面板介绍

如图7-11所示，面板上各个控制装置及旋钮的名称和作用如下：

（1）电源、辉度旋钮。该控制装置是一只带开关的电位器，兼电源开关和辉度旋钮两种用途。顺时针旋动此旋钮，即可接通电源，继续顺时针旋动，荧光屏上显示的光点或图形亮度增加，使用时亮度不宜过强，光线适中即可。

（2）聚焦旋钮。调节聚焦旋钮可使屏幕上的光点细小圆亮或使亮线清晰明亮，以保证显示波形的清晰度。

（3）标尺、亮度旋钮。在屏幕的四个角上装有四个带颜色的指示灯泡，照亮屏幕的坐标尺度线。旋钮从中间位置向顺时针方向旋动时，荧光屏上两个对角的黄灯亮，屏幕上出现黄色坐标线；从中间位置逆时针方向旋动时，另两个位置的红灯亮，显示出红色坐标线。黄色坐标线便于观察，红色坐标线便于摄影。

（4）Y轴位置旋钮。Y轴位置旋钮用来调节荧光屏上的光点或图形在垂直方向的位置。

（5）Y轴衰减旋钮。Y轴衰减旋钮有三个衰减挡级。根据输入电压的大小选择适当的衰减挡级。

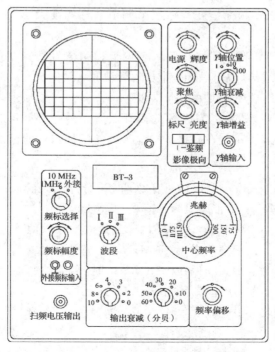

图 7-11　BT-3型频率特性测试仪面板

（6）Y 轴增益旋钮。Y 轴增益旋钮用来调节显示在荧光屏上的光点或图形在垂直方向的大小。

（7）影像极向开关。影像极向开关用来改变屏幕上所显示的波形需要的正、负极性。当开关在"＋"位置时，曲线波形向下方向变化（负极性波形）。但曲线波形需要正、负方向同时显示时，只能将开关在"＋"和"－"位置往复变动，才能观察曲线波形的全貌。

（8）Y 轴输入插座。由被测电路的输出端用电缆探头引接该插座，其输入信号经垂直放大器，便可显示出该信号的曲线波形。

（9）波段开关。输出的扫频信号按中心频率划分为三个波段（第 I 波段：1～75 MHz；第 II 波段：75～150 MHz；第 III 波段：150～300 MHz），可以根据测试需要来选择波段。

（10）中心频率度盘。中心频率度盘能连续改变中心频率，读盘上所标定的中心频率不是十分准确的，一般是采用边调节度盘，边看频标移动的数值来确定中心频率位置。

（11）输出衰减开关。根据测试的需要，选择扫频信号的输出幅度大小。按开关的衰减量来划分，可分粗调、细调两种。粗衰减有：0 dB、10 dB、20 dB、30 dB、40 dB、50 dB、60 dB；细衰减有：0 dB、2 dB、3 dB、4 dB、6 dB、8 dB、10 dB，粗调和细调衰减的总衰减量为 70 dB。

（12）扫频电压输出插座。扫频信号由此插座输出，可用 75 Ω 匹配电缆探头或开路电缆来连接，引送被测电路的输出端，以便进行测试。

（13）频标选择开关。频标选择开关有 1 MHz、10 MHz 和外接三种。当开关置于 1 MHz 时，扫描线上显示 1 MHz 的菱形频标；当开关置于 10 MHz 时，扫描线上显示 10 MHz 的菱形频标；当开关置于外接挡时，显示外接信号频率的频标。

（14）频标幅度旋钮。频标幅度旋钮用来调节频标幅度大小。一般幅度不宜太大，以观察清楚为准。

（15）频率偏移旋钮。频率偏移旋钮用来调节扫频信号的频率偏移宽度，以适应被测电路的通频带宽度所需的"频偏"，顺时针方向旋动时，频偏增宽，最大可达±7.5 MHz 以上，反之，则频偏变窄，最小在±0.5 MHz 以下。

（16）外接频标输入接线柱。当频标选择开关置于外接挡时，外来的标准信号发生器的信号由此接线柱引入，此时，在扫描线上显示外接频标信号的标记。

2. 主要技术指标

（1）中心频率：在 1～300 MHz 内可任意调节，分三个波段：第 I 波段为 1～75 MHz；第 II 波段为 75～150 MHz；第 III 波段为 150～300 MHz。

（2）扫频频偏：最小扫频频偏≤±0.5 MHz；最大扫频频偏＞±7.5 MHz。

（3）寄生调幅系数：扫频频偏在±7.5 MHz 时，寄生调幅系数≤20%。

（4）调频非线性系数：扫频频偏在±7.5 MHz 时，调频非线性系数≤20%。

（5）频标：菱形，分为 1 MHz、10 MHz 和外接三种。

（6）输出扫频信号电压：＞0.1 V。

（7）输出阻抗：75 Ω。

（8）扫频信号输出步进衰减：粗衰减有 0 dB、10 dB、20 dB、30 dB、40 dB、50 dB、60 dB；细衰减有 0 dB、2 dB、3 dB、4 dB、6 dB、8 dB、10 dB。

（9）检波探头：输入电容≤5 pF，最大允许输入直流电压为 300 V。

3. 基本测量方法

1）频标的读法

测读频标必须先把频标选择开关置于 10 MHz 处进行粗测，然后转换频标选择至 1 MHz 进行精测。当波段开关置Ⅰ，频标选择至 10 MHz，中心频率度盘在起始位置"0"附近时，屏幕中心线上应出现零频频标（该频标与其他频标相比，频标幅度和宽度明显偏大），在它右边的第一个大频标是 10 MHz 频标，第二个大频标是 20 MHz 频标，依次类推。在相邻两个大频标的中心，幅度稍低的频标是 5 MHz 频标。当波段开关置于Ⅱ，中心频率度盘从起始位置逆时针旋转时，第一个经过屏幕中心的大频标是 70 MHz 频标，第二个大频标是 80 MHz 频标，依次类推。当波段开关置Ⅲ，中心频率度盘从起始位置逆时针旋转时，第一个经过屏幕中心的大频标是 140 MHz 频标，第二个经过屏幕中心的大频标是150 MHz 频标，依次类推。

2）测量步骤

将扫频仪的扫频输出与被测网络的输入用电缆连接，用检波探头将被测网络的输出电压检波后送入扫频仪的垂直输入，再根据被测对象选定波段、中心频率、频偏与输出衰减等，则屏幕上应显示出被测网络的频率特性曲线，调节各有关旋钮，使曲线图形便于观测。

4. 扫频仪的使用

1）使用前的检查

（1）检查示波器部分。

检查项目有辉度、聚焦、垂直位移和水平宽度等。首先接通电源，预热几分钟，调节"辉度""聚焦""Y 轴位置"，使屏幕上显示亮度适中、细而清晰、可上下移的扫描基线。

（2）扫频频偏的检查。

调整"频率偏移"旋钮，使最小频偏为±0.5 MHz，最大频偏为±7.5 MHz。

（3）输出扫频信号频率范围的检查。

将输出探头与输入探头对接，每一频段都应在屏幕上显示一矩形方框。频率范围一般分三挡：0～75 MHz、75～150 MHz、150～300 MHz，用波段开关切换。

（4）检查内、外频标。

检查内频标时，将"频标选择"开关置"1 MHz"或"10 MHz"内频标，在扫描基线上可出现 1 MHz 或 10 MHz 的菱形频标，调节"频标幅度"旋钮，菱形频标幅度发生变化，使用时频标幅度应适中，调"频率偏移"旋钮，可改变各频标间的相对位置。若由外频标插孔送入标准频率信号，在示波器上应显示出该频率的频标。

（5）零频标的识别方法。

"频标选择"放在"外接"位置，"中心频率"旋钮旋至起始位置，适当旋转时，在扫描基线上会出现一只频标，这就是零频标。零频标比较特别，将"频标幅度"旋钮调至最小仍出现。

（6）检查扫频信号寄生调幅系数。

用输出探头和输入探头分别将"扫频电压输出"和"Y 轴输入"相连，将"输出衰减"的粗细衰减旋钮均置 0 dB，选择内频标（如 1 MHz），在屏幕上会出现一个以基线为零电平的矩形图形，如图 7 - 12 所示，调整中心频率度盘，扫频信号和频标信号都会移动，调节显示部

分各旋钮，使图形便于观测，记下最大值 A、最小值 B，则扫频信号寄生调幅系数为

$$M = \frac{A-B}{A+B} \times 100\%$$

$$(7-2)$$

要求在整个波段内，$M \leqslant \pm 7.5\%$。

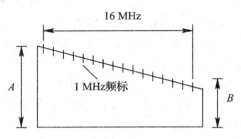

图 7-12　扫频信号寄生调幅

（7）检查扫频信号非线性系数。

"频标选择"开关置于"1 MHz"，调节"频率偏移"旋钮为 7.5 MHz，如图 7-13 所示，记下最低、最高频率与中心频率 f_0 的几何距离 A、B，则扫频信号非线性系数为

$$\gamma = \frac{A-B}{A+B} \times 100\%$$

$$(7-3)$$

要求在整个波段内，$\gamma \leqslant \pm 20\%$。

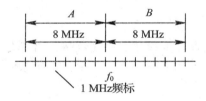

图 7-13　扫频信号的非线性

（8）"1 MHz"或"10 MHz"频标的识别方法。

找到零频标后，将波段开关置于"1 MHz"，调节"频标幅度"旋钮至适当位置，将"频标选择"放在"1 MHz"位置，则零频标右边的频标依次为 1 MHz，2 MHz，…。将"频标选择"放在"10 MHz"位置，则零频标右边的频标依次为 10 MHz，20 MHz，…。两大频标之间频率间隔 10 MHz，大频标与小频标之间频率间隔 5 MHz。

（9）波段起始频标的识别方法。

"频标幅度"旋钮调至适当位置，频标选择放在"10 MHz"，"频率偏移"旋钮调至最小。将波段开关置于 Ⅱ，旋转"中心频率"旋钮，使扫描基线右移，移动到不能再移的位置，则屏幕中对应的第一只频标为 70 MHz，从左到右依次为 80 MHz，…，150 MHz。将波段开关置于 Ⅲ，则屏幕中对应的第一只频标为 140 MHz，识别频标方法相同。

（10）扫频信号输出的检查。

将两个输出衰减均置于 0 dB。将输出探头与输入检波探头对接（即将两个探头的触针与外皮分别连在一起）。这时，在扫频仪的荧光屏上应能看到一个由扫描基线和扫描信号线组成的长方图形。然后调整中心频率刻度盘，随着中心频率的变化，扫描信号线和频标

都随着移动。要求在整个频段内的扫描信号线没有明显的起伏和畸变。并检查扫描信号的输出衰减和 Y 轴增益旋钮是否起作用。

2）注意事项

（1）测量时，输出电缆和检波探头的接地线应尽量短，切忌在检波头上加接导线；被测网络要注意屏蔽，否则容易引起误差。

（2）当被测网络输出端带有直流电位时，Y 轴输入应选用 AC 耦合方式；当被测网络输入端带有直流电位时，应在扫频输出电缆上串接容量较小的隔直电容。

（3）正确选择探头和电缆。BT - 3 测试仪附有四种探头及电缆：

① 输入探头（检波头）：适于被测网络输出信号未经过检波电路时与 Y 轴输入相连。

② 输入电缆：适于被测网络输出信号已经过检波电路时与 Y 轴输入相连。

③ 开路头：适于被测网络输入端为高阻抗时，将扫频信号输出端与被测网络输入相连。

④ 输出探头（匹配头）：适于被测网络输入端具有 75 Ω 特性阻抗时，将扫频信号输出端与被测网络输入相连。

7.3 频谱分析仪

用示波器测量可得到信号时间的相位及信号与时间的关系，但无法获知信号的失真数据，也就是说无法获知信号谐波分量的分布情况。同时，测量微波领域（如 UHF 以上的频带）信号时，基于设备电子元件功能的限制、输入端离散电容等因素，测量的结果不可避免地将产生信号失真及衰减。为了解决测量高频信号时遇到的上述问题，频谱分析仪是一适当而必备的测量仪器。

频谱分析仪的主要功能是测量信号的频率响应，横轴代表频率，纵轴代表信号功率或电压的数值，可用线性或对数刻度显示测量的结果。另外它的信号追踪产生器可直接测量待测件的频率响应特性，但它只能测量振幅无法测量相位。就高频信号领域来看，频谱分析仪是电子工程技术人员不可或缺的设备，对频谱分析仪工作原理的了解将有助于信号测量系统的建立及充分扩展其应用范畴。频谱分析仪的应用领域相当广泛，诸如卫星接收系统、无线电通信系统、移动电话系统、基地台辐射场强的测量、电磁干扰等高频信号的侦测与分析等。同时频谱分析仪也是研究信号成分、信号失真度、信号衰减量、电子组件增益等特性的主要仪器。它以图形方式显示信号幅度按频率的分布，即 X 轴表示频率，Y 轴表示信号幅度，显示被测信号的频谱、幅度、频率。可以全景显示，也可以选定带宽测试。

7.3.1 频谱分析仪的分类

频谱分析仪按不同的特性，有不同的分类方法。

1. 按分析处理方法分类

频谱分析仪按分析处理方法可分为模拟式频谱仪、数字式频谱仪、模拟/数字混合式频谱仪。模拟式频谱仪是以扫描式为基础构成的，采用滤波器或混频器将被分析信号中的各频率分量逐一分离。所有早期的频谱仪几乎都属于模拟滤波式或超外差结构，并被沿用至今。数字式频谱仪是非扫描式的，以数字滤波器或 FFT 变换为基础构成的，它的精度高、性能灵活，但受到数字系统工作频率的限制。目前单纯的数字式频谱仪一般用于低频段的实时分析，尚达不到宽频带高精度频谱分析的要求。

2. 按处理的实时性分类

频谱分析仪按处理的实时性可分为实时频谱仪、非实时频谱仪。实时分析应达到的速度与被分析信号的带宽及所要求的频率分辨率有关。一般认为实时分析是指在长度为 T 的时段内，完成频率分辨率达到 $1/T$ 的频谱分析；或者待分析信号的带宽小于仪器能够同时分析的最大带宽。在一定频率范围数据分析速度与数据采集速度相匹配，不发生积压现象，这样的分析就是实时的，如果待分析的信号带宽超过这个频率范围，则是非实时分析。

3. 按频率轴刻度分类

频谱分析仪按频率轴刻度可分为恒带宽分析式频谱仪、恒百分比带宽分析式频谱仪。恒带宽分析式频谱仪是以频率轴为线性刻度，信号的基频分量和各次谐波分量在横轴上等间距排列，适用于周期信号和波形失真的分析。恒百分比带宽分析式频谱仪频率轴采用对数刻度，频率范围覆盖较宽，能兼顾高、低频段的频率分辨率，适用于噪声类随机信号的分析。目前许多数字式频谱仪可以方便地实现不同带宽的 FFT 分析以及两种频率刻度的显示，故这种分类方法并不适用于数字式频谱仪。

还有其他分类方式，如按输入通道数目分类有：单通道、多通道频谱仪；按工作频带分类有：高频、低频、射频、微波等频谱仪；按频带宽度分类有：宽带、窄带频谱仪；按基本工作原理分类有：扫描式、非扫描式频谱仪。

7.3.2　频谱分析仪的基本工作原理

1. 实时频谱仪

实时频谱仪因为能同时显示规定的频率范围内的所有频率分量，而且保持了两个信号间的时间关系（相位信息），使它不仅能分析周期信号、随机信号，而且能分析瞬时信号。其工作原理是针对不同的频率信号而有相对应的滤波器与检波器，再经由同步的多工扫描器将信号传送到 CRT 荧屏上，优点是能显示周期性散波的瞬间反应；其缺点是价格昂贵且性能受限于频宽范围、滤波器的数目及最大的多工交换时间。实时频谱仪主要分为多通道频谱仪和快速傅立叶频谱仪两类。

多通道频谱仪的原理如图 7-14 所示，输入信号同时送到每个带通滤波器。带通滤波

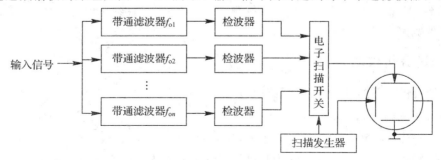

图 7-14　多通道频谱仪的原理框图

器的输出表示输入信号中被该滤波器通带内所允许通过的那一部分能量，因此显示器上显示的是各带通滤波器通带内的信号的合成信号。由于受滤波器数量及带宽的限制，这类频谱仪主要工作在音频范围内。

　　快速傅立叶频谱仪的工作原理如图 7-15 所示，其核心是以函数进行傅立叶变换的数学计算为基础的计算机分析，因此需要使用高速计算机进行数字功率谱的计算。根据采样定理，最低采样速率应该大于或等于被采样信号的最高频率分量的两倍。傅立叶频谱仪的工作频段一般在低频范围内。如 HP3562A 的分析频带为 64 μHz~100 kHz，RE-201 的频率范围为 20 Hz~25 kHz。

图 7-15　快速傅立叶频谱仪的工作原理

2. 扫描调谐频谱仪

　　扫描调谐频谱仪对输入信号按时间顺序进行扫描调谐，因此只能分析在规定时间内频谱几乎不变化的周期重复信号。这种频谱仪有很宽的工作频率范围，DC 直流可达几十MHz。常用的扫描调谐频谱仪又分为扫描射频调谐频谱仪和超外差频谱仪两类。

　　扫描射频调谐频谱仪的原理框图如图 7-16 所示，利用中心频率可调的带通滤波器来调谐和分辨输入信号。但这种类型的频谱仪分辨率、灵敏度等指标比较差，所以已开发的产品不多。

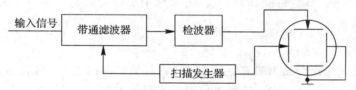

图 7-16　扫描射频调谐频谱仪的原理框图

　　目前产品品种和数量最多、应用最广泛的是超外差频谱仪，利用超外差接收机的原理，将频率可变的扫频信号与被分析信号进行差频，再对所得的固定频率信号进行测量分析，由此依次获得被测信号不同频率成分的幅度信息。这是频谱仪最常采用的方法，其原理框图如图 7-17 所示。

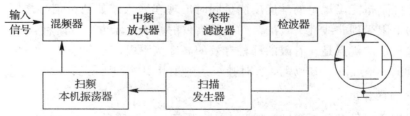

图 7-17　超外差频谱仪的原理框图

　　超外差频谱仪实质上是一种具有扫频和窄带宽滤波功能的超外差接收机，与其他超外差接收机原理相似，只是用扫频振荡器作为本机振荡器，中频电路有频带很窄的滤波器，按外差方式选择所需频率分量。这样，当扫频振荡器的频率在一定范围扫动时，与输入信号中的各个频率分量在混频器中产生差频(中频),使输入信号的各个频率分量依次落入窄带滤波器的通带内,被滤波器选出并经检波器加到示波器的垂直偏转系统,即光点的垂直偏转正比于该频率分量的幅值。由于示波器的水平扫描电压就是调制扫频振荡器的调制电压(由扫描发生器产生),所以水平轴已变成频率轴,这时屏幕上将显示出输入信号的频谱图。

目前较常用的超外差频谱仪有 HP8566B、BP-1、QF-4031 等型号,它们具有几 Hz 至几百 MHz 的分辨力带宽以及 80 dB 以上的动态范围等技术指标。

7.3.3 频谱分析仪的主要技术指标

1. 输入频率范围

输入频率范围是指频谱仪能够正常工作的最大频率区间,以 Hz 表示该范围的上限和下限,由扫描本振的频率范围决定。现代频谱仪的频率范围通常可从低频段至射频段,甚至微波段,如 1 kHz～4 GHz。这里的频率是指中心频率,即位于显示频谱宽度中心的频率。

2. 分辨力带宽

分辨力带宽是指分辨频谱中两个相邻分量之间的最小谱线间隔,单位是 Hz。它表示频谱仪能够把两个彼此靠得很近的等幅信号在规定低点处分辨开来的能力。在频谱仪屏幕上看到的被测信号的谱线实际是一个窄带滤波器的动态幅频特性图形(类似钟形曲线),因此,分辨力取决于这个幅频特性的带宽。定义这个窄带滤波器幅频特性的 3 dB 带宽为频谱仪的分辨力带宽。

3. 灵敏度

灵敏度是指在给定分辨力带宽、显示方式和其他影响因素下,频谱仪显示最小信号电平的能力,以 dBm、dBu、dBv、V 等单位表示。超外差频谱仪的灵敏度取决于仪器的内噪声。当测量小信号时,信号谱线是显示在噪声频谱之上的。为了易于从噪声频谱中看清楚信号谱线,一般信号电平应比内部噪声电平高 10 dB。另外,灵敏度还与扫频速度有关,扫频速度越快,动态幅频特性峰值越低,导致灵敏度越低,并产生幅值误差。

4. 动态范围

动态范围是指能以规定的准确度测量同时出现在输入端的两个信号之间的最大差值。动态范围的上限受到非线性失真的制约。频谱仪的幅值显示方式有两种:线性显示和对数显示。对数显示的优点是在有限的屏幕有效的高度范围内,可获得较大的动态范围。频谱仪的动态范围一般在 60 dB 以上,有时甚至达到 100 dB 以上。

5. 频率扫描宽度

频率扫描宽度另有分析谱宽、扫宽、频率量程、频谱跨度等不同叫法,通常指频谱仪显示屏幕最左和最右垂直刻度线内所能显示的响应信号的频率范围(频谱宽度)。根据测试需要自动调节或人为设置。扫描宽度表示频谱仪在一次测量(也即一次频率扫描)过程中所显示的频率范围,可以小于或等于输入频率范围。频谱宽度通常又分为三种模式:

(1) 全扫频。频谱仪一次扫描它的有效频率范围。

（2）每格扫频。频谱仪一次只扫描一个规定的频率范围。用每格表示的频谱宽度可以改变。

（3）零扫频。频率宽度为零，频谱仪不扫描，变成调谐接收机。

6. 扫描时间

扫描时间即进行一次全频率范围的扫描，并完成测量所需的时间，也叫分析时间。通常扫描时间越短越好，但为保证测量精度，扫描时间必须适当。与扫描时间相关的因素主要有频率扫描范围、分辨力带宽、视频滤波。现代频谱仪通常有多挡扫描时间可选择，最小扫描时间由测量通道的电路响应时间决定。

7. 幅度测量精度

幅度测量精度有绝对幅度精度和相对幅度精度之分，均由多方面因素决定。绝对幅度精度是针对满刻度信号的指标，受输入衰减、中频增益、分辨率带宽、刻度逼真度、频响及校准信号本身的精度等的综合影响；相对幅度精度与测量方式有关，在理想情况下仅有频响和校准信号精度两项误差，测量精度可以达到非常高。仪器在出厂前要经过校准，各种误差已被分别记录下来并用于对实测数据进行修正，显示出来的幅度精度已有所提高。

8. 1 dB 压缩点和最大输入电平

1 dB 压缩点：是指在动态范围内，因输入电平过高而引起的信号增益下降 1 dB 时的点。1 dB 压缩点表明了频谱仪的过载能力。通常出现在输入衰减 0 dB 的情况下，由第一混频决定。输入衰减增大，1 dB 压缩点的位置将同步增高。为避免非线性失真，所显示的最大输入电平（参考电平）必须位于 1 dB 压缩点之下。

最大输入电平：反映了频谱仪可正常工作的最大限度，它的值一般由通道中第一个关键器件决定。0 dB 衰减时，第一混频是最大输入电平的决定性因素；衰减量大于 0 dB 时，最大输入电平的值反映了衰减器的负载能力。

9. 其他性能

以上所列为频谱分析仪的基本特性，如能再有下列之功能，更能增进频谱分析仪在运算、测量操作与准确度等方面的利用。

（1）扫描显示的曲线轨迹备有符号亮点以直接指明频率与信号振幅的关系。

（2）类比的 CRT 资讯显示。

（3）在零展频的扫描速度可达 10 μs。

（4）具有电视的同步触发功能。

（5）有 FFT(Fast Fourier Transform)的运算功能。

（6）具有 FM(Frequency Modulation)的解调功能。

（7）在 CRT 上能显示电视影像和（或）声音。

（8）负向峰值的侦测功能。

7.3.4　QF－4031 型频谱分析仪的使用

QF－4031 型频谱分析仪具有频谱宽、分辨率高、动态范围大、频响好等特点。可用于无线电信号的分析和测量。

1. 主要技术指标

频率范围：50 Hz～1700 MHz，分为两个频段，用 4 位 LED 显示。

扫频宽度：有零扫和每格扫（20 Hz/div～1700 MHz/div，按 1、2、5 分挡）。

中频宽度：30 Hz～300 kHz（按 1、3 分挡）。

幅度测量范围：在频段 Ⅰ（50 Hz～1700 kHz）为 $-130 \sim +20$ dBm；在频段 Ⅱ（1700 kHz～1700 MHz）为 $-122 \sim +20$ dBm。

对数显示精度分别有：± 1.5 dB/72 dB、± 0.3 dB/8 dB、± 0.15 dB/l dB。

扫描时间：0.1 ms/div～10 s/div（按 1、2、5 分挡）或手动。

扫描触发源选择：包括自动、电源、视频、外和单次五种。

内部校准信号两种：50 Hz$\pm 0.01\%$，-20 dBm± 0.5 dBm；50 MHz$\pm 0.01\%$，-20 dBm± 0.5 dBm。

2. 工作原理

当它工作在第 Ⅰ 频段时，采用两次变频方案，第一本振可工作于扫频状态，一中频为 4.8 MHz，二中频为 1.5 MHz。在第 Ⅱ 频段工作时采用三次变频方案，第一本振和第二本振都可工作于扫频状态，一中频为 2.3 GHz，二中频为 70 MHz，三中频为 1.5 MHz。可见所有被测量信号经变频后，最后的频率都为 1.5 MHz。

在 1.5 MHz 中频放大部分有一级增益连续可调放大器，用于电平校准。三级增益步进可调的放大器，可按 0 dB、10 dB、20 dB 改变放大器的增益。一级是按 1 dB 步进调整的衰减器，最大衰减量是 10 dB，用于增益细调。中放带宽可调，其中 300 kHz、100 kHz、30 kHz、10 kHz 带宽调整是由两只 LC 滤波器完成的，3 kHz、1 kHz、300 Hz、100 Hz、30 Hz 带宽调整是由晶体管滤波器完成的。使用时可以根据分辨率的需要进行选择，从而显示较窄的谱线间隔。

锯齿波信号发生器的输出一方面加至 X 轴偏转作为扫描电压；另一方面加至本机振荡器，用以产生扫频测试信号。在 Ⅰ 频段可产生 20 Hz/div～100 kHz/div 的扫频信号；在 Ⅱ 频段，第一本振用于宽带扫频，扫频宽度为 1～100 kHz/div。

当仪器工作于零扫描状态时，相当于一部人工调谐校准收音机，由于其频率和幅度经过校准，可作为选频电压表使用。

习 题 7

1. 信号的时域测量和频域测量各有什么特点？两者之间有什么关系？

2. 测量幅频特性有哪些方法？各有什么特点？

3. 扫频仪主要由哪几部分组成？简述各部分的功能。

4. 频率特性测试仪在使用中有哪些注意事项？

5. 简述扫描式频谱分析仪的工作原理。

6. 频谱分析仪的主要技术指标有哪些？

第 8 章　数 据 域 测 量

20 世纪 70 年代以来，计算机与微电子技术得到了迅猛的发展，微处理器和集成电路得到了广泛的应用。数字电路、微处理器和大规模集成电路的生产工艺极为复杂精细，如何检测这些器件的正确性，把它们组装成设备后如何进行测试，发生故障后又如何确定故障点，如何排除这些故障，这些都是数据域测量要解决的问题。本章从数据域测量的特点和数字系统的故障描述入手，说明数据域测量的基本方法，并对常用的数据域测量仪器进行分析，介绍这些仪器的工作原理和使用方法。

知识要点：

（1）理解数据域测量的基本概念、特点以及基本方法；

（2）理解常用的数据域测量仪器，如逻辑笔、逻辑夹、逻辑分析仪的电路构成、工作原理以及使用方法。

8.1　概　　述

在科学技术飞速发展的今天，数字化仪器或系统在现代电子设备中所占的比例越来越大，数字仪器无论从测量速度和测量准确度还是从显示结果的清晰、直观方面，都具有模拟仪器不可比拟的优点。特别是随着大规模集成电路和计算机技术的发展，现代数字系统已逐步微机化、仪器智能化，系统的功能大大增强，能完成许多复杂的任务。但同时也提出了如何正确有效地检测和分析数字及微机系统的问题。由于数字系统中所处理的是以离散时间为自变量的一些脉冲序列，多为二进制信号，传统的时域测量法和频域测量法已无能为力，因而产生了"数据域测量"这一新的测量领域，有关的测量分析技术也就称为数据信号的测量技术。

在传统测量中，时域测量是对时间连续变化的模拟量进行的测量，示波器是典型的时域测试仪器；频域测量是在频域内对信号特征的测量，频谱分析仪是典型的频域测试仪器，它以频率为自变量，以各频率分量为因变量。然而数据域测量是对数字系统中随时间离散变化的数据流进行测试，它以离散时间或时间序列为自变量，逻辑分析仪是典型的数据域测试仪器。

数字逻辑电路是以二进制数字的方式来表示信息的。在每一时刻，多位 0、1 数字的组合（二进制码）称为一个数据字，数据字随时间的变化按一定的时序关系形成了数字系统的数据流。

8.1.1　数据域测量的特点

数据域分析测试的对象是数字系统，而数字系统中的信号表现为一系列随时间变化并按一定的时序关系形成的数据流，其取值和时间都是离散的，因而其分析测试方法与时域及频域都不相同。

图 8-1 所示为时域、频域和数据域分析的比较。图 8-1(c)中的数据域测量是一个简单的十进制计数器,自变量为计数时钟序列,输出为计数器状态给出的 4 位二进制码组成的数据流。数据流由高、低电平表示(如波形),也可以由"数据字"表示(如二进制码)。两种表示方式虽然形式不同,但表示的数据流内容却是一致的。

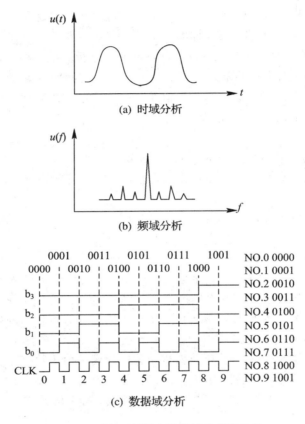

图 8-1 时域、频域和数据域分析的比较

在数据域分析中,自变量可以是离散的等时间序列,但多数情况下并不以等时间间隔的方式出现。在数据域测量中,关注的并不是每条信号线上电压的确切数值及其测量的准确度如何,而是关心各信号在自变量对应处的电平状态是高还是低以及各信号互相配合在整体上所表达的意义。与传统的测量相比,数据域测量有以下的特点:

(1)数字信号通常是按时序传递的。数字系统正常工作时要求其各个部分按照预先规定的逻辑程序进行工作,各信号之间有预定的逻辑时序关系。测量检查各数字信号之间逻辑时序关系是否符合设计是数据域分析测试的最主要任务。

(2)数据信号一般是多位传输。数据信号经常在总线中传输,如计算机数据总线上的数字、指令总线上的指令和地址总线上的地址等,它们都是由一定编码规则的位(bit)组成,通常情况下,这些数据都是多位的,因此要求数据测试仪器要能同时进行多路测试。

(3)数字系统中信号的传递方式多种多样。从宏观上来讲,数字信号的传递方式分为

串行和并行两大类；但从微观上来讲，不同的系统、系统内不同的单元，采用的传递方式都可能不同，即便是采用同一类传递方式（串行或并行），也存在着数据宽度（位数）、数据格式、传输速率、接口电平、同步/异步等方面的不同。因而为适应不同的应用场合，数据分析测试仪器往往具有多通道测试能力，有的甚至高达 500 多个通道。

（4）数字信号往往是单次或非周期性的。数字设备的工作是时序的，在执行一个程序时，许多信号只出现一次，或者仅在关键的时候出现一次（例如中断事件等）；某些信号可能重复出现，但并非时域上的周期信号，例如子程序的调用等。分析时经常需要存储、捕获和显示某部分有用的信号，因此若利用诸如示波器一类的测量仪器难以观测，也更难以发现故障。

（5）被测信号的速率变化范围很宽。即使在同一数字系统内，数字信号的速率也可能相差很大，如外部总线速率达几百 Mb/s、中央处理器内核速率达数 Gb/s，而外部的打印机、电传机、键盘等速率较低。

（6）数字信号为脉冲信号。由于被测数字信号的速率可能很高，各通道信号的前沿很陡，其频谱分量十分丰富。因此，数据域测量必须能够分析测量短至 ps 级（10^{-12} s）的信号，如脉冲信号的建立和保持时间等。

（7）被测信号故障定位难。通常，数字信号只有"0""1"两种电平，数字系统的故障不只是信号波形、电平的变化，更主要的在于信号之间的逻辑时序关系，电路中偶尔出现的干扰或毛刺等都会引起系统故障。同时，由于数字系统内许多器件都挂在同一总线上，因此当某一器件发生故障时，用一般方法进行故障定位比较困难。

8.1.2　数字系统的故障模型与数据域测量的方法

模拟系统中故障往往表现为电路中某节点的电位不正常和波形不正常。在数字系统中，故障不在于信号的波形及电位变化，而在于信号之间的关系是否满足要求，而且缺陷和故障也并不一一对应，有时一个缺陷可等效于多个故障。数字系统工作过程体现着各种信号高、低电平的逻辑关系，当不满足规定的逻辑关系时即发生错误。错误数据往往混合在正确的数据流中，甚至当发现故障时其产生原因早已过去。例如，数据流中因干扰或时序配合不当，会出现时序时间明显小于时钟周期的尖脉冲，这将导致计算机硬件工作不正常，这种失常有时又在程序执行过程中以软件故障形式体现出来。因此，要求数据测试仪器具有存储功能。

数据域中判断被测系统或电路中是否存在故障称为故障侦察；查明故障原因、性质和产生的位置称为故障定位。故障侦察与故障定位合称为故障诊断。

在一个系统中故障的种类是各种各样的，而在各种系统中故障数目的差异是很大的，多种故障组合的方式则更多。因此，为了便于研究故障，须对故障进行分类，归纳出典型的故障。

1. 数字系统的故障模型

数字系统的故障主要有以下四种模型。

（1）固定型故障。固定型故障是指故障总是固定在某一逻辑值上，包括固定 1 故障和固定 0 故障。

（2）桥接故障。桥接故障是两根或多根信号线之间的短接故障。

（3）延迟故障。延迟故障是指因电路延迟超过允许值而引起的故障。

（4）暂态故障。暂态故障主要包括瞬态故障和间歇性故障两种类型。

2. 数字系统中数据域测试的特点

数字系统的故障特点决定了对数据域测试存在以下特点。

（1）数字系统的响应和激励间不是线性关系。数字系统可能存在的记忆特性，如 t 时刻的输出响应，既取决于 t 时刻的输入，又取决于在此以前的输入，甚至可能与从初始状态一直到时刻 t 的所有输入都有关系，这给数字系统的故障诊断带来诸多困难。

（2）数字系统的数据域测试只能从外部有限测试点和结果推断内部过程或状态，一般无法直接判断数字系统内部的过程或状态。

（3）微机化数字系统的软件导致异常输出；数据流中因干扰或时序配合不当出现的故障，可能从导致计算机硬件工作不正常开始，这种失常有时又在程序执行过程中以软件故障形式体现出来。

（4）数字系统内部事件一般不会立即在输出端表现。

（5）数字系统的故障不易捕获和辨认；数字系统中存在各种反馈，给电路的模拟、故障的侦察和定位带来困难。

3. 数据域测量的方法

要实现故障诊断，通常要在被测件的输入端加上一定的测试序列信号，然后观察整个输出序列信号，将观测到的输出序列与预期的输出序列进行比较，从而获得诊断信息。一般有穷举测试法、结构测试法、功能测试法和随机测试法等方法。

1）穷举测试法

穷举测试法是对输入的全部组合进行测试。如果对所有的插入信号，输出的逻辑关系都是正确的，则判断数字系统是正常的，否则就是错误的。该方法的优点是能检测出所有的故障。缺点是测试时间和测试次数随输入端数 n 的增加呈指数关系增加。

2）结构测试法

对于一个具有 n 个输入端的系统，若采用穷举测试法，则需加 2^n 组不同的输入信号才能对系统进行完全测试。显然这种穷举测试法无论从人力还是物力上都是行不通的。解决的办法是从系统的逻辑结构出发，考虑可能出现哪些故障，然后针对这些特定的故障生成测试码，并通过故障模型计算每个测试码的故障覆盖范围，直到所考虑的故障都被覆盖为止，这就是结构测试法。该测试法主要针对故障，是最常用的方法。

3）功能测试法

功能测试法不检测数字电路内每条信号线的故障，只验证被测电路的功能，因而比较容易实现。目前，LSI、VLSI 电路的测试大都采用功能测试法，对微处理器、存储器等的测试也可采用功能测试法。

4）随机测试法

随机测试法采用的是"随机测试矢量产生"电路，随机地产生可能的组合数据流，将所产生的数据流加到被测电路中，然后对输出进行比较，根据比较结果，即可知道被测电路是否正常。该方法不能完全覆盖故障，故只能用于要求不高的场合。

8.1.3　数据域测试系统的分类及基本组成

1. 数据域测试系统的分类

数据域测试按被测对象主要分为以下几大类。

（1）组合电路测试。通常有敏化通路法、D 算法、布尔差分法等。

（2）时序电路测试。通常采用叠接阵列、测试序列（同步、引导和区分序列）等方法。

（3）数字系统测试。如大规模集成电路，常用随机测试（用伪随机序列信号作激励）技术、穷举测试技术等。

2. 数据域测试系统的基本组成

一个被测的数字系统可以用它的输入和输出特性及时序关系来描述，它的输入特性可用数字信号源产生的多通道时序信号来激励，而它的输出特性可用逻辑分析仪来测试，获得对应通道的时序响应，从而得到被测数字系统的特性。一个典型的数据域测试系统的基本组成如图 8-2 所示。

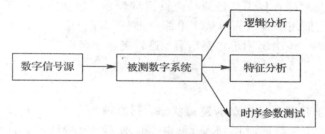

图 8-2　数据域测试系统的基本组成

1）数字信号源

数字信号源的作用和功能主要有：为数字系统的功能测试和参数测试提供输入激励信号；产生图形宽度可编程的并行和串行数据图形；产生输出电平和数据速率可编程的任意波形；产生可由选通信号和时钟信号控制的预先规定的数据流等。

2）特征分析

采用特征分析技术，从被测电路的测试响应中提取出"特征"，通过对无故障特征和实际特征的比较进行故障的侦察和定位。特征分析技术具有很高的检错率，基于特征分析的数字系统故障诊断原理如图 8-3 所示。

图 8-3　数据系统故障诊断原理

3）逻辑分析

逻辑分析用于测试和分析多个信号之间的逻辑关系及时间关系。

8.2 数据域测量技术及仪器

由于数字系统具有诸多特点，对数据域测试仪器设备也有诸多要求，因而有各种各样的数据测试仪器。主要有宽带示波器、简易逻辑测试设备、数字信号发生器、逻辑分析仪等。

8.2.1 宽带示波器

数据域测试也分静态和动态两种，前者是在固定输入下测输出的逻辑，后者是在脉冲序列输入下测输出的逻辑。

利用宽带示波器可观测数字电路在脉冲序列作用下各处的波形，不但能测脉冲参数，还可以测逻辑关系。宽带示波器的频率上限很高，可参考示波器的有关内容。比如，用示波器测一个由触发器构成的异步十进制计数器的逻辑功能，测出脉冲序列和各处的波形，便可得出结论。用示波器进行的测量是动态测量。

8.2.2 简易逻辑测试设备

早期的数字系统故障查找工具是简易逻辑测试设备，包括常用的逻辑笔、逻辑夹、逻辑电平测试器等，它们用来判断简单数字电路(一路或多路)信号的稳定(静态)电平、单个脉冲或极低速脉冲列。逻辑笔用于单路信号，逻辑夹用于多路信号。

1. 逻辑笔

1) 逻辑笔的原理

逻辑笔主要用于判断某一端点的逻辑状态，其原理如图 8-4 所示。被测信号由探针接入，经过输入保护电路后同时加到高、低电平比较器，比较结果分别加到高、低电平脉冲展宽电路进行展宽，以保证测量单个窄脉冲时也能点亮指示灯足够长的时间，这样，即便是频率高达 50 MHz、宽度最小至 10 ns 的窄脉冲也能被检测到。展宽电路的另一个作用是通过高、低电平展宽电路的互控，使电平测试电路在一段时间内指示某一确定的电平，从而只有一种颜色的指示灯亮。输入保护电路则用来防止输入信号电平过高时损坏检测电路。

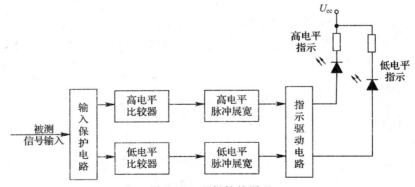

图 8-4 逻辑笔的原理

逻辑笔通常设计成兼容两种逻辑电平的形式，即 TTL 逻辑电平和 COMS 逻辑电平，这两种逻辑的"高""低"电平门限是不一样的，测试时需通过开关在 TTL/CMOS 间进行选择。

2）逻辑笔的应用

不同的逻辑笔提供不同的逻辑状态指示。通常逻辑笔只有两只指示灯，"H"灯指示逻辑"1"（高电平），"L"灯指示逻辑"0"（低电平）。一些逻辑笔还有"脉冲"指示灯，用于指示检测到的输入电平跳变或脉冲。逻辑笔具有记忆功能，如测试点为高电平时，"H"灯亮，此时即使将逻辑笔移开测试点，该灯仍继续亮，以便记录被测状态，这对检测偶然出现的数字脉冲是非常有用的，当不需记录此状态时，可扳动逻辑笔的 MEM/PULSE 开关至 PULSE 位。在 PULSE 状态下，逻辑笔还可用于对正、负脉冲进行测试。逻辑笔对输入电平的响应如表 8-1 所示。

表 8-1　逻辑笔对输入电平的响应

序号	被测点逻辑状态	逻辑笔的响应
1	稳定的逻辑"1"	"H"灯稳定的点亮
2	稳定的逻辑"0"	"L"灯稳定的点亮
3	逻辑"1"和逻辑"0"间的中间态	"H"、"L"灯均不亮
4	单次正脉冲	"L"→"H"→"L"，"PULSE"灯闪
5	单次负脉冲	"H"→"L"→"H"，"PULSE"灯闪
6	低频序列脉冲	"H"、"L"闪亮，"PULSE"灯亮

通过用逻辑笔对被测点的测量，可以得出以下四种之一的逻辑状态。

（1）逻辑"高"：输入电平高于高逻辑电平阈值，说明这是有效的高逻辑信号。

（2）逻辑"低"：输入电乎低于低逻辑电平阈值，说明这是有效的低逻辑信号。

（3）高阻抗状态：输入电平既不是逻辑低，也不是逻辑高。一般来说，这表示数字门是在高阻抗状态或者逻辑探头没有连接到门的输出端（开路），此时"H""L"两个指示灯都不亮。

（4）脉冲：输入电平从有效的低逻辑电平变到有效的高逻辑电平（或者相反）。通常当脉冲出现时，"L"和"H"两个指示灯会闪亮，而通过逻辑笔内部的脉冲展宽电路，即使是很窄的脉冲，也能使"PULSE"指示灯亮足够长的时间，以便观察。

2. 逻辑夹

逻辑笔在同一时刻只能显示一个被测点的逻辑状态，而逻辑夹则可以同时显示多个被测点的逻辑状态。在逻辑夹中，每一路信号都先经过一个门判电路，然后再通过一个非门驱动一个发光二极管。当输入信号为高电平时，发光二极管亮；否则，发光二极管暗。

逻辑笔和逻辑夹最大的优点是价格低廉，使用方便。同示波器、数字电压表相比，它不但能简便迅速地判断出输入电平的高或低，更能检测电平的跳变及脉冲信号的存在，即使是 ns 级的单个脉冲。这对于数字电压表及模拟示波器来说是难以实现的，即使是数字存储示波器，也必须调整触发和扫描控制在适当的位置。因此，逻辑笔和逻辑夹仍是检测数字逻辑电平的最常用工具。

8.2.3　数字信号发生器

数字信号发生器也叫数据发生器，它是数据域测试中一种重要的测试仪器。它用来模拟数字系统功能测试和参数测试的输入激励信号。它可产生数据图形和数据图形宽度均可编程的并行和串行数据，在选通信号和时钟信号的控制下，产生输出电平和数据速率可编程的任意波形，以及一个预先规定的数据流。数字信号发生器可以模拟数字系统中的各种测试信号，对提高工程测试处理能力、缩短系统的集成时间、加快产品的设计周期有重要的意义。

1. 数字信号发生器的结构原理

数字信号发生器由主机和多个模块组成，而每个模块又具有多个数据通道。如图8-5所示。主机包括中央处理单元、电源、信号处理单元(时钟和启动/停止、信号产生器)和人机接口；模块包含序列和数据产生部件，以及通道放大器。一个模块可以具有多个数据通道单元，并可根据用户需要来扩展其通道数，各通道的结构是完全相同的。

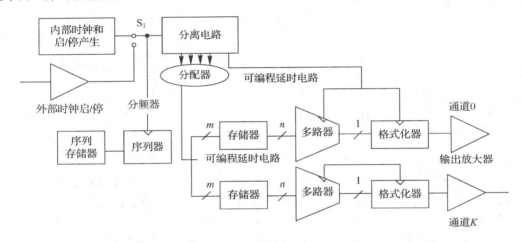

图8-5　数字信号发生器原理框图

内部标准时钟源由压控振荡器(VCO)控制的中央时钟发生器组成，在高性能的数字发生器中还使用锁相环，以保证高的稳定性和精确的时间周期。许多数字信号发生器还提供一个外部时钟输入端，以使用被测系统的时钟来驱动时钟发生器。

分离电路可提供10个不同的时钟输出，这10个时钟分别送到各数据模块时钟输入端。信号处理单元提供一个启/停信号，并将它们并行加到各时钟上。该信号使数字信号发生器同步地启动或停止各模块的工作。

存储器是产生数据的核心，它在初始化期间就为每个通道写入了数据。数据存储器的地址是用简单的计数器产生的，数据与地址是一一对应的。数据存储器按每字8位来组织，即每个地址输出一个8位的数据。

一个8：1的多路器将运行频率为$F/8$的8个并行输入位转换成频率为F的串行数据流。格式化器是一个将定时加到数据流的器件，最简单的情况下格式化器就是一个D触发器。格式化器的输出直接驱动输出放大器，该放大器的输出电平是可编程的。在某些数字信号发生器中，数据流传输的时间也是可以编程的，并在每个数据模块上提供外部时钟和启/停输入端。具有这些特性就可产生不同的异步数据流。

2. 数据流

1）数据位格式

数字信号发生器可产生不同数据位格式的数字信号。如图 8-6 所示。

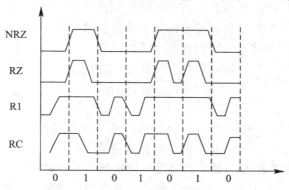

图 8-6 数字信号发生器数据位格式

第一种格式称为"不归零"(NRZ)格式。这种格式是对一个时钟周期而言，用一个稳定的电平来表示一个数据位。对给定的数据速率而言，一个 NRZ 数据流需要的传输带宽最小。如果一个 NRZ 数据流可以延迟一段时间(时钟周期的整数倍)，则这种数据位格式称为"延迟 NRZ"(DNRZ)格式。

第二种格式称为"归零"(RZ)格式。这种格式是在一个数据位"1"之后立即返回"0"，它可用来产生一种开关时钟信号，因为它为每一个"1"位提供一个时钟脉冲。

第三种格式称为"归一"(R1)格式，它是在一个数据位"0"之后立即返回到"1"。

第四种格式是 RC 格式，即返回到互补信号。数据位"0"返回到"1"，数据位"1"返回到"0"。这种格式提供了一种与数据平均值(0 V)无关的数据流。

2）数据序列

数据流的序列受序列器的控制，数字信号发生器产生的数据序列如图 8-7 所示。

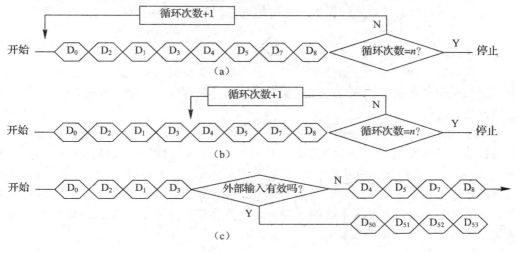

图 8-7 数据流的序列

图 8-7(a)是一个循环序列,这种序列可将数据存储器中的某个数据块重复指定的次数。它可用有限的存储深度来提供非常长的数据流。

数字信号发生器还可以在一个序列中产生不同循环次数的多种循环。它们将以规定的循环次数,重复输出存储在存储器中两个地址之间的第一个数据块,并且将存储在存储器中另一个地址上的第二个数据块按规定的次数输出。这种序列如图 8-7(b)所示。数字信号发生器还可以通过外部输入信号的控制来改变数据序列,称为"事件分支"。在这种工作模式下,数字信号发生器首先输出第一个数据流,当输入的控制信号有效时,就输出预先定义的第二个数据流。如图 8-7(c)所示。

3)伪随机序列

在数字通信系统中,数据通道传输的数据流是不能在实际操作中预先设置的。因此,对这种测试系统最好的测试方法是用随机数据来激励。由于产生真正的随机序列在技术上还有困难,一种可能的方法是为数字信号发生器提供一个伪随机二进制序列(PRBS)。

PRBS 数据流是一种确定的、周期非常长的数据位序列,对被测试系统而言,在其周期内是一个电平高和低的伪随机串。显然,PRBS 的随机特性取决于周期的长度,周期愈长,其随机特性愈好。为了用 PRBS 来测试多种功能的数字系统,数字信号发生器在不同的数据通道上还提供具有相移的 PRBS。这种相移后的 PRBS 多路复合的结果,就产生了一个具有激励序列周期相同的新的 PRBS 序列,且速度更高。

3. 主要技术指标

数字信号发生器的主要技术指标如下。

1)通道数

数字信号发生器的通道数是描述测试能力的一个重要技术指标。通道数愈多,同时进行测试的数据位数就愈多。通常数字信号发生器都采用模块式结构,每个模块有 4~16 个通道,可用简单的增加模块的方法来增加通道数。

2)最大数据速率

数字信号发生器的最大数据速率表示可产生数据的最高速率。它可以在一定范围内变化,以适应被测系统测试速率的要求。通用的数字信号发生器的数据速率大都在100 Mb/s 左右。

3)存储深度

存储器的存储深度是表征数字信号发生器存储数据位的大小。在大多数的应用中只需要数百至数千位的数据存储深度。如果需要更大的存储深度,可以用多种方法来增加虚拟的存储深度。

4)输出放大器

高速数字信号发生器的每个通道都具有一个 50 Ω 源阻抗的放大器。因此,它适用于高速 50 Ω 环境。某些数字信号发生器还提供不同输出的放大器,即同时提供正常的数据和反向的数据输出。大多数数字信号发生器都提供具有独立可编程为高电平或低电平的放大器,使逻辑电平适合于被测系统的需要。某些数字信号发生器还提供可变的上升时间,以满足某些特殊场合测试的需要。

5)偏移和延迟能力

偏移是指相对于数字信号发生器内部参考时钟,不同通道传输延时的差异,也就是每个数据位经不同通道同时到达被测系统的程度。在调整了每个通道的延时偏移后，数字信号发生器所有通道的传输延时值均应相等。

6）抖动

抖动定义为在一个时钟信号或数据流中，数据位边沿位置的不确定性。对于时钟信号，抖动是用一个时钟周期为单位来测量和规定的。用正时钟沿触发示波器可以测量周期抖动，并显示同一信号的下一个正沿。

7）触发能力

多数的数字信号发生器都具有用外部信号来启动或停止数据流的能力，而某些低速的数字信号发生器还提供一个触发器端，以产生一个启动/停止信号。某些数字信号发生器可提供简单的附加的启动/停止功能，即选通功能。数字信号发生器有时还为每一个数据模块提供一个触发输入端，并为各模块提供独立的时钟，以便产生异步的数据流。

8）用户接口

当数字信号发生器用于通道数非常多的情况时，必须有一个好的数据编辑器，这样才能处理大量的数据。在高档的数字信号发生器中，还提供波形并行编辑器，用户利用这个编辑器就可使用数字系统的定时图来建立数据。

8.3　逻辑分析仪

8.3.1　概述

逻辑笔的局限在于它无法对多路数字信号进行时序状态分析，随着数字系统复杂程度的增加，尤其是微处理器的高速发展，采用简单的逻辑电平测试设备已经不能满足测试的要求。逻辑分析仪是数据域测量中最典型、最重要的工具，它将仿真功能、软件分析、模拟测量、时序和状态分析以及图形发生功能集于一体，为数字电路硬件和软件的设计、调测提供了完整的分析和测试工具。自 1973 年问世以来，逻辑分析仪便得到了迅速的发展和广泛的应用。就像示波器是调试模拟电路的重要工具一样，逻辑分析仪是研究、分析、测试数字电路的重要工具，由于它仍然以荧光屏显示的方式给出测试结果，因此也称为逻辑示波器。

逻辑分析仪常用于数字系统和设备的调试与故障诊断，特别是在微机系统的研制开发以及调试维修中，广泛应用。它能够对逻辑电路，甚至包括对软件的逻辑状态进行记录和显示，通过各种存储控制功能实现对逻辑系统的分析。同时，逻辑分析仪不仅能用表格形式、波形形式或图形形式显示具有多个变量的数字系统的状态，而且也能用汇编形式显示数字系统的软件，从而实现对数字系统硬件和软件的测试。先进的逻辑分析仪可以同时检测几百路的信号，有灵活多样的触发方式，可以方便地在数据流中选择感兴趣的观测窗口。逻辑分析仪还能观测触发前和触发后的数据流，具有多种便于分析的显示方式。目前，逻辑分析仪已成为设计、调试、检测和维修复杂数字系统、计算机和微机化产品最有力的工具。这种先进的测试仪器对数字系统来说，就像示波器对模拟系统一样不可或缺。

8.3.2　逻辑分析仪的组成

不同厂家的逻辑分析仪，尽管在通道数、取样频率、内存容量、显示方式及触发方式等方面有较大区别，但其基本组成结构是相同的。逻辑分析仪的组成如图 8-8 所示。由该图可看出，逻辑分析仪由数据捕获和数据显示两部分组成。

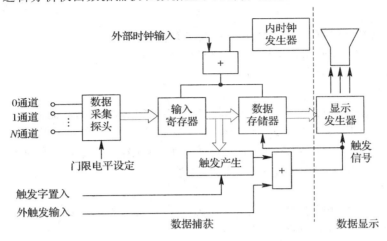

图 8-8　逻辑分析仪的组成

1. 数据捕获部分

该部分包括数据采集、数据存储、触发产生、时钟选择等部分。其作用是快速捕获并存储要观察的数据。被测数字系统的多路并行数据经数据采集探头进入逻辑分析仪。其中数据输入部分将各通道采集到的信号转换成相应的数据流；触发产生部分根据设定的触发条件在数据流中搜索特定的数据字，当搜索到特定的触发字时，就产生触发信号去控制数据存储器；数据存储器部分根据触发信号开始存储有效数据或停止存储数据，以便将数据流进行分块。

2. 数据显示部分

该部分包括显示发生器、CRT 显示器等。其作用是将存储在数据存储器里的数据进行处理并以多种显示方式（如定时图、状态图、助记符、ASCII 码等）显示出来，以便对捕获的数据进行观察和分析。

8.3.3　逻辑分析仪的分类

根据显示方式和定时方式的不同，逻辑分析仪可分为逻辑状态分析仪和逻辑定时分析仪两大类，其基本结构是相同的。

1. 逻辑状态分析仪

逻辑状态分析仪内部没有时钟发生器，用被测系统时钟来控制记录速度，其状态数据的采集是在被测系统的时钟（对逻辑分析仪来说，称为外时钟）控制下实现的，即逻辑分析仪与被测系统是同步工作的。该分析仪主要用于检测数字系统的工作程序，并用字符"0"和"1"、助记符或映射图等来显示被测信号的逻辑状态。这能有效地解决系统的动态调试问题。它的特点是显示直观，显示的每一位与各通道输入数据一一对应。逻辑状态分析仪可对系统进行实时状态分析，即检测在系统时钟作用下总线上的信息状态，从而有效地进行程序的动态调试。因此，逻辑状态分析仪主要用于系统的软件测试。

2. 逻辑定时分析仪

逻辑定时分析仪内部有时钟发生器，在内部时钟控制下采集、记录数据，即逻辑定时分析仪与被测系统是异步工作的。该分析仪用定时图方式来显示被测信号，与示波器显示方式类似，水平轴代表时间，垂直轴显示的是一连串只有"0""1"两种状态的伪波形。其最大特点是能显示各通道的逻辑波形，特别是各通道之间波形的时序关系。为了提高测量准确度和分辨率，要求内部时钟频率远高于被测系统的时钟频率，通常内部时钟频率应为被测系统时钟频率的 5～10 倍。

逻辑定时分析仪通过对输入信号的高速采样、大容量存储，从而为捕捉各种不正常的"毛刺"脉冲提供新的手段，可较方便地对微处理器和计算机等数字系统进行调试和维修。因此，逻辑定时分析仪主要用于数字系统硬件的调试与检测。

上述两类分析仪虽然在显示方式、功能侧重上有所不同，但其基本用途是一致的，即可对一个数据流进行快速的测试分析。随着微机系统的广泛应用，在其调试和故障诊断过程中，往往既有软件故障也有硬件故障，因此近年来出现了把"状态"和"定时"分析组合在一起的分析仪——智能逻辑分析仪，这给使用者带来了更大的便利，它已成为逻辑分析仪的主流。

8.3.4　逻辑分析仪的特点

为了满足对数据流的检测要求，逻辑分析仪具有以下一些特点。

（1）具有足够多的输入通道。这是逻辑分析仪的重要特点，便于多通道的同时检测。为适应以微处理器为核心的数字系统的检测，就必须要有较多的输入通道，以方便对微机系统的地址、数据、控制总线进行分析。一般的逻辑分析仪至少具有 8 个输入通道，现在多为 34 个通道，而 Agilent 公司的 167900 系列、Tektronix 公司的 TLA7A×× 模块化逻辑分析系统可提供多达 8160 个通道。这么多的并行输入通道，可以同时观察不规则、单次、不重复的并行数据。通道数越多，就越能充分发挥逻辑分析仪的功能。

（2）具有快速的存储记忆功能。所有的逻辑分析仪都内置有高速随机存储器（RAM），因此它能快速地记录采集的数据。这种存储记忆功能使它能够观察单次脉冲和诊断随机故障。利用存储功能，可以捕获、显示触发前或触发后的数据，这样有利于分析故障产生的原因。较大的存储容量有利于观测分析长的数据流，如今逻辑分析仪的存储容量多为 1 MB，而有的可高达 64 MB/128 MB，如上述的 167900 系列。

（3）具有极高的采样速率。为了对高速数字系统中的数据流进行分析，逻辑分析仪必须以高于被测系统时钟频率 5～10 倍的速率对输入电平进行采样，以便进行定时分析。进行状态分析时，逻辑分析仪的采样速率也必须与高速数字系统的时钟同步。当今逻辑分析仪的最大定时时钟可达 4 GHz，做状态分析时状态速率可达 1.5 GB/s，如上述的 167900 系列。

（4）具有丰富的触发功能。触发能力是评价逻辑分析仪的重要指标。由于逻辑分析仪具有灵活的触发能力，它可以在很长的数据流中对要观察分析的那部分信息做出准确定位，从而捕获出对分析有用的信息。现今逻辑分析仪的触发方式很多，如可与内、外时钟同步，也可利用输入数据的组合进行触发，触发条件可编程，触发点可任意设置。对于软件分析，逻辑分析仪的触发能力使它可以跟踪系统运行中的任意一程序，可以解决检测与显示系统中存在的干扰及毛刺等问题。

（5）具有灵活而直观的显示方式。采用不同的显示方式，更有利于快速地观察和分析问题。逻辑分析仪具有多种显示方式。例如，对系统功能进行分析时，可以使用字符、助记符或用汇编语言显示程序。为适应不同制式的系统，可用二进制、八进制、十进制、十六进制以及 ASCII 码显示；为便于了解系统工作的全貌，可用图形显示；对时间关系进行分析时，可用高、低电平表示逻辑状态的时间图显示等。

（6）具有驱动时域仪器的功能。数据流状态值发生的差错常常来源于时间域的某些失常，其原因往往是毛刺、噪声干扰或时序的差错。当使用逻辑分析仪观察这些现象的时候，有时需要借助于示波器来复现信号的真实波形。但是在数据流中出现的窄脉冲，模拟示波器很难捕捉到。逻辑分析仪能够对数据错误进行定位，找到窄脉冲出现的时刻，同时输出一个触发同步信号去触发示波器，便可在示波器上观察到失常信号的真实波形。

（7）具有限定功能。所谓限定功能，就是对所获取的数据进行鉴别、挑选的一种能力。限定功能解决了对单方向数据传输情况的观察，以及对复用总线的分析。由于限定可以剔除与分析无关的数据，这样就有效地提高了逻辑分析仪内存的利用率。现行的逻辑分析仪不仅都有这种能力，而且有的逻辑分析仪限定通道数多达几十个。

模拟示波器和逻辑分析仪都是常用的测量仪器，但它们的测量对象、测量方法、显示方式、触发方式等都是不同的。表 8-2 对逻辑分析仪与模拟示波器进行了简要比较。

表 8-2 逻辑分析仪与模拟示波器的比较

比较内容	逻辑分析仪	模拟示波器
主要应用领域	数字系统的硬件、软件测试	模拟、数字信号的波形显示
检测方法和范围	① 利用时钟脉冲进行采样； ② 显示范围等于时钟脉冲周期乘以存储器容量； ③ 可显示触发前、后的逻辑状态	只能显示触发后扫描时间设定范围内的波形
记忆功能	有高速存取存储器，具有记忆功能	不能记忆
输入通道	容易实现多通道（16 或更多）	多为 2 通道
触发方式	① 数字方式触发； ② 多通道逻辑组合触发，容易实现与系统动作同步触发，触发条件可编程； ③ 可以用随机的窄脉冲进行触发； ④ 可以进行多级按顺序触发； ⑤ 具有驱动时域仪器的能力	模拟方式触发，根据特定的输入信号进行触发，很难实现与系统动作同步触发
显示方式	① 数据高速存入存储器后，低速读出进行显示； ② 把输入信号变换成逻辑电平后加以显示； ③ 能用与被测系统同样的方法处理和显示数据； ④ 显示方式多样，有状态、波形、图形和助记符等	原封不动地实时显示输入波形

尽管逻辑分析仪与模拟示波器有着以上方面的不同特性，但它们在很多应用场合又是相辅相成、互为补充的，如逻辑分析仪的驱动时域仪器的功能。正是基于此，一种新的测试仪器诞生了，如 Agilent 的 54600、54800 系列混合信号示波器就是 2/4 通道模拟示波器与 16 通道逻辑分析仪的无缝集成。

8.3.5　逻辑分析仪的工作原理

1. 数据采集

被测信号首先由逻辑分析仪的多通道探头输入，其探头是将若干个探极集中起来构成的，其触针细小，以便于探测高密度集成电路。为了不影响被测点的电位，每个通道探针的输入阻抗都很高；为了减小输入电容，在高速逻辑分析仪中多采用有源探针。每个通道的输入信号经过内部比较器与门限电平相比较之后，判为逻辑"1"或者逻辑"0"。输入的门限电平可由使用者选择，以便与被测系统的阈值电平相配合，一般可在 ±10 V 范围内调节。通常门限电平取被测系统逻辑高、低电平的平均值。例如，对于 TTL 器件，其门限电平取为 +1.4 V。

为了把被测逻辑状态存入存储器，逻辑分析仪通过时钟脉冲周期地对比较器输出的数据进行取样。根据时钟脉冲的来源，这种取样可分为同步取样和异步取样，分别用于状态分析和定时分析。

(1) 同步取样。如果时钟脉冲来自于被测系统，则是同步取样方式，只有当被测系统时钟到来时逻辑分析仪才储存输入数据。

(2) 异步取样。如果取样时钟由逻辑分析仪内部产生或由外部的脉冲发生器提供，与被测系统的时钟无关，则这种取样方式称为异步取样。内部时钟频率可以比被测系统时钟频率高得多，这样可以使每单位时间内获取的数据更多，显示的数据更精确。同步取样和异步取样如图 8-9 所示。

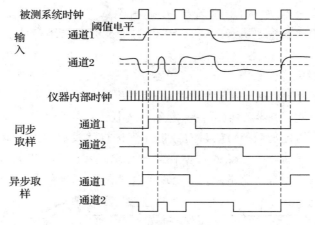

图 8-9　同步取样和异步取样示意图

同步取样对于相邻两系统时钟边沿之间产生的毛刺干扰是无法检测到的，如图 8-9 中输入通道 2 的情况。异步取样时，用逻辑分析仪的内部时钟采集数据，只要频率足够高，就能获得比同步取样更高的分辨力。由图中可以看出，异步取样不仅能采集输入数据的逻辑状态，还能反映各通道输入数据间的时间关系，如图中异步取样显示出了通道 2 数据的最后一次跳变发生在通道 1 数据最后一次跳变之前；同时，又将通道 2 被测信号中的毛刺干扰记录下来。毛刺宽度往往很窄，如果在相邻两时钟之间，就无法检出。但是，逻辑定时分析仪内部时钟可高达数百兆，通过锁定功能，它可以检测出最小宽度仅几纳秒的毛刺。根据以上特点可知，同步取样用于状态分析，而异步取样则用于定时分析。

2. 触发产生

正常运行的数字系统中数据流是很长的，各数据流的逻辑状态也各不相同，而存储数据的存储器容量和显示数据的屏幕尺寸是有限的，因此要全部一个不漏地存储或显示这些数据是不可能的。为此，逻辑分析仪设置了触发，以便对人们感兴趣的部分关键信息进行准确的定位、捕获和分析。在普通示波器中，触发用于启动扫描，以观测触发后的波形。而在逻辑分析仪中，触发是指停止捕获和存储数据而选择数据流中对分析有意义的数据块，即在数据流中开一个观察窗口。逻辑分析仪可记录和显示触发前的数据。

目前，逻辑分析仪具有丰富的触发方式，可以显示触发前、后或以触发为中心的输入数据，其中最基本的触发方式有以下几种。

1）组合触发

将逻辑分析仪各通道的输入信号与各通道预置的触发字（0，1或任意 x）进行比较，当全部吻合时，即产生触发信号。几乎所有的逻辑分析仪都采用这种触发产生方式，因此也称基本触发方式。

如果触发脉冲产生后，即停止数据采集，那么存储器中存入的数据是产生触发字之前各通道的状态变化情况，对触发字而言是已经"过去了"的数据，因而这种触发方式也称为基本的"终端触发"。如果选择的触发字是一个出错的数据，从显示的数据流中就可分析出错的原因。

将触发信号作为逻辑分析仪存储、显示数据的启动信号，将触发字及其后面的数据连续存入存储器中，直至存满为止，这就是"始端触发"。如将触发字设置为程序的某条指令，这样就可以分析这条指令执行后的响应，以判断其是否与预定结果一致。

2）延迟触发

在延迟触发方式中专门设置了一个数字延迟电路，当捕获到触发字后，延迟一段时间再停止数据的采集、存储，这样在存储器中存储的数据既包括了触发点前的数据，又包括了触发后的数据。延迟计数器的值可在一定范围内任意设定，这样，在不改变触发字的情况下，只要选择适当的延迟数便可实现对数据序列进行逐段观察。当延迟量恰好为存储器容量的一半时，这时存储器中存储的数据在触发点前、后各占一半，因此，这种触发方式又称为中间触发。终端触发、始端触发、延迟触发如图 8-10 所示。

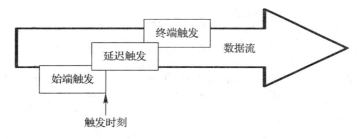

图 8-10 终端触发、始端触发、延迟触发示意图

3）毛刺触发

毛刺触发是利用滤波器从输入信号中取出一定宽度的干扰脉冲作为触发信号，然后存

储毛刺出现前后的数据流，以利于观察和寻找由于外界干扰而引起数字电路误动作的现象和原因。

4）手动触发与外触发

在测量时，利用人工方式可以在任何时候加以触发或强制显示测量数据，可以由外部输入脉冲充当触发信号。

在微机应用程序中，往往包含了许多分支和循环程序，为了检测、分析这些分支和循环程序中可能存在的错误，提高分析测试效率，逻辑分析仪还提供了一些由多个条件组合而成的高级触发方式，如序列触发、限定触发、计数触发等。

5）序　列　触　发

序列触发是为了检测复杂分支程序而设计的一种重要触发方式。它由多个触发字按预先确定的顺序排列，只有当被测试的程序按触发字的先后次序出现时，才能产生一次触发。

6）限　定　触　发

限定触发是对设置的触发字加限定条件的触发方式。如有时选定的触发字在数据流中出现较为频繁，为了有选择地捕捉、存储和显示特定的数据流，可附加一些约束条件。这样，只要数据流中未出现这些条件，即使触发字频繁出现也不能进行有效的触发。

7）计　数　触　发

在较复杂的软件系统中常有循环嵌套，为此可用计数触发对循环进行跟踪。当触发字出现的次数达到预置值时才产生触发。

现代逻辑分析仪还有其他一些触发方式，随着数字系统及微机系统的发展，对逻辑分析仪的触发方式也提出了越来越高的要求，新的触发方式还会出现。在使用时应注意正确选择触发方式。

3. 数据存储

为了将多个测试点多个时刻的信息变化记录下来，逻辑分析仪设置有一定容量的存储器，以便显示分析重复性的数据和单次出现的随机数据流。

逻辑状态分析仪采用同步取样时，存储器容量较小，一般每个通道为 16～64 位。逻辑定时分析仪采用高速时钟对输入信号进行异步取样，其需要的存储器容量较大，一般每个通道为 256 位至几千位。虽然存储器容量增大了，但对于实测系统的长数据流来说仍是有限的，不可能将数据流中的所有数据都存储下来。为此，逻辑分析仪采用先进先出（FIFO）的存储原则，存满数据后继续写入数据时，先存入的数据产生溢出而被冲掉，这个过程一直延续到触发产生为止。在终端触发、始端触发或延迟触发方式下，对触发点以前、以后或前后的数据进行存储。

为了扩大存储显示范围，弥补单通道容量有限的缺点，目前，不少逻辑分析仪在总内存容量为一定值时，可通过改变显示的通道数来提高一次可记录的字数。不同应用场合应采用不同的存储格式，也就是说存储容量按通道数分配。例如，256 KB 存储器既能构成 16 通道×16 KB/通道，又能构成 8 通道×32 KB/通道。

现在的逻辑分析仪除具有高速 RAM 外，有的还增加了一个参考存储器，进行状态显示时，可以并排地显示两个存储器中的内容，以便进行比较。

4. 数据显示

在触发信号到来之前，逻辑分析仪不断地采集和存储数据，一旦触发信号到来，逻辑分析仪立即转入显示阶段。根据逻辑分析仪的用途不同，显示的方式也是多种多样的，除状态表显示和定时图显示外，还有矢量图显示、映射图显示、分解模块显示等几种形式。

1）状态表显示

所谓状态表显示，就是将数据信息用"1""0"组合的逻辑状态表的形式显示在屏幕上。状态表的每一行表示一个时钟脉冲对多通道数据采集的结果，代表一个数据字，并可将存储的内容以二进制、八进制、十进制、十六进制的形式显示在屏幕上，如常用十六进制数显示地址和数据总线上的信息，用二进制数显示控制总线和其他电路节点上的信息，或者将总线上出现的数据翻译成各种微处理器的汇编语言源程序，实现反汇编显示，特别适用于软件调试。

有些逻辑分析仪中有两组存储器，一组存储标准数据或正常操作数，另一组存储被测数据。这样，可在屏幕上同时显示两个状态表，并把两个表中的不同状态用高亮字符显示出来，以便于比较。

2）定时图显示

定时图显示类似于多通道示波器显示多个波形一样，将存入存储器的数据流按逻辑电平及其时间关系显示在屏幕上，即显示各通道波形的时序关系。为了再现波形，定时图显示要求用尽可能高的时钟频率来对输入信号进行取样，但由于受时钟频率的限制，取样点不可能无限密。因此，定时图显示在屏幕上的波形不是实际波形，也不是实时波形，而是该通道在等间隔采样时间点上采样的信号的逻辑电平值，是一串已被重新构造、类似方波的波形，称为"伪波形"。

定时图显示多用于硬件的时序分析，以及检查被测波形中各种不正常的毛刺脉冲等。例如，分析集成电路各输入/输出端的逻辑关系，计算机外部设备的中断请求与 CPU 的应答信号的定时关系等。

3）矢量图显示

矢量图又称点图，是把要显示的数字量用逻辑分析仪内部的数/模（D/A）转换电路转换成模拟量，然后显示在屏幕上。它类似于示波器的 $X-Y$ 模式显示，X 轴表示数据出现的实际顺序，Y 轴表示被显示数据的模拟数值，刻度可由用户设定，每个数字量在屏幕上形成一点，称为"状态点"。系统的每个状态在屏幕上各有一个对应的点，这些点分布在屏幕上组成一幅图，称之为"矢量图"。这种显示模式多用于检查一个带有大量子程序的程序的执行情况。图 8-11 显示程序的执行情况，被监测的是微机系统的地址总线，X 轴是程序的执行顺序，Y 轴是现在地址线上的地址。

图 8-11　程序执行的矢量图显示

4）映射图显示

映射图显示可以观察系统运行全貌的动态情况，它是用一系列光点表示一个数据流。

如果用逻辑分析仪观察微机的地址总线，则每个光点是程序运行中一个地址的映射。图8－12表示的是某程序运行时的映射图。

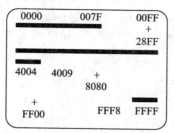

图 8－12　程序执行的映射图

5）分解模块显示

高层次的逻辑分析仪可设置多个显示模式。如将一个屏幕分成两个窗口显示，上窗口显示该处理器在同一时刻的定时图；下窗口显示经反汇编后的微处理器的汇编语言源程序。由于上、下两个窗口的图形在时间上是相关的，因而对电路的定时和程序的执行可同时进行观察，软、硬件可同时调试。

逻辑分析仪的这种多方式显示功能，在复杂的数字系统中能较快地对错误数据进行定位。例如，对于一个有故障的系统，首先用映射图对系统全貌进行观察，根据图形变化，确定问题的大致范围；然后用矢量图显示对问题进行深入检查，根据图形的不连续特点缩小故障范围；再用状态表找出错误的字或位。

8.3.6　逻辑分析仪的主要技术指标

衡量逻辑分析仪的技术指标有许多，但主要有如下几项。

1. 输入通道数

通道数的多少是逻辑分析仪的重要指标之一。例如，最常用的 8 位单片机，通常都具有 8 位数据线、16 位地址线，以及若干根控制线，如果要同时观察其数据总线及地址总线上的数据和地址信息，就必须用 24 个输入通道。目前，一般的逻辑分析仪的输入通道数为34～68 个。

输入通道除了用作数据输入外，还有时钟输入通道及限定输入通道。由于逻辑分析仪不能观察信号的真实波形，因而不少分析仪中还装有模拟输入通道，可以与定时和状态部分进行交互触发。如前述的 Agilent 公司的 54600/54800 混合示波器系列、Philips 公司的PM3540 系列等。显然，这对于分析数字与模拟混合电路是很方便的。

输入阻抗、输入电容是输入通道的另一指标，其大小将直接影响被测电路的电性能，对被测电路的上升时间和临界电平有很大影响。所以输入探针与被测电路连接时，探针负载对电路产生的影响必须最小。常用的高阻探针指标为 1 MΩ/8 pF、10 MΩ/15 pF，低阻探针为 40 MΩ/14 pF，并且多为具有高阻抗的有源探针。

2. 时钟频率

对于定时分析来说，时钟频率的高低是一个非常重要的指标。取样速率的高低对数据采集的结果有着十分重要的影响，同一输入信号在不同的取样速率下可能有着不同的输出结果，如图 8 - 13 所示。

为了能得到更高的时间分辨力，通常用高于被测系统时钟频率几倍的速率进行取样。否则，在较低的取样频率下就难以检出窄的干扰脉冲，如图 8 - 13 所示。如果使用 100 MHz 的取样脉冲，则取样脉冲的周期为 10 ns，如果被测信号中存在着比这更窄的脉冲，则检出的概率很小。

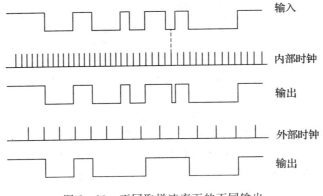

图 8 - 13　不同取样速率下的不同输出

为此，目前许多逻辑分析仪的时钟频率都很高。如 Agilent 公司的 167900 系列，其最大时钟频率可达 4 GHz，做状态分析时状态速率可达 1.5 Gb/s。

3. 存储容量

为存储、显示所采集的输入数据，逻辑分析仪都具有高速随机存储器 RAM，其总的内存容量可以表示为 $N \cdot M$，其中 N 为通道数，M 为每个通道的容量。

由于在分析数据信息时，只对感兴趣的数据进行分析，因而没有必要无限地增加容量。目前逻辑分析仪由于通道数很多，因而其总存储容量也设计得较大，通常为 256 KB 到几 MB，也有的达到 64 MB，如前述的 Agilent 公司的 167900 系列。

即便如此，在进行高速定时分析时，由于取样时钟很高，因而存储的数据很有限。通常，在内存容量一定时，可以通过减少显示的数据通道数，增大单通道的存储容量的方法来提高一次可记录的字数，从而扩展逻辑分析仪的功能，这样对不用的通道所占据的存储容量也可以充分利用起来。

4. 触发功能

触发功能是评价逻辑分析仪水平的重要指标，只有具有灵活、方便、准确的触发功能，才能在很长的数据流中，对人们感兴趣的那部分信息进行准确的定位、捕获和分析。当今的逻辑分析仪大都具有前述的组合触发、终端触发、始端触发、延迟触发、毛刺触发、手动触发、外部触发、限定触发、序列触发、计数触发等多种触发方式。选择恰当的触发方式对系统的分析可以起到事半功倍的效果。

5. 显示方式

随着微处理器成为现代逻辑分析仪的核心，使得显示方式多种多样。如今，逻辑分析仪大都具有各种进制的显示、ASCII 码显示、各种光标显示、助记符的显示、菜单显示、反汇编显示、状态比较表显示、矢量图显示、时序波形显示，以及以上多种方式的组合显示等。这么多的显示方式与手段就为系统的运行情况提供了很好的分析手段，给使用者带来了很大的方便。

习 题 8

1. 什么是数据域测量？数据域测量有什么特点？有哪些测量方法？
2. 数据域测试系统的基本组成有哪些？其原理是什么？
3. 宽带示波器测量数据有什么特点？
4. 逻辑笔的逻辑状态与响应存在哪些关系？
5. 试简要说明数字信号发生器的主要结构和功能原理。
6. 试对逻辑分析仪与模拟示波器进行比较。
7. 简述逻辑分析仪的基本组成及工作过程。
8. 逻辑分析仪有哪几种触发方式？各有何特点？各有什么用途？
9. 逻辑分析仪有哪几种显示方式？衡量逻辑分析仪质量的主要技术指标有哪些？

第 9 章 虚拟仪器测试技术

随着电子信息产业的飞速发展,利用计算机软件进行的虚拟仪器测试技术已经广泛应用到电子测量技术的辅助教学与实验中。在课堂教学中可灵活应用虚拟仪器测试技术,将实验现象直观地演示给学生,同时不受实验设备和实验时间的限制,也可弥补实验设备不足造成的影响,节约经费。本章介绍 EWB 系列软件中的 Multisim 仿真软件的基本操作方法和仿真功能。

知识要点:

(1) 了解 Multisim 虚拟仪器软件的发展历程,掌握 Multisim 软件的启动和退出方法,熟悉 Multisim 菜单的使用方法,掌握简单电路的仿真方法;

(2) 掌握应用 Multisim 软件的虚拟仪器仪表工具、仿真分析方法等测试电路参数的方法。

9.1 Multisim 10 软件介绍

9.1.1 Multisim 10 仿真软件简介

EWB 仿真软件是 Multisim 系列软件的前身,该软件是加拿大 IIT(Interactive Image Technologies,交互图像技术)有限公司在 20 世纪 80 年代推出的用于电子电路设计与仿真的 EDA 软件,是 IIT 公司早期 EWB5.0、Multisim 2001、Multisim 7、Multisim 8. x、Multisim 9等版本的升级换代产品。从 2005 年开始该公司隶属于美国国家仪器(NI, National Instrument)公司麾下,并于 2007 年 3 月推出最新的 NI Circuit Design Suit 10, Multisim 10是其中一个重要的组成部分。它可以实现原理图的捕捉、电路分析、交互式仿真、电路板设计、仿真仪器测试、集成测试、射频分析单片机等高级应用。其数量众多的元器件数据库、标准化的仿真仪器、直观的捕获界面、更加简洁明了的操作、强大的分析测试功能、可信的测试结果,将虚拟仪器技术的灵活性扩展到电子设计者的工作平台上,弥补了测试与设计功能之间的缺口,缩短了产品研发周期,强化了电子实验教学。

9.1.2 Multisim 10 仿真软件基本界面

正常启动 Multisim 10 软件后的用户界面如图 9 - 1 所示。其基本界面主要由 Menu Toolbar(菜单栏)、Standard Toolbar(标准工具栏)、Design Toolbox(设计管理窗口)、Component Toolbar(元件工具栏)、Circuit Window(仿真工作平台)、Spreadsheet View(数据表格栏)、Instrument Toolbar(虚拟仪器工具栏)等组成。

Menu Toolbar:Multisim 10 软件的所有功能命令均可在此查找。

Standard Toolbar:包括一些常用的功能命令。

Design Toolbox:用于宏观管理设计项目中的不同类型文件,如原理图文件、PCB 文件和报告清单文件，同时可以方便地管理分层次电路的层次结构。

Component Toolbar：通过该工具栏，可选择、放置元件到原理图中。

Circuit Window：又称工作区，是设计人员创建、设计、编辑电路图和仿真分析的区域。

Spreadsheet View：可方便快速地显示所编辑元件的参数，如封装、参考值、属性等，设计人员可通过该窗口改变部分或全部元件的参数。

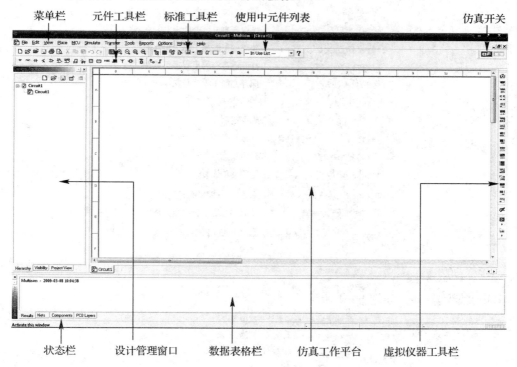

图 9-1　Multisim 10 的基本界面

9.1.3　Multisim 10 菜单栏和工具栏简介

1. Menu Toolbar(菜单栏)

Multisim 10 的菜单栏中包括 11 个菜单，如图 9-2 所示，从左至右分别为：File(文件)、Edit(编辑)、View(视图)、Place(放置)、MCU (微控制器)、Simulate(仿真)、Transfer(文件输出)、Tools(工具)、Reports(报告)、Options(选项)、Window(窗口)和Help(帮助)。

File　Edit　View　Place　MCU　Simulate　Transfer　Tools　Reports　Options　Window　Help

图 9-2　Multisim 10 的菜单栏

下面介绍菜单栏中较为重要且常用的菜单。

1) File(文件)菜单

File(文件)菜单，如图 9-3 所示。

图 9 - 3　File(文件)菜单

2) Edit(编辑)菜单

Edit(编辑)菜单，如图 9 - 4 所示。

图 9 - 4　Edit(编辑)菜单

3）View（视图）菜单

View（视图）菜单，如图 9 - 5 所示。

Full Screen		全屏显示电路窗口
Parent Sheet		显示子电路或者分层电路的父节点
Zoom In	F8	放大电路窗口
Zoom Out	F9	缩小电路窗口
Zoom Area	F10	放大所选区域
Zoom Fit to Page	F7	显示完整电路图
Zoom to magnification	F11	按所设倍率放大
Zoom Selection	F12	以所选电路部分为中心进行放大
Show Grid		显示栅格
✓ Show Border		显示电路边界
Show Page Bounds		显示图纸边界
Ruler Bars		显示标尺
Statusbar		显示状态栏
✓ Design Toolbox		显示设计管理窗口
✓ Spreadsheet View		显示数据表格栏
Circuit Description Box	Ctrl+D	显示或隐藏电路窗口的描述窗口
Toolbars	▶	显示或隐藏工具栏
Show Comment/Probe		注释、探针显示
Grapher		显示或隐藏仿真结果的图表

图 9 - 5　View（视图）菜单

4）Place（放置）菜单

Place（放置）菜单，如图 9 - 6 所示。

Component...	Ctrl+W	选择并放置元器件
Junction	Ctrl+J	放置节点
Wire	Ctrl+Q	放置连线
Bus	Ctrl+U	放置总线
Connectors	▶	放置连接器
New Hierarchical Block...		建立一个新的层次电路模块
Replace by Hierarchical Block	Ctrl+Shift+H	用层次电路模块替代所选电路
Hierarchical Block from File...	Ctrl+H	从文件获取层次电路
New Subcircuit	Ctrl+B	建立一个新的子电路
Replace by Subcircuit	Ctrl+Shift+B	用一个子电路代替所选电路
Multi-Page		产生多层电路
Merge Bus...		合并总线矢量
Bus Vector Connect...		放置总线矢量连接
Comment		放置提示注释
Text	Ctrl+T	放置文本
Graphics	▶	放置线、折线、矩形、椭圆、多边形等图形
Title Block...		放置一个标题栏

图 9 - 6　Place（放置）菜单

5）Simulate（仿真）菜单

Simulate（仿真）菜单，如图9-7所示。

▷ Run F5	运行当前电路的仿真
‖ Pause F6	暂停当前电路的仿真
■ Stop	停止当前电路的仿真
Instruments ▶	在当前电路窗口中放置各种仪表
Interactive Simulation Settings…	对与瞬态分析相关的仪表进行默认设置
Digital Simulation Settings…	在电路仿真时对数字元件的精度和速度进行选择
Analyses ▶	对当前电路进行各种分析
Postprocessor…	对电路分析进行后处理
Simulation Error Log/Audit Trail	仿真错误记录/审计追踪
XSpice Command Line Interface	显示XSpice命令行窗口
Load Simulation Settings…	加载仿真设置
Save Simulation Settings…	保存仿真设置
Auto Fault Option…	自动设置电路故障选项
VHDL Simulation	运行VHDL仿真
Dynamic Probe Properties	探针属性设置
Reverse Probe Direction	探针极性反向
Clear Instrument Data	仪器测量结果清零
Use Tolerances	允许误差

图9-7　Simulate（仿真）菜单

6）Transfer（文件输出）菜单

Transfer（文件输出）菜单，如图9-8所示。

Transfer to Ultiboard 10	传送到Ultiboard 10
Transfer to Ultiboard 9 or earlier	传送到Ultiboard 9或更早版本
Export to PCB Layout	导出到其他PCB制图软件
▷ Forward Annotate to Ultiboard 10	将Multisim 10中的元件注释改变传送到Ultiboard 10
▷ Forward Annotate to Ultiboard 9 or earlier	将Multisim 10中的元件注释改变传送到Ultiboard 9或更早版本
◁ Backannotate from Ultiboard	将Ultiboard 10中的元件注释改变传送到Multisim 10
Highlight Selection in Ultiboard	对Ultiboard电路中所选元件以高亮显示
Export Netlist	将电路图文件导出为Spicewang网表文件（*.cir）

图9-8　Transfer（文件输出）菜单

7）Tools（工具）菜单

Tools（工具）菜单，如图9-9所示。

图 9 - 9 Tools(工具)菜单

2. 工具栏

Multisim 10 的工具栏主要包括 Standard Toolbar(标准工具栏)、Main Toolbar(系统工具栏)、View Toolbar(视图工具栏)、Component Toolbar(元件工具栏)、Virtual Toolbar(虚拟元件工具栏)、Graphic Annotation Toolbar(图形注释工具栏)、Instrument Toolbar(虚拟仪器工具栏)和 Status Toolbar(状态栏)等。若需打开相应的工具栏,可通过单击"View"→"Toolbar"菜单项,在弹出的级联子菜单中即可找到。

1) Standard Toolbar(标准工具栏)

标准工具栏和 Office 中的工具栏基本一致,因此不再赘述。

2) Main Toolbar(系统工具栏)

Main Toolbar(系统工具栏)如图 9 - 10 所示,其中各按钮功能如下。

图 9 - 10 Main Toolbar(系统工具栏)

:显示/隐藏设计管理窗口按钮,用于显示/隐藏设计管理窗口。

:显示/隐藏数据表格栏按钮,用于显示/隐藏数据表格栏。

:元件库管理按钮,用于打开元件库管理对话框。

⌂：创建元件按钮，用于打开元件创建向导对话框。

⎍▾：图形/分析列表按钮，用于将分析结果图形化显示。

▦：后处理按钮，用于打开 Postprocessor 窗口。

⚡：电气规则检查按钮，用于检查电路的电气连接情况。

⬚：区域截图按钮，用于将所选区域截图。

⬒：跳转到父电路按钮，通过此按钮可跳转到相应的父电路。

⬿：Ultiboard 后标注。

⬾：Ultiboard 前标注。

--- In Use List --- ▼：列出当前电路元器件的列表。

？：帮助按钮。

3) View Toolbar(视图工具栏)和 Graphic Annotation Toolbar(图形注释工具栏)

View Toolbar(视图工具栏)如图 9-11 所示，该工具栏功能和普通应用软件类似，因此不再赘述。Graphic Annotation Toolbar(图形注释工具栏)如图 9-12 所示，由于它的按钮功能简单，所以不再介绍。

图 9-11　View Toolbar(视图工具栏)

图 9-12　Graphic Annotation Toolbar(图形注释工具栏)

4) Component Toolbar(元件工具栏)

Component Toolbar(元件工具栏)如图 9-13 所示，该工具栏中的按钮从左到右的具体功能如下。

图 9-13　Component Toolbar(元件工具栏)

✝：电源库按钮，用于放置各类电源、信号源。

〰：基本元件库按钮，用于放置电阻、电容、电感、开关等基本元件。

⊣⊢：二极管库按钮，用于放置各类二极管元件。

⊦：晶体管库按钮，用于放置各类晶体三极管和场效应元件。

：模拟元件库按钮，用于放置各类模拟元件。

：TTL 元件库按钮，用于放置各类 TTL 元件。

：CMOS 元件库按钮，用于放置各类 CMOS 元件。

：其他数字元件库按钮，用于放置各类单元数字元件。

：混合元件库按钮，用于放置各类数模混合元件。

：指示元件库按钮，用于放置各类显示、指示元件。

：电力元件库按钮，用于放置各类电力元件。

：杂项元件库按钮，用于放置各类杂项元件。

：先进外围设备库按钮，用于放置各类先进外围设备。

：射频元件库按钮，用于放置射频元件。

：机电类元件库按钮，用于放置机电类元件。

：微控制器元件库按钮，用于放置单片机微控制器元件。

：放置层次模块按钮，用于放置层次电路模块。

：放置总线按钮，用于放置总线。

5) Virtual Toolbar(虚拟元件工具栏)

Virtual Toolbar(虚拟元件工具栏)如图 9 - 14 所示，该工具栏共有九个按钮，单击每个按钮都可打开相应的子工具栏。利用该工具栏可放置各种虚拟元件，与元件工具栏中的元件不同的是，虚拟元件都没有封装等特性，其从左到右的具体功能如下。

图 9 - 14　Virtual Toolbar(虚拟元件工具栏)

：虚拟模拟元件按钮，用于放置各种虚拟模拟元件。

：基本元件按钮，用于放置各种常用基本元件。

：虚拟二极管按钮，用于放置虚拟二极管元件。

：虚拟 FET 元件按钮，用于放置各种虚拟 FET 元件。

：虚拟测量元件按钮，用于放置各种虚拟测量元件。

：虚拟杂项元件按钮，用于放置各种虚拟杂项元件。

：虚拟电源按钮，用于放置各种虚拟电源。

：虚拟定值元件按钮，用于放置各种虚拟定值元件。

：虚拟信号源按钮，用于放置各种虚拟信号源。

6) Instrument Toolbar(虚拟仪器工具栏)

Instrument Toolbar(虚拟仪器工具栏)如图 9 - 15 所示，该工具栏中的按钮功能如下。

图 9 - 15　Instrument Toolbar(虚拟仪器工具栏)

：数字万用表。

：函数信号发生器。

：瓦特表。

：示波器。

：四通道示波器。

：波特图仪。

：频率计数器。

：数字信号发生器。

：逻辑分析仪。

：逻辑转换仪。

：IV 分析仪。

：失真度分析仪。

：频谱分析仪。

：网络分析仪。

：Agilent 函数信号发生器。

：Agilent 数字万用表。

：Agilent 示波器。

：Tektronix 示波器。

：测量探针。

：LabVIEW 仪器。

：电流探针。

9.2　Multisim 10 基本操作

9.2.1　电路的创建

电路主要由元件和导线组成，要创建一个电路，必须掌握元件的操作和导线的连接方法。

1. 元件的操作

（1）元件的选用。选用元件主要有两种方法：第一种方法是用元件工具条进行选用；第二种方法是使用菜单命令"Place Component"来选用。一般以第一种方法为主。首先在元件工具条中单击该元件的图标，打开该元件库，然后从元件库中将其拖曳至电路工作区。

（2）元件的选中。在连接电路时，常常要对元件进行移动、旋转、删除、设置参数等一些必要的操作，这就需要选中该元件。要选中某个元件，只需用鼠标单击它即可。如果要一次选中多个元件，须按住鼠标左键将这些元件一起框起来，此时，这些元件均处于选中状态。单击一次鼠标，即可撤销选中状态。

（3）元件的移动。要移动一个元件，只需选中拖曳该元件即可。要移动一组元件，先选中这些元件，然后用鼠标左键拖曳其中任意一个元件，这一组元件就会一起移动了。

（4）元件的旋转和翻转。在电路中，元件有时需要水平放置，有时又需要垂直放置。Multisim 提供了水平放置、垂直放置、顺时针旋转 90°和逆时针旋转 90°共四种旋转方式。有两种操作方法：一是右键单击需要旋转的元件，就可以弹出快捷菜单，如图 9 − 16 所示；二是选中要旋转的元件，执行 Edit 菜单下的相应命令即可。

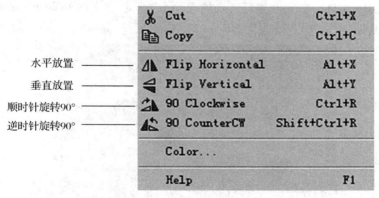

图 9 − 16　旋转快捷菜单

（5）元件的复制、删除。先选中该元件，然后用 Edit/Cut（编辑/剪切）、Edit/Copy（编辑/复制）、Edit/Paste（编辑/粘贴）等菜单命令，即可以实现元件的复制操作。选中元件，按下<Delete>键即可将其删除。

注意：以上命令均可通过右键快捷菜单完成，熟悉快捷菜单十分重要。

2. 元件参数的调整

（1）虚拟元件的参数调整。虚拟元件参数的修改只要用鼠标双击该元件，然后在弹出的对话框中进行修改即可。

（2）真实元件的参数调整。真实元件参数的修改是通过替换（Replace）和编辑模型（Edit Model）来进行的。例如，对三极管（BJT-NPN）参数的修改，如图 9-17 所示。

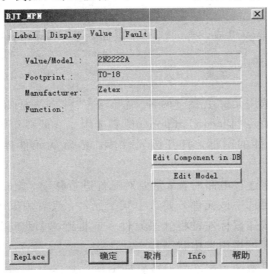

图 9-17　真实元件的参数修改对话框

在图 9-17 中，单击"Edit Model"按钮，弹出如图 9-18 所示的元件模型修改窗口。当要修改窗口中的参数时，图 9-18 中的"Change Part Model"和"Change All Models"按钮被激活，单击"Change Part Model"按钮修改选中元件的参数，单击"Change All Models"按钮则修改电路中所有与选中元件型号一致的元件参数。图 9-18 中的 BF 参数就是三极管的值，默认值为 BF=220。若修改为 BF=300，则该三极管的值就变成 300。

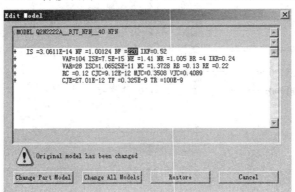

图 9-18　元件模型修改对话框

（3）元件故障的设置。Multisim 一般对电路正常工作时的情况进行仿真分析，但有时也需要仿真某些元件损坏后的电路情况，这就需要设置元件故障的功能。Multisim 具有设置元件开路（Open）、短路（Short）和漏电（Leakage）故障的功能。双击需要设置故障的元件，在弹出的对话框中，进入 Fault 选项就可以设置元件的故障。

3. 元件的连线操作

（1）导线的连接。将鼠标指向一个元件的引脚，这时鼠标呈十字形，单击左键，导线随鼠标移动而移动。当导线需要拐弯时，单击左键，到达另一元件对应引脚时再单击左键，即完成了一次导线的连接。此时，系统会自动给绘制的导线标上节点号。如果对所画的导线不满意，可选中该线，按<Delete>键删除掉。

（2）设置导线的颜色。当复杂电路导线较多时，可以将不同的导线标上不同的颜色来加以区分。先选中该导线，单击右键，通过弹出的快捷菜单中的 Color 选项来设置颜色。

注意：导线的颜色会改变示波器等测量仪器所显示的波形的颜色。

9.2.2　仿真操作过程举例

1. 新建电路图文件

（1）启动 Multisim 软件，同时会新建一个空白的文档。

（2）在已经打开的 Multisim 中，单击系统工具条中的 ⬜ 图标，这时会提示保存当前文档，并新建一个空白文档。

（3）执行菜单 File/New 命令后，其功能同 ⬜ 图标。

2. 放置元件及设置电路参数

绘制电路图的第二步是选用元件并对元件进行布局，根据电路的要求设置元件的参数。

（1）图 9-19 所示为元件的总体布局。应根据图中元件的种类和参数在相应的元件工具条中取出元件。

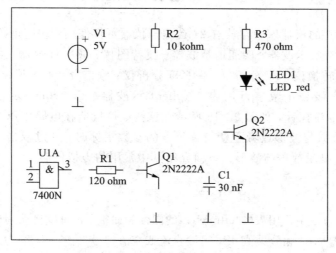

图 9-19　元件的总体布局

（2）设置元件参数。在元件库里选取三极管 2N2222A 的 $\beta = 220$，而本例中的 2N2222A 的 $\beta = 300$ 才能符合正常的工作情况，这就需要通过修改元件的参数加以实现。

3. 连接各元件

在图 9 - 20 中，U1A 的输入端到 Q2 集电极连接时需要将 U1A 的输入端 1、2 连在一起，加上一个连接点（可使用 Edit/Place Junction 命令完成），否则无法绘制该连线；另外在绘制该线时，应在相应的拐点处单击鼠标，否则不能得到图 9 - 20 所示的效果。

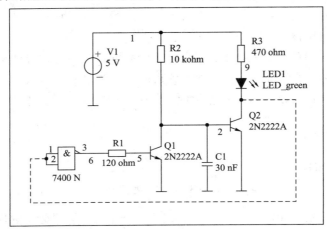

图 9 - 20　电路的绘制过程

4. 通电观察仿真结果

上面的电路绘制完毕后，可通电进行观察。按下 仿真运行开关按钮或通过 Simulate 菜单下的 Run/Stop 命令，就可以改变电路在通电状态下的工作状态。如果电路元件参数设置无误、连线正确，可以观察到发光二极管在不停地闪烁，说明该电路绘制正确。

9.3　Multisim 10 虚拟仪器仪表的使用

在 Multisim 10 的仪器库中存放有 21 台虚拟仪器可供使用，它们是数字万用表、函数信号发生器、瓦特表、示波器、四通道示波器、波特图仪、频率计数器、数字信号发生器、逻辑分析仪、逻辑转换仪、IV 分析仪、失真度分析仪、频谱分析仪、网络分析仪、Agilent 函数信号发生器、Agilent 数字万用表、Agilent 示波器、Tektronix 示波器、测量探针、LabVIEW 仪器、电流探针，如图 9 - 15 所示。这些虚拟仪器在电路中以图标的形式存在，当需要观察测量数据与波形或者重新设置仪器的参数指标时，通过双击打开仪器的面板，就可以看到具体的测量数据与波形。下面介绍其中常用的虚拟仪器。

9.3.1　数字万用表

图 9 - 21 所示为数字万用表（Multimeter）的图标和面板，它可以自动调整量程，用来测量电流 A、电压 V、电阻 Ω 和分贝值 dB，可测直流或交流信号。按下面板图中的"Set..."（设置）按钮时，会弹出如图 9 - 21 右边所示的一个对话框，可进行万用表的内部参数设置。

在参数设置对话框中，Ammeter resistance(R)：设置电流挡的内阻，其大小影响电流的测量精度；Voltmeter resistance(R)：设置电压挡的内阻，其大小影响电压的测量精度；

Ohmmeter current(I)：设置用欧姆挡测量时，流过欧姆表的电流值。图标上的"＋""－"两个端子用来连接所要测试的端点，连接方法同实际的万用表一样。需注意测电压或电阻时，应与所要测试的端点并联；测电流时，应串入被测支路中。

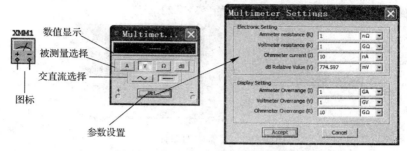

图 9-21　数字万用表的图标、面板和参数设置

9.3.2　函数信号发生器

Multisim10 提供的函数信号发生器(Function Generator)可以产生正弦波、三角波和矩形波。信号的幅值以及占空比等参数的调节范围如表 9-1 所示。函数信号发生器的图标和面板如图 9-22 所示。

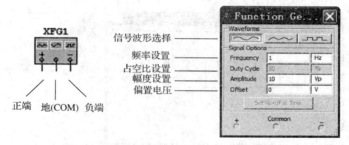

图 9-22　函数信号发生器的图标、面板

函数信号发生器的连接方法有两种：

（1）单极性连接方式。将 COM 端与电路的地相连，"＋"端或"－"端与电路的输入端相连。这种方式一般用于普通电路。

（2）双极性连接方式。将"＋"端与电路输入的"＋"端相连，而"－"端与电路输入的"－"端相连。这种方式一般用于信号发生器与差分电路相连，如差动放大器、运算放大器等。

表 9-1　函数信号发生器的输出信号参数范围

参　数	单位	最小值	最大值	备　　注
频率（Frequency）	Hz	1	999 MHz	
占空比（Duty Cycle）	%	1	99	方波和三角波使用
振幅（Amplitude）	V	0	999 kV	"＋"端对"－"端的振幅为设置值的 2 倍
电压偏置（Offset）	V	−999 kV	999 kV	指交流输出中含有的直流电压

9.3.3　瓦特表

Multisim 10 提供的瓦特表(Wattmeter)用来测量电路的交流或者直流功率，常用于测量较大的有功功率，也就是电压差和流过电流的乘积，单位为瓦特。瓦特表不仅可以显示功率大小，还可以显示功率因数，即电压与电流间的相位差角的余弦值。瓦特表有四个引线端口：电压正极和负极、电流正极和负极。其中电压输入端与测量电路并联，电流输入端与测量电路串联。瓦特表的图标和面板如图 9－23 所示。

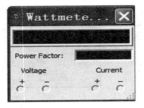

图 9－23　瓦特表的图标、面板

9.3.4　示波器

Multisim 10 提供的双通道示波器（Oscilloscope）与实际的示波器外观和操作基本相同，该示波器可以观察一路或两路信号波形的形状，分析被测周期信号的幅值和频率。示波器图标有六个连接点：A 通道输入、B 通道输入、Ext Trig 和三个接地端。双通道示波器的图标和面板如图 9－24 所示。

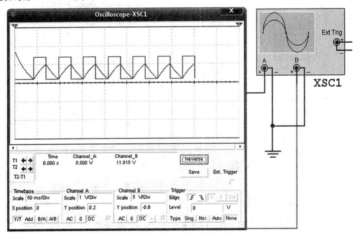

图 9－24　双通道示波器的图标、面板

双通道示波器的面板设置如下。

1. Timebase(时间基准)

（1）Scale(量程)：设置显示波形时的 X 轴时间基准。

（2）X position(X 轴位置)：设置 X 轴的起始点位置。

（3）显示方式设置有四种：Y/T 方式指的是 X 轴显示时间，Y 轴显示电压值；Add 方式指的是 X 轴显示时间，Y 轴显示 A 通道和 B 通道电压之和；A/B 或 B/A 方式指的是 X 轴和 Y 轴都显示电压值

2. Channel_A(通道 A)

（1）Scale(量程)：通道 A 的 Y 轴电压刻度设置。

（2）Y position（Y 轴位置）：设置 Y 轴的起始点位置，起始点为 0 表明 Y 轴和 X 轴重合，起始点为正值表明 Y 轴原点位置向上移，否则向下移。

（3）触发耦合方式：AC（交流耦合）、0（0 耦合）或 DC（直流耦合），交流耦合只显示交流分量，直流耦合显示直流和交流之和，0 耦合在 Y 轴设置的原点处显示一条直线。

3. Channel_B（通道 B）

通道 B 的 Y 轴量程、起始点、耦合方式等项内容的设置与通道 A 相同。

4. Trigger（触发）

触发方式主要用来设置 X 轴的触发信号、触发电平及边沿等。

（1）Edge（边沿）：设置被测信号开始的边沿，设置先显示上升沿或下降沿。

（2）Level（电平）：设置触发信号的电平，使触发信号在某一电平时启动扫描。

（3）触发信号选择：Auto（自动）、通道 A 和通道 B 用相应的通道信号作为触发信号；Ext 为外触发；Sing 为单脉冲触发；Nor 为一般脉冲触发。

9.3.5　四通道示波器

四通道示波器（4 Channel Oscilloscope）与双通道示波器的使用方法和参数调整方式完全一样，只是多了一个通道控制器旋钮 ，当旋钮拨到某个通道位置时，才能对该通道的 Y 轴进行调整。四通道示波器的图标和面板如图 9-25 所示。具体使用方法和设置请参考双通道示波器的介绍。

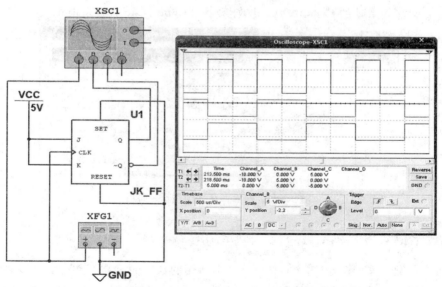

图 9-25　四通道示波器的图标、面板

9.3.6　波特图仪

利用波特图仪（Bode Plotter），即扫频仪，能方便地测量和显示电路的频率响应，波特图仪适合于分析滤波电路或电路的频率特性，特别易于观察截止频率。波特图仪的图标和面板如图 9-26 所示。波特图仪的图标有 IN 和 OUT 两对端口,其中 IN 端口的"＋"和"－"分别接电路输入端的正端和负端;OUT 端口的"＋"和"－"分别接电路输出端的正端和负端。使用波特图仪时必须在电路的输入端接交流信号源。

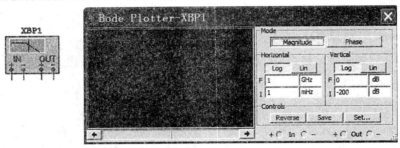

图 9-26 波特图仪的图标、面板

波特图仪的面板分为 Mode(模式)的选择、Horizontal(横轴)设置、Vertical(纵轴)设置、显示方式的其他控制信号等部分。面板中的 F 指的是终值,I 指的是初值。在波特图仪的面板上,可以直接设置横轴和纵轴的坐标及其参数。

9.3.7 频率计数器

频率计数器(Frequency Counter)主要用来测量信号的频率、周期、相位、脉冲信号的上升沿和下降沿。频率计数器的图标、面板如图 9-27 所示。使用过程中应注意根据输入信号的幅值调整频率计的 Sensitivity(灵敏度)和 Trigger Level(触发电平)。

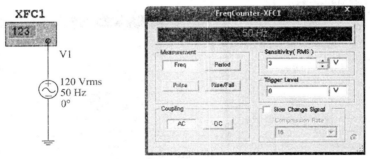

图 9-27 频率计数器的图标、面板

9.3.8 数字信号发生器

数字信号发生器(Word Generator)是一个通用的数字激励源编辑器,可以多种方式产生 32 位的字符串,在数字电路的测试中应用非常灵活。数字信号发生器的图标、面板如图 9-28 所示,其中面板分为 Controls(控制方式)、Display(显示方式)、Trigger(触发)、Frequency(频率)等几个部分。数字信号发生器的面板设置如下。

1. 字信号的输入

(1) 在字信号编辑区,32 bit 的字信号以 8 位十六进制数编辑和存放,可以存放 1024 条字信号,地址编号为 0000~03FF。

（2）字信号输入操作：将光标指针移至字信号编辑区的某一位，用鼠标单击后，由键盘输入二进制数码的字信号，光标自左至右，自上至下移位，可连续地输入字信号。

（3）在字信号显示（Display）编辑区可以编辑或显示与字信号格式有关的信息。字信号发生器被激活后，字信号按照一定的规律逐行从底部的输出端送出，同时在面板的底部对应于各输出端的小圆圈内，实时显示输出字信号各个位（bit）的值。

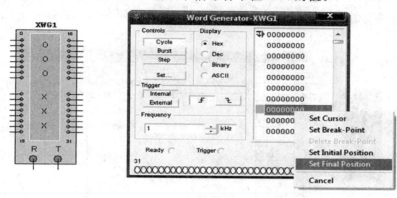

图 9-28　数字信号发生器的图标、面板

2. 字信号的输出方式

字信号的输出方式分为 Step（单步）、Burst（单帧）、Cycle（循环）三种方式。

（1）用鼠标单击一次"Step"按钮，字信号输出一条。这种方式可用于对电路进行单步调试。

（2）用鼠标单击"Burst"按钮，则从首地址开始至本地址连续逐条地输出字信号。

（3）用鼠标单击"Cycle"按钮，则循环不断地进行 Burst 方式的输出。

（4）Burst 和 Cycle 情况下的输出节奏由输出频率的设置决定。

（5）Burst 输出方式时，当运行至该地址时输出暂停。再用鼠标单击"Pause"则恢复输出。

3. 字信号的触发方式

字信号的触发分为 Internal（内部）和 External（外部）两种方式。当选择 Internal（内部）触发方式时，字信号的输出直接由输出方式按钮（Step、Burst、Cycle）启动。当选择 External（外部）触发方式时，则需接入外触发脉冲，并定义"上升沿触发"或"下降沿触发"。然后单击输出方式按钮，待触发脉冲到来时才启动输出。此外，在输出端还可以得到与输出字信号同步的时钟脉冲输出。

4. 字信号的存盘、重用、清除等操作

用鼠标单击"Set"按钮，弹出 Pre-setting patterns 对话框，对话框中的 Clear buffer（清除字信号编辑区）、Open（打开字信号文件）、Save（保存字信号文件）三个选项用于对编辑区的字信号进行相应的操作。字信号存盘文件的后缀为".DP"。对话框中 Up Counter（按递增编码）、Down Counter（按递减编码）、Shift right（按右移编码）、Shift left（按左移编码）四个选项用于生成按一定规律排列的字信号。例如，如果选择 Up Counter（按递增编码），则按 0000～03FF 排列；如果选择 Shift right（按右移编码），则按 8000，4000，2000

等逐步右移一位的规律排列，其余类推。

9.3.9 逻辑分析仪

Multisim 10 提供了 16 路的逻辑分析仪（Logic Analyzer），用来作为数字信号的高速采集和时序分析。逻辑分析仪的图标、面板如图 9-29 所示。逻辑分析仪的连接端口有：16 路信号输入端、外接时钟端 C、时钟限制 Q 以及触发限制 T。逻辑分析仪的面板设置如下。

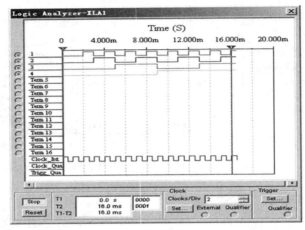

图 9-29　逻辑分析仪的图标、面板

1. 数字逻辑信号与波形的显示、读数

面板左边的 16 个小圆圈对应 16 个输入端，各路输入逻辑信号的当前值在小圆圈内显示，从上到下排列依次为最低位至最高位。16 路输入的逻辑信号的波形以方波形式显示在逻辑信号波形显示区。通过设置输入导线的颜色可修改相应波形的显示颜色。波形显示的时间轴刻度可通过面板下边的 Clocks/Div 设置。读取波形的数据可以通过拖放读数指针完成。在面板下部的两个方框内显示指针所处位置的时间读数和逻辑读数（4 位十六进制数）。

2. 触发方式的设置

单击 Trigger 区的"Set..."按钮，可以弹出触发方式对话框。触发方式有多种选择。对话框中可以输入 A、B、C 三个触发字。逻辑分析仪在读到一个指定字或几个字的组合后触发。触发字的输入可单击标为 A、B 或 C 的编辑框，然后输入二进制的字（0 或 1）或者 x，x 代表该位为"任意"（0，1 均可）。用鼠标单击对话框中 Trigger combinations 方框右边的按钮，弹出由 A、B、C 组合的八组触发字，选择八种组合之一，并单击"Accept"（确认）后，在 Trigger combinations 方框中就被设置为该种组合触发字。

三个触发字的默认设置均为 xxxxxxxxxxxxxxxx，表示只要第一个输入逻辑信号到达，无论什么逻辑值，逻辑分析仪均被触发开始波形的采集，否则必须满足触发字条件才被触发。此外，Trigger qualifier（触发限定字）对触发有控制作用。若该位设为 x，触发控制不起作用，触发完全由触发字决定；若该位设置为"1"（或"0"），则仅当触发控制输入信号为"1"（或"0"）时，触发字才起作用；否则，即使触发字组合条件满足也不能引起触发。

9.3.10　逻辑转换仪

逻辑转换仪（Logic Converter）是 Multisim 10 特有的虚拟仪器设备，实验室中并不存在这样的实际仪器。逻辑转换仪的主要功能是可以很方便地完成真值表、逻辑表达式和逻辑电路三者之间的相互转换。逻辑转换仪的图标和面板如图 9 - 30 所示。逻辑转换仪的使用方法如下。

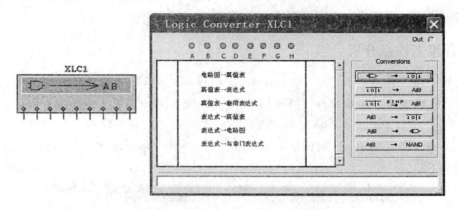

图 9 - 30　逻辑转换仪的图标、面板

1. 逻辑电路→真值表

逻辑转换仪可以导出多路输入（最多八路）一路输出的逻辑电路的真值表。首先画出逻辑电路，并将其输入端接至逻辑转换仪的输入端，输出端连至逻辑转换仪的输出端。按下"电路图→真值表"按钮，在逻辑转换仪的显示窗口，即真值表区，就会出现该电路的真值表。

2. 真值表→逻辑表达式

真值表的建立：一种方法是根据输入端数，用鼠标单击逻辑转换仪面板顶部代表输入端的小圆圈，选定输入信号（由 A 至 H），此时真值表区自动出现输入信号的所有组合，而输出列的初始值全部为零，可根据所需要的逻辑关系修改真值表的输出值而建立真值表；另一种方法是由电路图通过逻辑转换仪转换而建立真值表。

对已在真值表区建立的真值表，用鼠标单击"真值表→表达式"按钮，在面板的底部逻辑表达式栏出现相应的逻辑表达式。如果要简化该表达式或直接由真值表得到简化的逻辑表达式，单击"真值表→最简表达式"按钮后，在逻辑表达式栏中出现相应的该真值表的简化逻辑表达式。在逻辑表达式中的"'"表示逻辑变量的"非"。

3. 表达式→真值表、逻辑电路或逻辑与非门电路

可以直接在逻辑表达式栏中输入逻辑表达式，"与—或"式及"或—与"式均可，然后按下"表达式→真值表"按钮得到相应的真值表；按下"表达式→电路图"按钮得到相应的逻辑电路；按下"表达式→与非门表达式"按钮得到由与非门构成的逻辑电路。

9.4 Multisim 10 仿真分析方法

Multisim 10 为仿真电路提供了两种分析方法，即利用虚拟仪器仪表观测电路的某项参数和利用 Multisim 10 提供的十几种分析工具进行分析。常用的分析工具有：直流工作点分析、交流分析、瞬态分析、傅立叶分析、失真分析、噪声分析和直流扫描分析。利用这些分析工具，可以了解电路的基本状况、测量和分析电路的各种响应，且比用实际仪器测量的分析精度高、测量范围宽。现介绍几种常用的分析方法。

9.4.1 直流工作点分析

在进行直流工作点分析（DC Operating Point Analysis）时，电路中的交流源将被置零，电容开路，电感短路。用鼠标点击"Simulate"→"Analysis"→"DC Operating Point..."，将弹出 DC Operating Point Analysis 对话框，进入直流工作点分析状态。如图 9 - 31 所示，DC Operating Point Analysis 对话框有 Output、Analysis Options 和 Summary 三个选项，分别介绍如下。

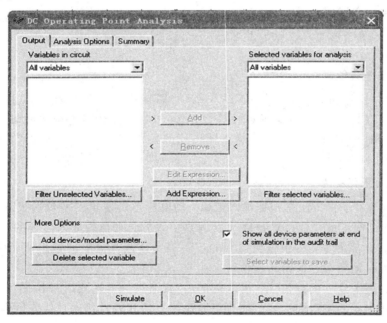

图 9 - 31　DC Operating Point Analysis 对话框

1. Output 对话框

Output 对话框用来选择需要分析的节点和变量。

1）Variables in circuit 栏

在 Variables in circuit 栏中列出的是电路中可用于分析的节点和变量。点击 Variables in circuit 窗口中的下拉箭头按钮，可以给出变量类型选择表。在变量类型选择表中：

（1）Voltage and current：选择电压和电流变量。

（2）Voltage：选择电压变量。

（3）Current：选择电流变量。

（4）Device/Model Parameters：选择元件/模型参数变量。

（5）All variables：选择电路中的全部变量。

点击该栏下的"Filter Unselected Variables…"按钮，可以增加一些变量。点击此按钮，弹出 Filter nodes 对话框，如图 9－32 所示，该对话框有三个选项，选择"Display internal nodes"选项显示内部节点，选择"Display submodules"选项显示子模型的节点，选择"Display open pins"选项显示开路的引脚。

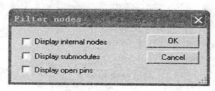

图 9－32　Filter nodes 对话框

2）More Options 区

在 Output 对话框中包含有 More Options 区，在 More Options 区中：

（1）点击"Add device/model parameter…"按钮，可以在 Variables in circuit 栏内增加某个元件/模型的参数，弹出 Add device/model parameter 对话框。

（2）在 Add device/model parameter 对话框，可以在 Parameter type 栏内指定所要新增参数的形式；然后分别在 Device type 栏内指定元件的模块的种类，在 Name 栏内指定元件的名称（序号），在 Parameter 栏内指定所要使用的参数。

（3）点击"Delete selected variable"按钮，可以删除已通过"Add device/model parameter…"按钮选择到 Variables in circuit 栏中的变量。首先选中需要删除的变量，然后点击该按钮即可删除该变量。

3）Selected variables for analysis 栏

（1）在 Selected variables for analysis 栏中列出的是确定需要分析的节点。默认状态下为空，用户需要从 Variables in circuit 栏中选取，方法是：首先选中左边的 Variables in circuit 栏中需要分析的一个或多个变量，再点击"Plot during simulation"按钮，则这些变量出现在 Selected variables for analysis 栏中。如果不想分析其中已选中的某一个变量，可先选中该变量，点击"Remove"按钮，即将其移回 Variables in circuit 栏内。

（2）"Filter selected variables…"按钮用于筛选 Filter Unselected Variables 已经选中并且放在 Selected variables for analysis 栏的变量。

2. Analysis Options 对话框

Analysis Options 对话框如图 9－33 所示。在 Analysis Options 对话框中包含有 SPICE Options 区和 Other Options 区。Analysis Options 对话框用来设定分析参数，建议使用默认值。

如果选择"Use Custom Settings",则可以用来选择用户所设定的分析选项。可供选取设定的项目已出现在下面的栏中,其中大部分项目应该采用默认值,如果想要改变其中某一个分析选项参数,则在选取该项后,再选中下面的"Customize..."选项,将出现另一个窗口,可以在该窗口中输入新的参数。点击左下角的"Restore to Recommended Settings"按钮,即可恢复默认值。

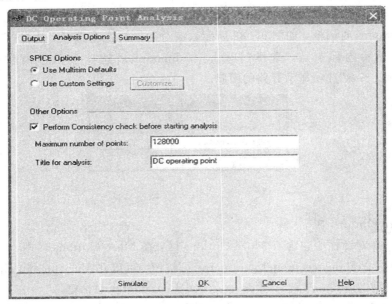

图 9 - 33 Analysis Options 对话框

3. Summary 对话框

在 Summary 对话框中,给出了所有设定的参数和选项,用户可以检查确认所要进行的分析设置是否正确。

9.4.2 交流分析

交流分析(AC Analysis)用于分析电路的频率特性。需先选定被分析的电路节点,在分析时,电路中的直流源将自动置零,交流信号源、电容、电感等均处在交流模式,输入信号也设定为正弦波形式。若把函数信号发生器的其他信号作为输入激励信号,在进行交流频率分析时,会自动把它作为正弦信号输入。因此输出响应也是该电路交流频率的函数。点击"Simulate"→"Analysis"→"AC Analysis...",将弹出 AC Analysis 对话框,进入交流分析状态,AC Analysis 对话框如图 9 - 34 所示。AC Analysis 对话框有 Frequency Parameters、Output、Analysis Options 和 Summary 四个选项,其中 Output、Analysis Options 和 Summary 三个选项与直流工作点分析的设置一样,下面仅介绍 Frequency Parameters选项。

Frequency Parameters 参数设置对话框中,可以确定分析的起始频率、终点频率、扫描形式、分析采样点数和纵向坐标等参数。其中:

（1）Start frequency(FSTART)窗口：设置分析的起始频率，默认设置为 1 Hz。

（2）Stop frequency(FSTOP)窗口：设置扫描终点频率，默认设置为 10 GHz。

（3）Sweep type 窗口：设置分析的扫描方式，包括 Decade(十倍程扫描)和 Octave(八倍程扫描)及 Linear(线性扫描)。默认设置为十倍程扫描(Decade 选项)，以对数方式展现。

（4）Number of points per decade 窗口：设置每十倍频率的分析采样数，默认为 10。

（5）Vertical scale 窗口：选择纵坐标刻度形式，坐标刻度形式有 Decibel(分贝)、Octave(八倍)、Linear(线性)及 Logarithmic(对数)形式。默认设置为对数形式。

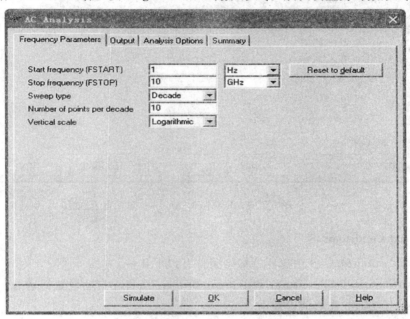

图 9 - 34　AC Analysis 对话框

按下"Simulate"(仿真)按钮，即可在显示图上获得被分析节点的频率特性波形。交流分析的结果，可以显示幅频特性和相频特性两个图。如果用波特图仪连接至电路的输入端和被测节点，同样也可以获得交流频率特性。在对模拟小信号电路进行交流频率分析的时候，数字器件将被视为高阻接地。

9.4.3　瞬态分析

瞬态分析(Transient Analysis)是指对所选定的电路节点的时域响应，即观察该节点在整个显示周期中每一时刻的电压波形。在进行瞬态分析时，直流电源保持常数，交流信号源随着时间而改变，电容和电感都是能量储存模式元件。点击"Simulate"→"Analysis"→"Transient Analysis..."，将弹出 Transient Analysis 对话框，进入瞬态分析状态，Transient Analysis 对话框如图 9 - 35 所示。Transient Analysis 对话框有 Analysis Parameters、Output、Analysis Options 和 Summary 四个选项，其中 Output、Analysis Options 和 Summary 三个选项与直流工作点分析的设置一样，下面仅介绍 Analysis Parameters选项。

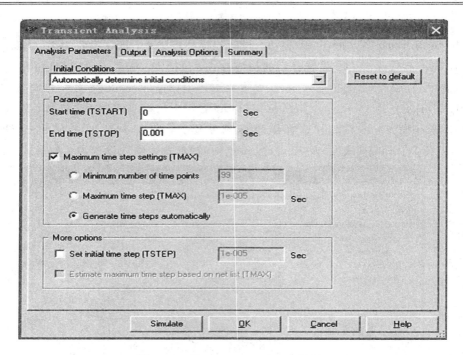

图 9 - 35　Transient Analysis 对话框

1. Initial Conditions 区

在 Initial conditions 区中选择的初始条件有以下几种。

(1) Automatically determine initial conditions：由程序自动设置初始值。

(2) Set to zero：初始值设置为 0。

(3) User defined：由用户定义初始值。

(4) Calculate DC operating point：通过计算直流工作点得到初始值。

2. Parameters 区

在 Parameters 区可以对时间间隔和步长等参数进行设置。

(1) Start time(TSTART)窗口：设置开始分析的时间。

(2) End time(TSTOP)窗口：设置结束分析的时间。

(3) 点击"Maximum time step settings(TMAX)"，可以设置分析的最大时间步长。其中：

① Minimum number of time points：设置单位时间内的采样点数。

② Maximum time step(TMAX)：设置最大的采样时间间距。

③ Generate time steps automatically：由程序自动决定分析的时间步长。

3. More Options 区

(1) Set initial time step(TSTEP)：用户自行确定起始时间步长，步长大小输入在其右边栏内。如不选择，则由程序自动约定。

(2) Estimate maximum time step based on net list(TMAX)：根据网表来估算最大时

间步长。

9.4.4 傅立叶分析

傅立叶分析(Fourier Analysis)方法用于分析一个时域信号的直流分量、基频分量和谐波分量,即把被测节点处的时域变化信号作离散傅立叶变换,求出它的频域变化规律。在进行傅立叶分析时,必须首先选择被分析的节点,一般将电路中的交流激励源的频率设定为基频,若在电路中有几个交流源时,可以将基频设定在这些频率的最小公因数上。譬如有一个 10.5 kHz 和一个 7 kHz 的交流激励源信号,则基频可取 0.5 kHz。点击"Simulate"→"Analysis"→"Fourier Analysis...",将弹出 Fourier Analysis 对话框,进入傅立叶分析状态,Fourier Analysis 对话框如图 9 - 36 所示。Fourier Analysis 对话框有 Analysis Parameters、Output、Analysis Options 和 Summary 四个选项,其中 Output、Analysis Options 和 Summary 三个选项与直流工作点分析的设置一样,下面仅介绍 Analysis Parameters选项。

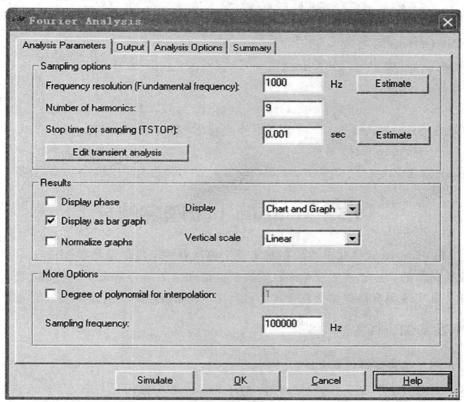

图 9 - 36 Fourier Analysis 对话框

1. Sampling options 区

(1) Frequency resolution(Fundamental frequency)窗口:设置基频。如果电路中有多个交流信号源,则取各信号源频率的最小公倍数。如果不知道如何设置时,可以点击

"Estimate"按钮，由程序自动设置。

（2）Number of harmonics 窗口：设置希望分析的谐波的次数。

（3）Stopping time for sampling(TSTOP)窗口：设置停止取样的时间。如果不知道如何设置时，也可以点击"Estimate"按钮，由程序自动设置。

（4）点击"Edit transient analysis"按钮，弹出的对话框与瞬态分析类似，设置方法与瞬态分析相同。

2. Results 区

（1）Display phase：显示幅频及相频特性。

（2）Display as bar graph：以线条显示出频谱图。

（3）Normalize graphs：可以显示归一化的(Normalize)频谱图。

（4）在 Display 窗口可以选择所要显示的项目，有三个选项：Chart(图表)、Graph(曲线)及 Chart and Graph(图表和曲线)。

（5）在 Vertical scale 窗口可以选择频谱的纵坐标刻度，其中包括 Decibel(分贝刻度)、Octave(八倍刻度)、Linear(线性刻度)及 Logarithmic(对数刻度)。

3. More Options 区

点击 More≫，将增加一个 More Options 区(点击 Less≪按钮可以消除 More Options 区)。在 More Options区中：

（1）Degree of polynomial for interpolation 窗口：可以设置多项式的维数，选中该选项后，可在其右边栏中输入维数值。多项式的维数越高，仿真运算的精度也越高。

（2）Sampling frequency 窗口：可以设置取样频率，默认为 100000 Hz。如果不知道如何设置时，可点击 Stopping time for sampling 区中的"Estimate"按钮，由程序设置。

9.5　Multisim 10 仿真实例

利用 Multisim 10 软件几乎可以仿真实验室内所有的电路。但是在 Multisim 10 中进行的实验是虚拟的，一般是在不考虑元件的额定值和极限值等情况下进行的，所以应将虚拟仿真与真实情况有机地结合起来，互相对比，从而最终解决电路的实际问题。

9.5.1　电路基础仿真实例

1. 基尔霍夫电流定律仿真分析

基尔霍夫电流定律指出：在任意时刻，对于集总参数电路的任一节点，流入该节点电流的总和等于流出该节点电流的总和，即流入或流出节点的电流代数和恒为零。

图 9-37 所示为基尔霍夫电流定律仿真电路，可以看出节点 2 上流入和流出的电流之和为 $-3.0A+1.0A+(-2A)=0$，验证了基尔霍夫电流定律的正确性。

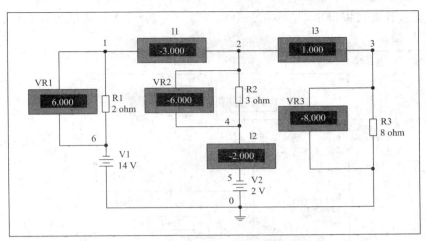

图 9-37　基尔霍夫电流定律仿真电路

2. RC 一阶电路仿真分析

以微分电路为例。微分电路可以实现输出信号对输入信号的微分，将方波信号 $u_1(t)$ 加至 RC 串联电路输入端，数值信号取自电阻两端电压 $u_R(t)$，且满足方波的周期 T 远大于 RC 串联电路的时间常数，则有 $u_R(t) \approx RC\dfrac{\mathrm{d}u_1(t)}{\mathrm{d}t}$。仿真电路如图 9-38 所示。

因为方波输入信号的频率 $f=1$ kHz，即周期 $T=1/f=1$ ms，而 RC 电路的时间常数 $=RC=18$ ns，所以满足 $T \gg \tau$。将示波器的 A 通道接至输入方波信号 $u_1(t)$，B 通道接输出信号 $u_R(t)$，且导线颜色分别设置为不同颜色（如红色、墨绿色），则测量波形如图 9-38 所示（输入方波为红色，输出正、负尖脉冲为墨绿色）。

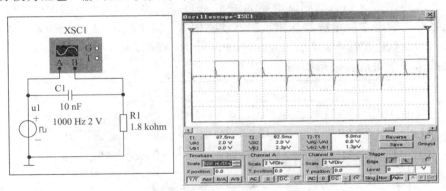

图 9-38　微分电路和仿真结果

9.5.2　模拟电路仿真实例

1. 静态工作点的测试

单管共射放大电路静态工作点的测试电路如图 9-39 所示，在三极管集电极串入直流电流表，在基极、集电极和发射极并联上直流电压表。接通电源，调节 R_W 使 $I_C=1$ mA 或 $I_C=U_E/R_e=1$ mA（注：R_W 在图中用 Rw 表示，R_e 在图中用 Re 表示）。从图 9-39 可见：电流表的实测值为 0.979 mA；电压表的实测值为：$U_B=1.602$ V，$U_E=0.977$ V，$U_C=$

7.001 V。通过计算可以得出 $U_{BE}=0.625$ V，$U_{BC}=-5.389$ V，满足放大条件：发射结正偏，集电结反偏。

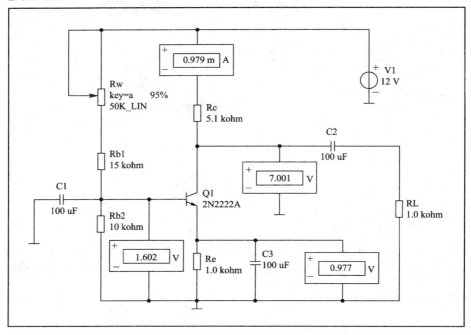

图 9-39　单管共射放大电路静态工作点的测试电路

2. 放大倍数的测量

共射放大电路放大倍数的测试电路如图 9-40 所示，输入端接入 1 kHz、1 mV 的正弦交流电压信号，输出端接示波器。用示波器观察输入、输出波形（A 通道为输入，B 通道为输出），调节 R_w（按 A 键 R_w 增加，按 Shift＋A 键 R_w 减小，R_w 在图中用 Rw 表示），在输出不失真的情况下可测得波形如图 9-41 所示。

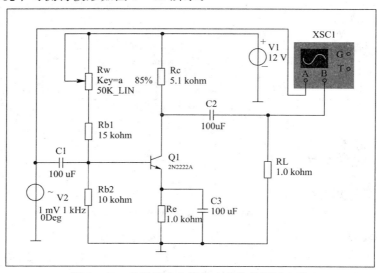

图 9-40　共射放大电路放大倍数的测试电路

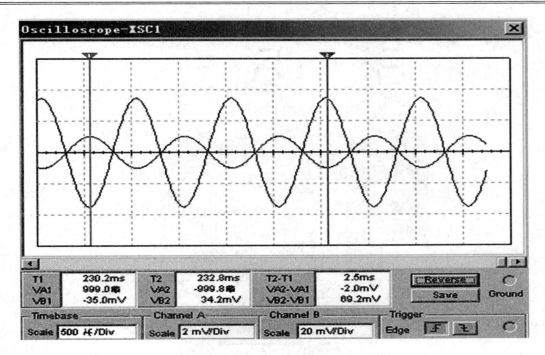

图 9-41　共射放大电路输入、输出波形

在读数指针 T1 时刻，$U_{A1} = 999\ \mu V$，$U_{B1} = -35\ mV$，则放大电路的放大倍数为

$$A_u = \frac{U_{B1}}{U_{A1}} = -\frac{35\ mV}{999\ \mu V} \approx -35.0$$

也可从 T2-T1 栏计算：

$$A_u = \frac{U_{B2} - U_{B1}}{U_{A2} - U_{A1}} = -\frac{69.2\ mV}{2.0\ mV} \approx -34.6$$

可见，这两种算法近似相等。从图 9-41 中还可见，输出与输入信号的相位相差 180°。

9.5.3　数字电路仿真实例

用两片十进制计数器 74LS160（U1、U2）分别构成个位和十位计数器，由于它们的 4 位输出 QD、QC、QB、QA 与数码管的连接具有相同的性质，所以可采用总线进行连接。总线的绘制方法如下：

（1）启动 Place 菜单下的"Place Bus"命令，进入绘制总线状态。单击拖动并转弯即可画出一条总线。若要修改总线名称，需双击该总线，在 Bus 对话框的 Reference ID 栏内输入新的总线名称，然后单击"OK"。由于本电路有两条总线，所以应分别命名为 Bus1、Bus2。

（2）总线与对应单线的连接。由图 9-42 可见，总线 Bus1 分别接 U1 的 QD、QC、QB、QA，需 4 根引线。在连接这 4 根引线时，会自动出现 Node Name 对话框，依次输入单线的名称，如 4（或 3、2、1），再单击"OK"，同时数码管的 4 根引线对应接好。总线 Bus2 的接法与此类似。这样共需输入 8 根单线的名称，如图 9-43 所示。

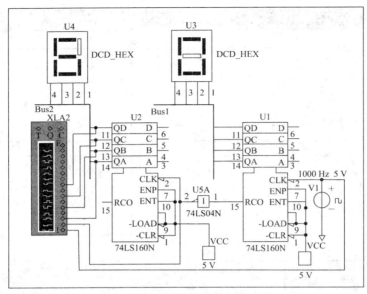

图 9-42 100 进制计数显示电路

图 9-43 Node Name 对话框

运行仿真开关,逻辑分析仪屏幕上显示的波形如图 9-44 所示。第 2 路波形为个位 U1 的进位输出 RCO 波形,与第 1 路时钟 CLK 波形之间为十分频的关系;当计数到 60 时,两个读数指针 T1-T2 之间的时间为 59.0 ms(近似为 60 ms),说明此时计数结果为 60 个时钟脉冲(因时钟 CLK 的频率为 1000 Hz,周期为 1 ms)。

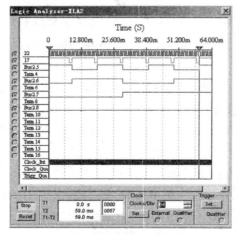

图 9-44 计数到 60 时的波形

习　题　9

1. 试用函数信号发生器产生幅度为 5 V、频率为 1 kHz(占空比为 50%)的三角波信号，并用示波器观察其波形。

2. 试将数字信号发生器设置成增量编码方式。在 0000H～0300H 范围内循环输出，频率为 1 kHz，并将如下地址设置为端点：0150H，0180H，0260H。

3. 用逻辑分析仪分析双向移位寄存器 74LS194 的逻辑功能。要求画出波形，列出功能表。

4. 在仿真软件中建立如图 9-45 所示的分压式偏置电路，调节合适的静态工作点，用示波器观察，使输出波形最大不失真。

(1) 测出各极静态工作点。

(2) 测出输入、输出电阻。

(3) 改变 RP 的大小观察静态工作点的变化，并用示波器观察输出波形是否失真。

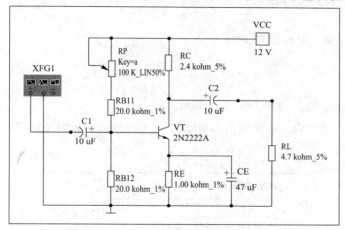

图 9-45　分压式偏置电路

第 10 章　电子测量实验

实验一　低频信号发生器的使用

一、实验目的

熟悉低频信号发生器面板上各开关、旋钮的名称与作用，掌握低频信号发生器的功能和基本使用方法。

二、实验设备

低频信号发生器、示波器各一台。

三、实验步骤

1. 低频信号发生器的使用

了解 QSCY-DZ1-03 型低频信号发生器的面板结构，如图 10-1 所示，熟悉各开关旋钮的名称与作用。

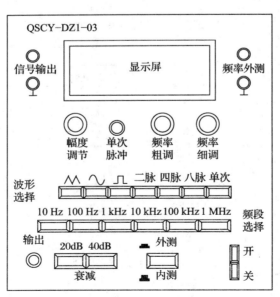

图 10-1　QSCY-DZ1-03 型低频信号发生器的面板

面板各部分功能如下：

（1）信号输出端：信号发生器输出接线柱。

（2）显示屏：显示输出信号的频率或被测输入信号的频率。

（3）频率外测输入端：被测输入信号接线柱。

（4）幅度调节旋钮：顺时针调节该旋钮使输出信号幅度增大，反之则使输出信号幅度减小。

（5）单次脉冲按钮：按下一次产生单次脉冲。

（6）频率粗调、细调旋钮：顺时针调节该旋钮使输出信号频率增大，反之使输出信号频率减小。

（7）波形选择按键：按下时产生相应的波形。

（8）频段选择按键：有 0～10 Hz、11～100 Hz、101 Hz～1 kHz、1001 Hz～10 kHz、10 001 Hz～100 kHz、100 001 Hz～1 MHz 共六个波段。

（9）衰减输出端：输出信号幅度衰减后由此输出端输出。

（10）衰减按键：输出衰减器分成 0 dB、−20 dB、−40 dB、−60 dB 共四挡。当 20 dB、40 dB 衰减按键都不按下时，不发生衰减；当 20 dB、40 dB 衰减按键都按下时，输出信号幅度衰减 −60 dB。

（11）波形变换开关：按下时信号发生器输出方波，弹起时信号发生器输出正弦波。

（12）信号内测、外测按键：此按键按下时，信号发生器作为频率计使用，测量外部输入信号的频率，结果显示在显示屏上；此按键弹起时，信号发生器正常使用，显示屏上显示输出信号的频率。

（13）电源开关：信号发生器的电源开关，向上按时，开启电源；向下按时，关闭电源。

2. 低频信号发生器输出信号的测量

（1）将低频信号发生器的输出端与示波器相连，注意各仪器必须接地。

（2）调节幅度调节旋钮（置于 0 dB 衰减）和频率粗调、细调旋钮，使信号发生器输出一个幅度为 10 V、频率为 1 kHz 的正弦波信号。调节示波器，使屏幕上显示出稳定的正弦波形。用示波器测周法算出该波形的频率和幅度。逐步增大输出幅度衰减，计算出该时刻波形的频率和幅度，将数据填入表 10-1 中。

表 10-1　输出电压幅度衰减的测量

输出信号	$U_{CM}=10$ V，$f=1$ kHz			
衰减分贝数/dB	0	−20	−40	−60
电子电压表测量衰减信号的有效值/V				
示波器测量衰减信号的幅度/V				
示波器测量衰减信号的频率/kHz				

四、实验报告要求

根据使用信号发生器的过程写出实验报告，总结使用步骤，写出低频信号发生器的各项功能，并对测量结果进行分析。

实验二　数字万用表的使用

一、实验目的

熟悉数字万用表的面板结构，识别各种标志符号，掌握数字万用表的基本测量方法。

二、实验设备

数字万用表、直流稳压电源、二极管、三极管、色环电阻。

三、实验原理

色环电阻识别方法：色环电阻分为四色环和五色环。四色环，顾名思义，就是用四条有颜色的环代表阻值大小。每种颜色代表不同的数字，具体为：棕1、红2、橙3、黄4、绿5、蓝6、紫7、灰8、白9、黑0、金、银表示误差。各色环表示意义如下：

第一条色环为阻值的第一位数字；第二条色环为阻值的第二位数字；第三条色环为10的幂数；第四条色环为误差表示。例如，电阻色环：棕绿红金，第一位为1，第二位为5，第三位为2（即100），第四位为5%，则表示的阻值为：$15 \times 100 = 1500\ \Omega = 1.5\ k\Omega$。

用五条色环表示电阻的阻值大小，具体如下：第一条色环为阻值的第一位数字；第二条色环为阻值的第二位数字；第三条色环为阻值的第三位数字；第四条色环为阻值乘数的10的幂数；第五条色环为误差（常见是棕色，误差为1%）。有些五色环电阻两头金属帽上都有色环，远离相对集中的四条色环的那条色环表示误差，是第五条色环，与之对应的另一头金属帽上的是第一条色环，读数时从它读起，之后的第二条、第三条色环是次高位、次次高位，第四条环表示10的多少次方。例如，某电阻的色环顺序为：红2—黑0—黑0—黑—棕，则表示该电阻阻值为：$200 \times 10^0\ \Omega$。再如，棕—黑—黑—红—棕，表示该电阻阻值为：$100 \times 10^2\ \Omega = 10\ 000\ \Omega = 10\ k\Omega$。

四、实验步骤

1. 电阻的测量

（1）利用色环电阻识别方法，识别给定的多个电阻并将数据填入表 10 - 2 中。

表 10 - 2　色环电阻测量结果

元件编号	色环描述	色环电阻阻值	数字万用表测量结果	绝对误差	相对误差
1					
2					
3					
4					
5					

（2）任意挑选一个色环电阻，用数字万用表的电阻挡测量阻值五次，分别将数据填入

表 10 - 3 中，并按照填表要求对数据进行分析。

表 10 - 3　某色环电阻测量结果

次数	第一次	第二次	第三次	第四次	第五次
测量电阻值					
残差					
算术平均值					
实验偏差					
标准偏差					
等精度测量 结果表示					

2. 直流电压的测量

将直流稳压电源按照表 10 - 4 中的数值选择输出电压，然后用数字万用表分别测量各直流稳压电源的输出，将结果填入表 10 - 4 中。

表 10 - 4　直流电压的测量结果

稳压电源输出值/V	1.5	5	10	20	25
数字万用表测量值/V					

3. 晶体管的测量

1）二极管的测量

将数字万用表的量程转换开关转到标有二极管符号的位置，对二极管进行测量并判断二极管的好坏。

2）三极管的测量

将数字万用表的量程转换开关转到标有三极管符号的位置，分别测量三极管的两个 PN 结的好坏，并判断该三极管是 PNP 型还是 NPN 型。根据被测管的类型（PNP 或 NPN 型）不同，把量程开关转至"PNP"或"NPN"处，再把被测的三极管的三个脚插入相应的 E、B、C 孔内，测量出该三极管 h_{fe} 值的大小。

五、实验报告要求

根据使用数字万用表对电阻、直流电压、晶体管的测量过程写出实验报告，总结测量步骤，写出数字万用表的各项测量功能，并对测量结果和理论值进行比较，认真分析测量数据与理论值的差别及测量中存在的异常现象。

实验三　双踪示波器的使用

一、实验目的

熟悉通用双踪示波器面板上各开关旋钮的作用，掌握示波器的基本使用方法，会用示波器测量正弦信号，会用示波器测量实际电路中信号的波形。

二、实验设备

低频信号发生器两台、双踪示波器一台。

三、实验步骤

1. 正弦波信号的测量

（1）将低频信号发生器的输出端与示波器的 Y 轴输入端相连。

（2）开机后，调节信号发生器的输出频率和电压值，如表 10-5 所示，并使用一台双踪示波器进行监测。同时调节示波器，使屏幕上显示出稳定的正弦波形，测量出正弦波的幅度和周期，把测量数据填入表 10-5 中。

表 10-5　正弦波的测量数据

低频信号发生器的输出		50 Hz	100 Hz	500 Hz	1 kHz	5 kHz	10 kHz	500 kHz	800 kHz
		0.5 V	1 V	1 V	2 V	2 V	3 V	4 V	5 V
示波器测量值	V/div 挡级								
	读数/div								
	U_{P-P}/V								
	U_{rms}/V								
	T/div 挡级								
	读数/div								
	周期/s								

2. 用李萨如图形法测量信号的频率

（1）将作为标准信号源的低频信号发生器接入示波器的 X 通道，把作为被测信号源的信号发生器接入示波器的 Y 通道。

（2）调节作为标准信号源的信号发生器，使其输出频率分别为 50 Hz、500 Hz、1 kHz、3 kHz，再相应地调节作为被测信号源的信号发生器，然后调节示波器，使屏幕上显示出稳定的李萨如图形。

（3）画出相应的李萨如图形，算出被测信号频率值，填入表 10-6 中。

表 10-6　李萨如图形法测量正弦波频率

标准信号源频率	50 Hz	500 Hz	1 kHz	3 kHz
李萨如图形				
m 值				
n 值				
被测信号源频率				

四、实验报告要求

根据使用双踪示波器的过程写出实验报告，总结使用步骤；分析产生误差的主要原因及减小误差的方法；分析显示李萨如图形的示波器是在什么方式下工作的，在李萨如图形的调节过程中应注意什么问题。

实验四　计算机仿真电路的测量 I

一、实验目的

掌握 Multisim 软件的启动和退出方法，熟悉 Multisim 菜单的使用方法，掌握简单电路的仿真方法。

二、实验环境

安装有 Multisim 软件的计算机一台。

三、实验步骤

（1）按照 Multisim 主窗口菜单的顺序，依次打开文件、编辑、电路、分析、窗口、帮助等工具栏，熟悉各工具栏下拉菜单的内容。

（2）学习使用鼠标右键选择菜单的功能，进行元件菜单、仪器菜单、图形菜单的操作练习。

（3）简单电路的仿真，如图 10 - 2 所示。

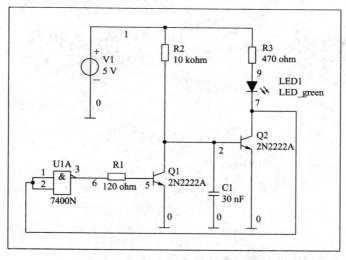

图 10 - 2　简单电路

① 新建电路图文件；
② 放置元件并设置电路参数，其中三极管 2N2222A 的放大倍数设置为 300；
③ 连接各元件；
④ 通电观察仿真结果。

（4）直流电路中的串、并联电路的仿真，如图 10 - 3 所示。
① 放置元件并设置电路参数；

② 放置数字万用表，测量电压要并联，测量电流要串联；

③ 连接各元件；

④ 通电观察仿真结果，并记录各个支路的电流与电压；

⑤ 改变电路中的数字万用表的内阻，与步骤④中的结果进行比较。

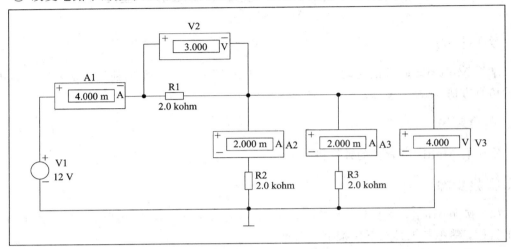

图 10-3　串、并联电路仿真

（5）RC 一阶电路、RLC 一阶电路的仿真，如图 10-4、图 10-5 所示。

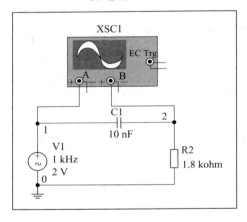

图 10-4　RC 一阶电路　　　　　　图 10-5　RLC 一阶电路

① 放置元件并设置电路参数，注意接地和示波器的接法；

② 放置示波器；

③ 连接各元件；

④ 通电观察仿真结果，并记录示波器上显示的波形。

四、实验报告要求

（1）按照实验步骤详细写出 Multisim 软件的使用方法。

（2）认真记录实验中的数据和波形。

（3）总结电路仿真的一般步骤和注意事项。

实验五　计算机仿真电路的测量 Ⅱ

一、实验目的

掌握使用虚拟仪器测试电路参数的方法。

二、实验环境

安装有 Multisim 软件的计算机一台。

三、实验步骤

1. 静态工作点的测试

共射放大电路静态工作点的测试电路如图 10 - 6 所示。

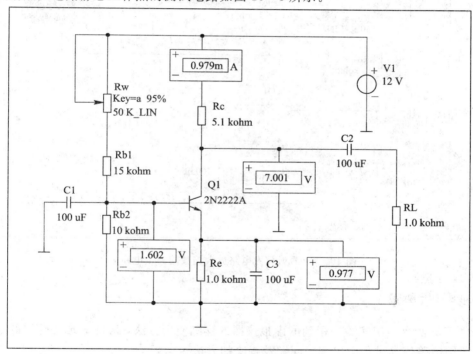

图 10 - 6　共射放大电路静态工作点的测试电路

（1）新建电路图文件；

（2）放置元件并设置电路参数；

（3）连接各元件；

（4）通电观察仿真结果；

（5）调节电位器 R_w（在图中用 Rw 表示）使 $I_c = 1$ mA，使电路处于静态。记录电路中的电流表、电压表的实测值。

2. 放大倍数的测量

共射放大电路放大倍数的测试电路如图 10 - 7 所示。

（1）新建电路图文件；

（2）放置元件并设置电路参数，输入信号为 1 kHz、1 mV 的正弦交流电压信号，输出端接示波器；

（3）连接各元件；

（4）通电观察仿真结果；

（5）用示波器观察输入、输出信号的波形（A 通道为输入、B 通道为输出），调节 R_w（在图中用 Rw 表示，按"A"键 R_w 的电阻值增大，按"Shift＋A"键 R_w 的电阻值减小），在输出信号不出现明显失真的情况下测量电路的放大倍数 A_u。

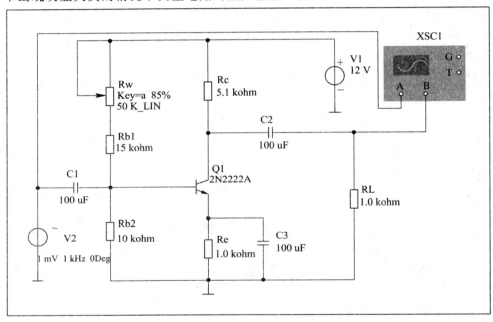

图 10 - 7 共射放大电路放大倍数的测试电路

四、实验报告要求

按照实验步骤写出实验中用到的虚拟仪器的详细使用方法，认真记录实验中的数据和波形，总结电路仿真过程中出现的问题及解决的方法。

参 考 文 献

[1] 张永瑞，刘振起，杨林耀. 电子测量技术基础. 西安：西安电子科技大学出版社，1994.

[2] 杨吉祥，詹宏英，梅杓春. 电子测量技术基础. 南京：东南大学出版社，2003.

[3] 王成安，李福军. 电子测量技术与实训简明教程. 北京：科学出版社，2007.

[4] 张大彪. 电子测量技术与仪器. 北京：电子工业出版社，2008.

[5] 张咏梅，陈凌霄. 电子测量与电子实验. 北京：北京邮电大学出版社，2000.

[6] 林占江. 电子测量技术. 北京：电子工业出版社，2003.

[7] 王连英. 基于 Multisim 10 的电子仿真实验与设计. 北京：北京邮电大学出版社，2009.

[8] 陆绮荣. 电子测量技术. 北京：电子工业出版社，2003.

[9] 王川，陈传军. 电子仪器与测量技术. 北京：北京邮电大学出版社，2008.